旅游概论

主　编　吴学群　向　梅　蒋　艳

副主编　朱　琳　卢小芬　沈丽霞

参　编　张晓会　赖秋荣　彭新月

　　　　刘　冀

北京理工大学出版社

BEIJING INSTITUTE OF TECHNOLOGY PRESS

内 容 提 要

本书以提升旅游专业学生的综合素质为目标，内容丰富、全面又浅显易懂，同时反映了旅游领域的最新动态，是学习其他旅游专业课程的基础。全书共分为十个模块，主要包括旅游的产生与发展、旅游基础知识、旅游的主体——旅游者、旅游的客体——旅游资源、旅游的媒介——旅游业、旅游市场、旅游业的影响及可持续发展、旅游组织、旅游行业的管理、旅游行业的前沿等内容。

本书可作为高等职业院校、职业本科院校、应用型本科院校及中等职业学校旅游类专业的教学用书，也可供相关从业人士作为业务参考书使用。

图书在版编目（CIP）数据

旅游概论 / 吴学群，向梅，蒋艳主编. -- 北京：
北京理工大学出版社，2024.2
ISBN 978-7-5763-3568-2

Ⅰ.①旅…　Ⅱ.①吴…②向…①蒋…　Ⅲ.①旅游
Ⅳ.①F590

中国国家版本馆CIP数据核字（2024）第045668号

责任编辑：李　薇　　　文案编辑：李　薇
责任校对：周瑞红　　　责任印制：王美丽

出版发行 / 北京理工大学出版社有限责任公司
社　　址 / 北京市丰台区四合庄路 6 号
邮　　编 / 100070
电　　话 / (010) 68914026（教材售后服务热线）
　　　　　　 (010) 68944437（课件资源服务热线）
网　　址 / http：//www.bitpress.com.cn

版 印 次 / 2024 年 2 月第 1 版第 1 次印刷
印　　刷 / 河北鑫彩博图印刷有限公司
开　　本 / 787 mm × 1092 mm　1/16
印　　张 / 14.5
字　　数 / 369 千字
定　　价 / 89.00 元

前　言

党的二十大报告提出："坚持以文塑旅、以旅彰文，推进文化和旅游深度融合发展。"旅游业作为国民经济战略性支柱产业，对推动我国文化繁荣和国民经济的发展有着重要的促进作用。国务院印发的《"十四五"旅游业发展规划》强调了旅游业的发展目标、文化和旅游深度融合，建设一批富有文化底蕴的世界级旅游景区和度假区，打造一批文化特色鲜明的国家级旅游休闲城市和街区，红色旅游、乡村旅游等快速发展。面对旅游业的新发展趋势，加快培养旅游专业的高素质技术技能人才至关重要。

"旅游概论"是旅游专业的入门课程，也是旅游专业的基础课程，因此，这门课程具有高度综合性、概括性的特点，对其他专业课程的学习具有先导性的作用，也对于高校学生在完善知识结构、提高专业综合应用能力等方面起到十分重要的"承前启后"作用。因此，学好"旅游概论"，对提高学生的综合素质有着重要意义。

本书在编写过程中力求体现以下特色：

1. 系统性。科学系统地阐述旅游业的基本原理和知识。首先介绍旅游的产生和发展、旅游的性质与特点，解决旅游是什么的问题；然后分析了现代旅游的主体（旅游者）、客体（旅游资源）、媒介（旅游业）和旅游市场，解决旅游包括什么的问题；接着说明了旅游业的影响及可持续发展、组织、管理，解决了旅游业如何管理的问题；最后阐述了旅游业的前沿，解决旅游业未来是什么的问题。各部分层层相扣，构成联系紧密的知识体系。

2. 精简性。充分考虑到专业教学要求，克服以往教材"乱""杂""难"的问题，以"必需"和"够用"为度，无论在案例选择上，还是知识内容方面都经过认真筛选，放弃或简化一些与其他课程重复的内容。在文字表述上，坚持深入浅出和通俗易懂的原则，语言力求精练、准确，努力使其符合高职学生的认知能力和教学实际课时安排。

3. 前瞻性。克服信息滞后的缺陷，在内容安排上注意引入最新的研究成果与数据，如全域旅游、定制旅游、智慧旅游等，站在旅游发展的最前沿，使读者掌握最新的信息。

4. 实用性。本书每个模块开篇案例导学，正文中知识链接拓展，最后知识结构图、思考与实践等收尾，形成课前思考、课中领悟、课后总结与强化的多位一体的学习模式。

与此同时，为了贯彻二十大提出的"推进教育数字化"这一要求，书中还配套了丰富的二维码资源，以提高学生的学习兴趣，实现线上、线下互动学习。

本书编写过程中参阅了多部规范、文件，以及国内同行的多部著作，部分高职高专院校老师也对编写工作提出了很多宝贵的意见，在此表示衷心的感谢！由于编者水平有限，加上编写时间仓促，在编写过程中难免出现错误和疏漏，请广大读者给予批评和指正。

编　者

目 录

模块一 旅游的产生与发展

 学习目标

➤ 知识目标

　　了解古代旅行的发展及旅行活动，掌握近代旅游的兴起原因、发展情况和特点，熟悉中国近代旅游业的发展情况，了解改革开放以来我国旅游业经营市场的变化及其演进原因。

➤ 能力目标

　　能够对旅游的产生有初步的了解与认识，能够描述旅游的发展过程。

➤ 素养目标

　　使学生树立旅游的人文观念，培养其运用旅游活动发展基本规律分析旅游现象的能力。同时，培养学生具备旅游行业的价值观念和认知，建立良好的人际关系的能力，以及应对压力和挫折的能力。

案例导学

周穆王——最具传奇色彩的"游学生"

　　古代的知名"游学生"可不少，但要评选一个最富有传奇色彩的"游学生"，周穆王绝对是热门候选人之一。

　　周穆王又被称作"穆天子"，是西周的第五位君主，也是我国历史上最富有传奇色彩的帝王之一。周穆王即位时已经50岁，但是他辉煌的事业才刚刚开始。

　　上古三大奇书之一的《穆天子传》记载了周穆王的主要事迹：包括御驾亲征多次，北征犬戎、西征昆仑、东伐徐戎等，在这些战争中，他都取得了胜利。

　　取得了一系列的战争胜利之后，周穆王开始了自己最浪漫的一次旅行。在距今三千年前的公元前960年前后，周穆王以造父为车夫，以造父进献的八骏神马为御驾，一路西游至西昆仑，见到了至高无上的"西王母"。周穆王和西王母相处甚欢，在瑶池边上摆下筵宴，饮酒作歌，互诉衷情。

　　按照《穆天子传》中所述，周穆王西游来回行程30 000余里，历时500多天，而且详细记录了日期、方向等情形。可是如果按照故事中所说的里程，西王母之国应在西亚或欧

洲。近年来有学者指出，先秦以前的"里"指的是"短里"，只有现在的 77 米长。因此，西王母之国应该在今甘肃、新疆一带。

按照《史记》中的记载，周穆王 50 岁继位，在位 55 年，寿命高达 105 岁，但是也有不少学者对这个记载表示质疑。但是这些都不影响周穆王的传奇色彩，周穆王也无疑算得上是先秦最牛的"驴友"之一。遗憾的是，由于频繁的征讨和旅行，周穆王常年不在朝堂，使朝政松弛，自他之后，周王朝便开始由盛而衰了。

思　考：结合以上材料，分析周穆王的旅行是不是现代意义上的旅游。

单元一　远古迁移与旅行

人类的旅游活动始于人类历史上最早的迁移与旅行。人类迫于洪水、干旱、地震等自然灾害的危害，同时为了拓宽视野，扩大自身的活动范围和生存空间，进行着反复的迁移。这种迁移中所表现出来的人类流动特点便是旅游最基本的特征之一。但这些迁移活动都是出于谋求生存的需要，它的被迫性和求生性都说明它们不属于现代意义上的旅游活动。只有社会生产力发展到一定阶段后才产生旅游的社会需求，才有了基于客观物质基础和主观出游愿望的旅游活动。

一、原始人类的迁移活动

美国原始社会史学家路易斯·亨利·摩尔根将原始社会划分为蒙昧时代、野蛮时代和文明时代三个主要时代。蒙昧时代是以采集现成的天然产物为主的时期；野蛮时代是学会从事畜牧业和农业的时期文明时代是学会对天然产物进一步加工的时期。

依照上述理论，从原始社会前期即旧石器时代到新石器时代中期前，人类社会的生产工具主要是使用未经打磨的石器，只能栖身于原来的有限的地带中，依靠采集果实维持生活，属于人类的蒙昧时代。《韩非子·五蠹》中所记载的"古者丈夫不耕，草木之实足食也；妇人不织，禽兽之皮足衣也"，便是这一时期的人类生活写照。

直到渔猎和火的利用，原始人类才开始了最早的迁移活动，并使迁移成为人类生存的历史特征。渔猎扩大了人类的食物源，火的使用所带来的照明、御寒、驱兽、熟食增加了人类的生存力量，使迁移成为可能。但无论是早期智人还是后来的蒙古利亚人、希伯来人，迁移多是因为自然因素（如气候变化、天灾对生存环境的破坏），或人为因素（如战争）。有种观点认为，居住在蒙古高原的蒙古利亚人为了争夺草场而东征西讨，为了寻找食物而不断迁移，其中的一部分在公元前 4 万年至公元前 2 万年，越过阿拉斯加迁移到北美、中美和南美，成为印第安人的始祖。而《圣经》中希伯来人的 3 次大规模迁移也证明了这一点。我国考古学家对仰韶文化时期留下的 69 处村落遗址的研究也得出它们是某一原始部落趋利避害、反复迁移的结果。

二、原始人类的旅行活动

1. 经商旅行

原始人类的经商旅行可以追溯到古代文明的起源。在这个时期，人类社会还处于原始状态，没有建立起复杂的经济体系和贸易网络。然而，人类早期的经商活动主要是以物物交换的方式进行的。人们根据自己的需求和资源，通过交换物品来满足彼此的需求。

原始人类的经商旅行通常是在有限的范围内进行的，主要是在同一地区的部落之间进行的。人们会组织一些商队，穿越森林、河流或沙漠等地形，前往其他部落进行贸易。他们携带着自己的货物，如食物、工具、武器、皮毛等，与其他部落进行交换。

这些经商旅行不仅是为了满足物质需求，也是为了建立和维护社会关系与文化交流。通过贸易，人们可以建立友好的联系，分享知识和技术，促进文化的交流和发展。另外，经商旅行还可以带来新的资源和财富，促进社会的发展和繁荣。

然而，与现代的商业旅行相比，原始人类的经商旅行更加艰苦和危险。他们没有现代化的交通工具和通信设备，必须依靠步行或动物驮运货物，面临着食物短缺、天气恶劣、野兽袭击等各种挑战和风险。

2. 原始宗教旅行

原始宗教旅行是指原始社会中人们为了宗教信仰而进行的旅行活动。在原始社会，宗教信仰是人们生活中至关重要的一部分，他们相信神灵的存在和影响，并通过宗教仪式和祭祀来与神灵沟通及寻求神灵的保佑。

原始宗教旅行通常与特定的圣地、神庙或神圣地点有关。人们会定期或在特殊的宗教节日中，集体或个人前往这些地点进行朝拜、祭祀和宗教仪式。他们相信这样的旅行可以获得神灵的庇佑和祝福，以及解决问题、寻求指引和获得灵感。

在原始宗教旅行中，人们可能需要跋涉长途，穿越山脉、河流、森林等地形。他们可能要面对艰苦的旅程、食物和水的短缺，天气的不确定性及野生动物的威胁。然而，这些困难并不能阻止他们前往圣地的决心，因为他们相信在这样的旅行中，他们可以与神灵更加接近，并获得心灵和灵魂上的满足。

另外，原始宗教旅行也具有社会和文化的意义。它可以促进人们之间的联系和团结，加强社区的凝聚力。人们可以在旅行中分享宗教和信仰的经验，交流观点和故事，传承和发展自己的宗教文化。

3. 部落首领巡游

我国古代神话中的旅行时代最早可以追溯到"伏羲氏始乘桴"。"桴"，小的木筏或竹筏也。在河姆渡新石器遗址中出土了迄今为止时间最早、保存最好的两支木桨。《周易·观卦》中"风行地上，观；先王以省方观民设教"就提到古代先王尧、舜、禹等效法风的精神，省视各方，观察民情，设立教化的规范。《史记》中记载黄帝经常外出旅行，"作舟车以济不通，旁行天下。"而其后裔的尧曾"身涉流上沙，西见王母，地封独山"。禹则是在四处巡游时病死会稽山的。从中可以看出，远古时期原始人类的旅行活动主要是以经济目的为主，起到了保障生存、拓展生存空间、促进经济发展等作用。从广义来看，它可以被看作是人类最早的旅游发展史。

单元二　古代旅行的发展及特征

古代旅行的产生以阶级的出现为标志。在 19 世纪 40 年代以前的奴隶社会、封建社会、资本主义社会前期，生产力水平不断提高。但是，从旅行活动的内容和方式来看，还是表现出一些较为落后的特点：生产力的发展没有引起交通工具的重大变化，依靠以自然力、人力、畜力为主的船、车等；旅行的活动范围很小；参加旅行的人数极少，多为特权阶层，一般劳动者都被排除在旅游的行列之外。

一、西方各时期的旅行

（一）世界奴隶社会的旅行

一般认为，早在公元前 3000 年就在地中海和爱琴海上进行通商贸易的腓尼基人是世界上最早的旅行者。他们到处周游，西越直布罗陀海峡，东到波斯湾、印度，北至北欧波罗的海各地，其旅行目的是进行贸易活动。

古埃及在公元前 3 000 多年就建成统一的国家，他们确立以法老为主的中央专制政体，大规模地修建金字塔和神庙，吸引大批前来参观游览的人。宗教旅游也很发达，每年都要举行几次重大的宗教集会，并成为地中海区域著名的旅游胜地。另外，公元前 1490 年荷塞普赛特女王访问 Punt 地区（今索马里）是世界上第一次以和平为目的的国际性旅行活动，此活动记载在卢克索神庙的墙壁上。

波斯帝国是较早兴起商务旅行的国家。公元前 6 世纪中叶，从帝国首都苏萨直抵地中海和巴比伦城直到巴克特里亚的两条"御道"的修建，为人们外出旅行提供了便利的交通。这条路后来成为"丝绸之路"西段的基础。

公元前 5 世纪，古希腊的提洛岛、特尔斐和奥林匹斯山是著名的宗教圣地。特别是奥林匹亚庆典既是宗教的集会，又是体育的盛会。奥林匹亚村是古代世界七大奇观之一——宙斯神像的诞生地，每年都要举行一次盛大的祭祀宙斯神的活动，同时，举行大规模的运动会（今天奥运会的前身）。公元前 5 世纪，古希腊的公务经商宗教考察旅行者络绎不绝。希腊著名历史学家希罗多德曾游历了中近东、南欧、北非的广大地区，广泛搜集了各时代、各民族有关古代旅游和旅行的情况，被称为"旅游文学之父"。

罗马帝国时期是世界古代旅行的全盛时期。其帝国疆域辽阔，秩序相对稳定，从而促进了社会经济在原有基础上的进一步发展。地中海成为帝国的内海，海上运输十分畅通。全国境内修建了许多宽阔的大道，这种全国道路网的兴建为人们沿路旅行提供了方便。罗马帝国时期在沿政府所设驿站的基础上产生了旅店，接待往来旅客。同时，由于国力的强大，国际性的经商经常发生，我国的丝绸就经过著名的"丝绸之路"，远销于罗马帝国各地。这个时期，罗马人已经在希腊的温泉和矿泉地建立了度假村。

罗马帝国时期的旅行活动虽然只牵涉少数人，却标志着人类旅行活动发生了重要的转折，即旅行的目的已经明确地超越了商务、宗教信仰的范围，出现了以鉴赏艺术、保健疗养等为目的的多种旅行活动。

（二）世界封建社会的旅行

公元 7—8 世纪，阿拉伯帝国处于鼎盛时期，由于伊斯兰教的朝觐制度，使宗教旅游规模扩大。这一时期，经商和考察旅行也受到鼓励，著名旅行家有苏莱曼、马苏弟。苏莱曼曾到过印度、中国等地经商，著有《苏莱曼记》（公元 851 年）；马苏弟（卒于 956 年）曾游历埃及、巴勒斯坦、印度、中国等地，著有《金色的草原》。

11 世纪起，西欧的封建社会有了明显的发展，生产力有了一定的提高，剩余农产品增多，手工业日益从农业中分离出来。社会分工的发展使交换活动日益经常化。专职的工商业者离开乡村，聚集在城堡、寺庙附近和交通道口等处，因而逐渐形成工商业城市，如威尼斯、热那亚已成为从事国际贸易的商业城市，吸引过往商人，同时，客栈、旅馆也随之兴起，促进了商务旅行的发展。

13世纪，伟大的意大利旅行家马可·波罗（1254—1324年），因经商来到中国，得到元世祖忽必烈的信任，在朝中任职17年，先后到过今新疆、甘肃、浙江、福建等十几个地区，出使印度、菲律宾等国家，著有《马可·波罗游记》。伊本·巴图塔被认为是中世纪最伟大的旅行家，同时，又是一位史学家、地理学家、神学家。他用26年时间，行程12万余千米，游历了半个世界，足迹遍布亚、非、欧三洲大地。1346年，他以德里苏丹特使的名义访问了中国，他根据自己的旅游见闻写成的惊世之作《旅游者的欢乐》，对了解发达的东方文化是极其宝贵的。

知识拓展：《马可·波罗游记》

15世纪中后期，资本主义生产关系的萌芽刺激人们进行探险旅行和考察，航海技术的突破性发展为此提供了技术支持，迎来了地理大发现时代。1486年，葡萄牙航海家迪亚士发现了绕过非洲南端的好望角，通过印度洋的新航线。意大利航海家哥伦布于1492年发现新大陆，开辟了由欧洲到美洲的新航线。1519—1522年，英国的麦哲伦又横渡大西洋环绕地球一周，证明了地圆学说。探险旅行开阔了中世纪人们的狭隘眼界，冲破了中世纪的漫长黑夜，激发了那些不知疲倦、富有进取精神的文艺复兴时期的先进人物纷纷前往法国、德国、意大利等国家考察。

从1558年英国女王伊丽莎白一世继位起到西欧封建社会结束这段时期内，旅行活动又有新的发展。1562年，有一位名叫威廉·特纳的医生发表了一本著作，谈到英格兰、德国和意大利的天然温泉对身体的各种痛症都有疗效。此举一下子引起轰动，形成温泉旅行的潮流。这一潮流一直延续了近两个世纪才开始向海水浴转移。除这种以保健为目的的旅行外，以教育为目的的旅行在这一时期也开始发展，人们已经从一些名人的经历中认识到旅行在增加对异国他乡事物的了解和开阔眼界方面所起到的作用。正如亚当·斯密在1776年所写的那样："在英国，年轻人一到中学毕业，不等报考大学便被送往外国旅行，成为日渐浓厚的社会风气。人们普遍认为，我们的年轻人完成旅行归来之后会有很大的长进。"

18世纪中叶，英国为掠夺殖民地，以通商为名组织了许多探险队，从事航海线路、生物、地质的研究。例如，英国航海家、探险家詹姆斯·库克曾先后三次环球旅行，随后，达尔文在1831—1835年的环球旅行航海中，通过实地考察，找到了物种起源的科学解释，创立了伟大的进化论。

二、中国古代的旅行活动

中国古代社会历史漫长，随着几千年历史的推进，中国古代的旅行活动也经历了日渐兴盛的发展变化过程。

（一）中国奴隶社会的旅行

中国奴隶制旅行社会时期，旅行发展的情况与西方奴隶制社会旅行发展的情况基本相同。但中国的奴隶社会旅行要比西方国家早得多。在奴隶社会，由于生产工具和生产技术的进步，新的社会分工使剩余劳动产品的增加和以交换为目的的商品生产的扩大，商品经济得到很大的发展。夏代发明的舟车到了商代更加普及和进步，牛、马等大牲畜也普遍用于交通运输。这一时期商代商人的足迹，东北达渤海沿岸乃至朝鲜半岛，东南达今日浙江，西南达今日之皖鄂乃至四川，西北达今日之陕甘宁甚至远及新疆。

周代旅行的形式主要是帝王巡游、政治旅行和商务旅行。西周时期的周穆王在"欲肆其心，周行于天下，将皆必有车辙马迹"的远游理想的指导下，取得了"西征"的胜利，开了中国通往西方的先河。东周时，由于诸侯争霸，出现了"士"阶层。没落贵族和士人们为了宣传其政治主张和"致身卿相"的目的而朝秦暮楚，奔走不暇。此时商贾也被纳入"四民"（士、农、工、商）之列，远程贸易的商务旅行十分盛行。

（二）中国封建社会的旅行

秦汉时期是中国统一中央集权封建国家建立和发展的时期。秦始皇不仅多次派出大臣、方士四处考察，前往名山大川举行祭祀活动，为其寻找"长生之药"，而且他自己5次出巡，周游全国，成为封建帝王巡游的基本范例。

汉武帝也热衷于对泰山的封禅和祭祀活动，并两次派遣张骞出使西域，开拓了"丝绸之路"，建立了与西域各国的友好关系。汉代的科学技术、史学、文学也有很大的发展，西汉著名的史学家、文学家司马迁就是学术考察旅行最杰出的代表。

公元68年，南亚高僧竺可兰、摄摩腾到中国传播佛法，开始了佛教徒旅行活动的时代。帝王开创性的全国巡游，开拓海外商务、外交旅行和文化交往之途，以及探险旅行、学术考察的风行，是秦汉时期旅游发展的特点。

知识拓展：徒步穿越沙漠和雪山，他是第一个到达天竺的中国僧人

魏晋南北朝时期是中国旅行和旅游的重要发展时期，突出表现为山水诗歌、游记等旅游文学创作的兴起。西晋末年的很多知识分子无心仕途，寄情于自然风光，追求适意娱情的漫游之路。魏晋时期嵇康、阮籍等7人因不满时政而纵酒悠游于竹林之中。东晋的陶渊明辞官归隐田园，并著有《桃花源记》。南朝谢灵运是我国山水诗的鼻祖，其作品中充满了"壮志郁不用""泻为山水诗"的格调。东晋僧人法显远足于印度求法，并著有《佛国记》。北魏的郦道元把毕生的才华融入山川大地之中，并著有《水经注》，被称为中国山水散文的鼻祖。这一时期的旅行和旅游是以士人漫游和宗教旅游为主的。

隋唐时期是中国封建社会的鼎盛时期。这一时期，社会的稳定，经济的繁荣，使中国境内的旅行游览活动，以及与海外的交往都日益增多，表现出旅行发展的继承性。在帝王巡游方面，隋炀帝在大运河开通后，沿水路出游，开创了中国旅游史上帝王舟游的新篇章。在宗教旅游方面，玄奘赴南亚求法，鉴真东渡日本扬法，以及日本、朝鲜和中国佛教徒之间的频繁交往，均表现出这一时期宗教旅行的风行程度。在士人漫游方面，隋唐实现的科举取士制度，使士人远游成风，造就了王勃、李白、杜甫和柳宗元等一批杰出的文学家、诗人与旅行家。王勃的《滕王阁序》和柳宗元的《永州八记》在游记文学中占有重要的地位；李白、杜甫的诗是唐代诗歌的代表；元结则是把描写自然景物和抒情结合在一起的游记开拓者。在国际旅游方面，来华的外国使者、商人、学者、僧侣也络绎不绝，如日本曾先后16次派遣使者来唐学习文化。唐代与阿拉伯的交往也很频繁，他们主要以香料来换取中国的茶、瓷器和丝织品，其中最著名的人是苏拉曼。总之，士人漫游成风，宗教旅行盛行，国际旅游活跃和旅游创作繁荣，是这一时期的旅游特点。

宋元时期是中国封建社会发展和动荡交融的特殊历史时代。宋代汉民族的封建王朝日益衰败，但士人漫游活动极为普遍，游记文学进入鼎盛时期。范仲淹、苏轼和陆游等人写的《岳阳楼记》《石钟山记》《赤壁赋》和《入蜀记》等都是千古流传的旅游名篇。

明清时期是中国封建社会走向衰败、资本主义萌芽的时期。反映到人们的旅游行为上，则显出日益成熟的特点。特别是在风光的鉴赏、旅游经验的总结和学术考察方面，比之以前更

具有特色。旅行家郑和、徐霞客，医学家李时珍，毕生涉猎于远足旅行之中，并分别留下了宝贵的航海资料、千古不朽的游记和医学名著。

（三）中国古代旅行的类型

中国古代的旅行活动具有形式多样、专业性强和人文色彩浓厚的特点。如果将这些旅行活动点以旅行目的来分析，可以将中国古代旅行活动归纳为以下几种类型：

（1）帝王巡游。帝王巡游是集视察、暗访民情、观赏风情于一体的职务观光活动。最早历史可以追溯到远古时期的轩辕帝、黄帝。西周时期的周穆王是帝王巡游的代表人物之一。《左传》中说他尤喜远游狩猎，"周行于天下"。史书还记述了周穆王"西征"的故事和线路，甚至有人认为他西行巡狩远达波斯（今伊朗），是中国通往西方道路的最早开拓者。秦始皇在统一中国后，用10年时间5次出巡，足迹遍及中华大地，并7次立碑刻石记功。封建帝王的巡游活动，每个朝代都有记载，从上古直至清代乾隆六下江南，都是规模宏大，场面壮观，立碑记功或挥毫题词，兴宫殿庙宇，建亭台楼阁，所到之处留下大量古迹，这些都已成为开发现代旅游的宝贵资源。

（2）官吏宦游。中国古代官员的规避制度和迁调制度，使大量的朝廷、地方官员乘公务之机，借助遍布全国的驿站会馆，周游四方。他们沿途游山玩水，凭吊古迹，吟诗作赋，笔录游记，在不断地迁调过程中，丰富了旅行的经历。白居易、欧阳修、苏轼、范仲淹、陆游、林则徐等都是其中的代表。

视频：
司马迁与《史记》
的创作

（3）士人漫游。士人漫游主要是指文人学士为了各种目的而进行的旅行游览活动。读万卷书，行万里路，是中国古代学者的文化传统。游学可以增长见识、磨砺意志、拜访高贤、结交朋友等。先秦时期的孔子以政治游说为主，在一生的旅行中发出"登东山而小鲁，登泰山而小天下""任重而道远"的感悟。魏晋期间，嵇康、阮籍、刘伶等7人因不满时政，纵酒悠游于竹林之中，嬉笑怒骂，愤世嫉俗，文学史上称为"竹林七君子"；东晋陶渊明辞去彭泽令而隐退山林，享受"采菊东篱下，悠然见南山"；唐宋时期，著名文学家李白、杜甫、柳宗元、袁宏道、袁枚等都是漫游的代表，这些文人在漫游过程中所创造的山水画、山水诗及散文游记，丰富了我国的文艺宝库。

知识拓展：大唐
第一"旅游博主"
李白

（4）学术旅行。地理学家、思想家、旅行家等将旅行作为超越个人休闲层面的学术生涯与人生目标的追求。西汉时期的史学家司马迁就是学术考察旅游的最早代表。他奉命去西南地区招抚"西南夷"，北上洛阳，沿途调查名胜古迹、风物人情；随武帝封禅泰山，游历山东半岛，北上碣石，巡辽西，历北边，至九原，循直道回长安。所到之处，集史实逸事，采风土人情，以他伟大的实践精神，终于完成了《史记》这部不朽的著作。北魏郦道元为确认山川形势，几乎走遍今河北、山东、山西、河南等地区，他所著的《水经注》是我国15世纪以前最著名的地理学专著。明代地理学家徐霞客，19岁起外出游历。在30年间，他的足迹遍及我国16个省及北京、天津、上海等地区。他对我国广大地区的山脉、水道、地貌等进行考察研究，特别是对西南地区石灰岩地貌的考察，取得了重大成果，著有《徐霞客游记》，在我国和世界科学史上占有重要的地位。

知识拓展：
徐霞客的足迹

（5）商务旅行。我国的古代旅行，往往发端于经商贸易，为做生意而远走他乡的商务旅行是中国古代旅游的一种重要形式。丝绸之路是古代连接我国和中亚、西亚、印度及欧洲的桥梁，是中外经济文化交流的友谊之路。其开拓者张骞，就是西汉时期著名的外交家、旅行家。公元前139～公元前119年，他两次接受汉武帝的派遣出使西域，开辟中国通往西方的经商之路。在公元前2世纪～公元14世纪，丝绸之路一直是连接中国、印度、埃及和罗马的交通枢纽，是中外经济文化交流的友好之道，在中国史、亚洲史，尤其是东西方交通史上，有着深远的意义和影响。东汉班超出使西域，其手下甘英出使大秦（古罗马帝国），最远至波斯湾北端幼发拉底河河口。秦汉时期，我国与邻国的海上贸易也很发达。北起渤海，南至两广一带的海上交通线完全开通，商务旅行也很活跃，有"海上丝绸之路"之称。

（6）宗教旅行。天下名山僧人多，说明宗教旅行在中国古代旅行中的地位。佛教在中国兴起是西汉末年，魏晋南北朝时发展到鼎盛。由于佛教宗派庞杂，教义分歧，为探明教理，解决争端，僧人纷纷西行求取真经。三国时期，魏国的朱士行是第一位西行求学的中原佛僧。到后来的东晋法显，于公元339年从长安出发，经河西走廊、新疆，涉流沙，越丛岭，历尽千辛万苦到达印度，为时15年，遍历约30多个国家的山川风物，后把旅游中见闻写成《佛国记》，是中国与东南亚交通的最早记录，也是研究东南亚古代史的重要资料，受到中外学术界的极大重视。还有唐代印度取经的高僧玄奘、东渡日本的高僧鉴真，都是这一时期的典型代表。

（7）航海旅行。中国是航海业发展较早的国家之一。秦朝统一后，就与日本、高丽、安南有海上交往的历史记载。隋唐时，中国造船业和航海技术都已达到较高水平，海外旅行和移民已有发生。宋元时，由于指南针的应用和造船技术的发展，中国造的船只最大载重量约为1 500 t，容纳五六百人。明初，为适应政治和经济的需要，海外交通频繁，郑和七下西洋，历时20余年，共经历亚洲、非洲30多个国家和地区。郑和航海旅行纵横于太平洋、印度洋上，涉沧海10万余千米。他的航行比1486年葡萄牙航海家迪亚士发现绕过非洲南端的好望角，通过印度洋的新航线要早半个多世纪。郑和是我国也是世界历史上伟大的航海家。

（四）中国古代旅行、旅游的特点

（1）从旅游类型上看，首先，商务旅行占主导地位，经商带动旅游是古代旅行、旅游的主要特点。其次，宗教旅游也十分发达，宗教旅游是仅次于商务旅游的古代主要旅游类型。另外，巡游、公务、探险、考察、修学等旅行形式，也逐渐产生和发展起来。

（2）从旅游主体上看，参加旅行、旅游的人数较少，主要是封建君王、地主、商人、贵族及上层知识分子，旅游活动的范围也以区域性为主。广大劳动人民由于受政治经济的双重压迫，客观上无能力参加旅游活动。

（3）从旅游媒介体上看，这一时期的旅游业还没有出现或至多处于萌芽状态，各类旅游设施还很原始，交通工具主要是马车、帆船，旅馆、饭店，规模很小。

（4）从旅游客体上看，这一时期的旅游资源多以自然状态的形式存在，人文旅游资源基本上未得到开发。

（5）封建社会以农业经济为主，农村人口占绝大多数，人们在主观上缺乏对度假旅行的要求。

（6）从旅行的组织形式上看，人们的外出旅行是自发进行的，是以自我服务为主，不可能出现专门为旅行服务的旅行接待行业。

单元三　近代旅游的产生与发展

一、近代旅游产生的背景

18世纪中期后，欧洲发生了工业革命，后发展到北美等地区。工业革命的标志是蒸汽机和纺织机的发明与使用。工业革命后，资本主义进入大机器生产时代。由于机器代替了手工劳动，使社会劳动生产率得到极大提高，社会财富被迅速创造出来。在交通工具方面，出现了以蒸汽为动力的火车和轮船。生产社会化和国际化的迅速发展，国际经济交往日益增多，国际市场开始形成，整个世界开始进入资本主义商品经济时代。所有这些变化都为旅游的广泛发展创造了条件。另外，由于生产的发展，劳动时间的缩短，人们可支配收入的增加，这些因素又为旅游者的增加提供了条件。

二、近代旅游诞生的标志

工业革命带来了社会经济的繁荣，为近代旅游奠定了经济基础，为人们的出行改善了交通条件。但由于当时绝大多数人，包括新兴的资产阶级在内，都没有旅行的经验和传统，对异国他乡的情况及有关旅行的手续不大了解，语言及货币方面的障碍也是人们计划外出旅游所担心的问题。因此，社会上普遍需要一种能够联系旅游者与旅游对象之间的媒介的服务。在这种情况下，英国人托马斯·库克（1808—1892年）认识并预见到这种社会需要，率先设立了相应的组织机构，直接导致了旅游业的产生。

托马斯·库克，1808年11月22日出生于英格兰德比郡墨尔本镇，自幼家境贫寒，10岁辍学从业，做过帮工、木工、诵经人等。出于宗教信仰的原因，他极力主张禁酒。

1841年7月初，在他居住的莱斯特城不远的洛赫伯勒要举行一次禁酒会。为了壮大这次酒会的声势，托马斯·库克在莱斯特城张贴广告，招徕游客，组织了570人从莱斯特城前往洛赫伯勒参加禁酒大会。他向每位游客收费1先令，为他们包租了一列火车，做好了行程的一切准备，使这次短途旅行十分成功。这次旅行成为公认的近代商业性旅游活动的开端。

1845年，托马斯·库克放弃木工的工作，开始专门从事旅游代理业务，成为世界上第一位专职的旅行代理商。他在英格兰的莱斯特城创办了世界上第一家商业性旅行社——托马斯·库克旅行社（即现在的通济隆旅行社），成为旅行代理业务的开端，"为一切旅游公众服务"是它的服务宗旨。1845年8月4日，托马斯·库克第一次组织消遣性的观光旅游团，即莱斯特至利物浦之行，人数为350人。托马斯·库克本人对这次旅游进行了精心的准备，事先亲自考察旅游线路，确定沿途的游览景点，安排游客的食宿等事宜，并整理出版《利物浦手册》，发给旅游者，成为早期的旅游指南。这次活动从考察和设计线路、组织产品、宣传广告、销售组团，直至陪同和导游，都体现了现代旅行社的基本业务，开创了旅行社业务的基本模式。

1846年，他又组织350人到苏格兰集体旅游，并配有向导。旅游团所到之处受到热烈的欢迎，从此托马斯·库克旅行社的名字开始蜚声于英伦三岛。1851年，他组织16.5万多人参观在伦敦水晶宫举行的第一次世界博览会。4年后，博览会在法国巴黎举行，他又组织50余万人前往参观，使旅游业第一次打破了国界，走向世界。

1865 年，托马斯·库克父子公司成立，全面开展旅游业务，同年，经托马斯·库克组织的旅游已累计达 100 万人次。1872 年，他组织了 9 位不同国籍的旅游者进行为期 222 天的第一次环球旅行，使其旅行社名声大噪。接着，又在欧洲、美洲、澳大利亚与中东建立自己的系统，1880 年又打开印度大门，拓展了埃及市场，成为世界上第一个国际性旅游代理商。托马斯·库克旅行社的问世标志着近代旅游业的诞生，托马斯·库克本人也被誉为世界旅游业的创始人。

此后，欧洲和世界其他国家也成立了许多类似的旅游组织。到 20 世纪初，托马斯·库克父子旅游公司、美国运通公司、比利时铁路卧车公司成为世界旅行代理的三大公司。

三、中国近代旅游的开端及发展

自 1840 年鸦片战争开始，中国被迫打开了自己封闭已久的大门。西方文化开始进入中国，公路、铁路、汽车、火车、新式旅馆、近代旅行社等新的旅行交通设施和旅游方式深刻影响到中国。

新式交通工具的出现，大大方便了旅行和旅游。与之相适应，新式旅馆也相继在中国出现，特别是由于通商口岸的对外开放，西方来华人士骤增，西式旅馆不断营建，欧美式大饭店和商业旅馆的经营方式也陆续引进国内，导致中国旅馆业发生突破性的增长，新式旅馆竟"接踵而来，连绵不绝"。

20 世纪初期，一些外国旅行社，如英国的通济隆旅游公司（前身即托马斯·库克父子旅游公司）、美国的运通旅游公司开始在上海等地设立旅游代办机构，总揽中国旅游业务。

中国旅游业形成的标志是中国旅行经营机构的建立。1923 年 8 月，上海商业储备银行总经理陈光甫在其同仁的支持下，在该银行下创设了旅游部。1927 年 6 月，旅游部从该银行独立出来，成立中国旅行社，旅行社设立七部一处，分别是运输部、车务部、航务部、出版部、会计部、出纳部、稽核部和文书处。中国旅行社也是我国第一家旅行社。它最早以代售铁路、轮船票为重要业务，后扩大到食、住、行、游、购、娱等方面，并且还创办了《旅行杂志》，为中国旅游研究之始。1931—1937 年，其分支社遍布华东、华北、华南等 15 个城市。

知识拓展：中国第一家旅行社——中国旅行社

与此同时，中国还出现了其他类似的旅游组织，如铁路游历经理处、公路旅游服务社、浙江名胜导游团等。社会团体也相继成立了旅游组织。1935 年中外人士组成中国汽车旅行社，1936 年筹组国际旅游协会，1937 年出现友声旅行团、萍踪旅行团、现代旅行社等。这些旅行社和旅游组织承担了近代中国旅游活动的组织工作，也促进了中国近代旅游业的发展。

单元四　现代旅游的发展及特征

现代旅游开始于第二次世界大战结束之后，特别是 20 世纪 60 年代以来，现代旅游业迅速普及于世界各地，成为战后发展势头最强劲的行业之一，总体保持持续、快速的增长势头。据统计，1950 年全球国际旅游接待 0.25 亿人次，到 2019 年已增加至 123.1 亿人次，增长近 500 倍。旅游业已经成为世界上最大的产业之一。

一、现代旅游发展的原因

（一）政治因素

政治因素包括政治变化和国际紧张局势的缓和，全球化趋势下的国际交流增多，各国政府对旅游的重视和支持。具体表现在以下两个方面。

1. 国际政治局势的相对稳定

第二次世界大战以后，和平与发展成为世界的主题，全世界随之进入经济和科技竞争的新时代，为现代旅游的发展提供了必要的前提和保障。

2. 各国政府对旅游的推动

为了增加外汇收入、扩大货币回笼、促进本国经济的发展，为了保证旅游与其他各项社会基本需要协调发展，使旅游度假真正成为人人享有的权利，各国纷纷将旅游作为国家发展的一项内容，许多国家对假期制度作了有利于旅游发展的政策性调整，甚至由国家、地方政府、工作单位、工会或户主所属的其他组织团体提供资助或补助，组织国民外出旅游度假。另外，在国民出国旅游问题上，很多国家放宽或取消了出入境限制，简化了边境通关手续等。

（二）社会因素

社会因素包括人口结构的变化，城市化的进程，生活和工作方式的变化，以及对他文化、生活方式的了解和兴趣的增强等。具体表现在以下四个方面。

1. 世界人口的迅速增长

根据联合国人口司的数据，全球人口从1950年的25亿增长到了2022年的80亿。这意味着有更多的人口具备了旅游的潜力和需求。随着人口的增长，旅游业的潜在客户群体也在扩大，为旅游业带来了更多的机会和挑战。

2. 城市化进程的加快

第二次世界大战以后，随着全球城市化进程的加快，人口在城市地区的集中度不断增加。根据数据显示，全球城市人口占总人口的比例从1950年的30%增长到了2018年的55%。这意味着更多的人口聚集在城市，为旅游业带来了更多的潜在客户。

城市化进程通常伴随着经济的发展和人民生活水平的提高。随着城市化的加速，人们的消费能力也得到了提升。数据显示，城市居民的收入水平普遍高于农村居民，这意味着他们更有能力进行旅游消费。根据世界旅游组织的数据，全球旅游支出从2000年的约4 700亿美元增长到了2019年的约15万亿美元，其中城市居民的旅游支出占据了很大的比例。城市化进程的加快意味着城市交通和基础设施的发展。城市交通网络的完善使人们更加便利地到达旅游目的地，提高了旅游业的可达性。同时，城市基础设施的建设也为旅游业提供了更好的服务和体验，如酒店、景区、购物中心等。

此外，城市化进程使不同地区的人们更加容易相互交流和了解。城市是文化的集中地，各种文化活动和艺术表演在城市中更加频繁。这为旅游者提供了更多的文化体验和旅游需求。根据数据显示，全球文化旅游支出从2009年的约6 000亿美元增长到了2019年的约1.3万亿美元，其中城市化进程的推动起到了重要的作用。

3. 带薪假期的普及

带薪假期的普及对旅游业产生了重大的影响，主要表现在以下几个方面：

（1）旅游需求增加。随着带薪假期的普及，越来越多的员工有了机会享受休假并进行旅行。这增加了旅游需求，推动了旅游业的发展。员工可以利用他们的带薪假期来探索新的目的地、体验不同的文化和放松身心。这种增加的旅游需求为旅游业提供了更多的客户和收入机会。

（2）旅游消费增长。带薪假期的普及意味着更多的人有资金和时间进行旅行。这导致了旅游消费的增长。人们在旅行中会在交通、住宿、餐饮、购物等方面消费，为旅游业带来了更多的经济效益。旅游消费的增长还会刺激相关产业的发展，如酒店业、航空业、餐饮业等。

（3）旅游季节分布更加平均。带薪假期的普及使员工能够在不同的时间段内休假。这导致了旅游季节分布更加平均化。以往，旅游业通常在特定的假期和节假日期间才会迎来高峰。而现在，由于带薪假期的分散使用，旅游业可以在全年各个时段都保持相对较高的客流量，减轻了季节性的压力，提高了旅游业的稳定性和可持续性。

4. 教育事业的促进

教育事业的促进对旅游业产生了积极的影响。它提升了旅游素质、推动了学术交流和研究、培养了专业人才，并促进了教育旅游的发展。

（1）提升旅游素质。教育的普及和提升使人们更加关注旅游的价值和意义。通过教育，人们更加了解不同地区的文化、历史和自然景观，对旅游目的地有更深入的认识和理解。这提高了旅游者的素质，使他们更愿意进行文化探索、生态旅游等有意义的旅行，而不仅仅是追求消费和娱乐。

（2）学术交流和研究。教育事业促进了学术交流和研究的发展，这对旅游业的发展具有重要的意义。学术研究可以为旅游业提供专业的指导和支持，推动旅游产品的创新和提升。同时，学术交流也促进了不同地区之间的合作和互动，加强了旅游业的国际化发展。

（3）培养专业人才。教育事业为旅游业培养了更多的专业人才。通过旅游专业的教育和培训，人们可以获得旅游管理、旅游规划、导游服务等相关知识和技能。这些专业人才的培养提升了旅游服务的质量，推动了旅游业的发展。

（4）促进教育旅游。教育事业的促进也为教育旅游提供了更多的机会。教育旅游是一种结合学习和旅游的形式，通过参观考察、实地实践等方式，使学生在旅游中获取知识和体验。教育旅游不仅可以丰富学生的知识和视野，也为旅游业带来了更多的客源和市场需求。

（三）经济因素

经济因素包括工业化国家经济的增长及其对中产阶层人士收入的拉动，国际商务自由化程度的提高，旅游客源国货币价格和力量对比的演变等。

1. 世界经济的稳步发展

世界经济增长率在过去的几十年中总体保持稳定。根据世界银行的数据，从 1950 年到 2021 年，全球 GDP（以美元计）的平均年增长率为 3.3%。尽管在某些年份，由于各种全球性和区域性的经济与政治因素，增长率可能会上下波动，但从总体上来说，世界经济一直保持着增长的趋势。经济发展使国家的国民收入水平和支付能力得以提高，对旅游的迅速发展和普及起到了极其重要的推动作用。

2. 国际经济交流的日益频繁

国际经济交流的日益频繁对旅游业产生了积极的影响，主要体现在以下几个方面：

（1）旅游需求增长。国际经济交流的频繁使各国之间的商务和休闲旅行需求增加。商务往来和跨国投资活动的增加，使更多的人需要前往其他国家进行商务谈判、考察、合作等活动。同时，旅游业的不断发展也吸引了更多的国际游客前往各地旅游。

（2）旅游市场多元化。随着国际经济交流的频繁，旅游业的市场需求也呈现出多元化趋势。不同类型的旅游目的地和旅游产品涌现出来，满足了不同游客的需求和偏好。例如，生态旅游、文化旅游、乡村旅游等新型旅游形式的兴起，为旅游业的发展提供了更加广阔的市场空间。

（3）旅游投资合作增加。国际经济交流的频繁也促进了旅游业投资合作的机会增加。各国旅游企业和投资者通过交流合作，共同开发旅游资源、建设旅游设施等，推动了旅游业的快速发展。例如，跨国旅游合作项目、国际酒店品牌进驻等都为旅游业的发展提供了更加广阔的机遇。

（4）旅游服务提升。国际经济交流的频繁也促进了旅游业服务水平的提升。各国旅游机构通过交流学习，引进先进的旅游服务理念和管理模式，提高了旅游业的服务质量和效率。同时，国际旅游标准的推广和执行也促进了旅游业规范化、标准化的发展。

（四）技术因素

1. 交通工具的全面提升

第二次世界大战以后，铁路和轮船虽仍为人们的旅行工具，但就世界范围而论，更方便、快捷的汽车和飞机制造业发展迅猛，使旅游交通运输工具得以全面提升。尤其是民航运输的发展扩大了人们的旅游空间，提高了旅行效率，使人们能在较短的时间内进行较长距离的旅行，特别是国际乃至环球旅游。航空因而也成为人们最重要的远距离旅行方式。另外，这些交通运输工具在性能和数量上的进步与发展，也减少了人们旅游中的对交通运输费用的压力和身心的困顿、疲惫。

2. 科学技术的广泛应用

随着科学技术的进步，大量发明创造应用于生产实践，极大地提高了各产业生产过程中的自动化程度和生产效率。同时，科技大大方便了出游，如信息技术在旅游发展中的广泛应用，饭店管理系统、计算机预订系统、银行结算系统和旅游目的地信息系统都极大地方便了人们的外出旅游。

二、我国现代旅游的发展

（一）我国现代旅游的发展历程

我国现代旅游是指 1949 年新中国成立以后的旅游历史，大致可分为以下三个阶段。

（1）第一个阶段是新中国成立到 1977 年。这一阶段的旅游业主要承担外事接待任务，还没有形成真正意义上的产业。

（2）第二个阶段是 1978 年改革开放到 1991 年。1978 年，邓小平同志提出了"旅游事业大有文章可做，要突出地搞，加快地搞"的指示。1981 年，国务院出台了《关于开展旅游业的若干问题的决定》，旅游业被确定为一项综合性的经济事业，是国民经济的一个组成部分，这标志着旅游业开始从单纯的外事接待向经济产业转变。

随后，在 1982 年，国家旅游局（文化部和国家旅游局合并组建为文化和旅游部）与国家计划委员会联合提出了"关于加速发展旅游业的规划意见"，这是第一个关于旅游业发展的国家级文件。在这个文件中，旅游业被定位为重点加快发展的创汇产业，并提出了一系列具体的发展措施。

1985 年，国家旅游局又提出了《关于旅游行业管理工作的若干意见》，明确提出了旅游业的发展要"以旅游服务设施为重点，带动整个行业的改造、发展和提高"。这个文件进一步明确了旅游业的发展方向和目标。

在此期间，旅游饭店、旅游景区等也得到了发展。例如，1983 年，中国第一家中外合资饭店——北京建国饭店开业，随后中外合资饭店成为一种新兴的饭店形式。另外，旅游业也逐渐形成了一定的规模，开始在国际旅游市场上占有一席之地。

1986 年，国务院批准了国家旅游局关于"大力开展海内外旅游活动"的报告，这是旅游业第一次被明确为国家的一项产业。同年，国家旅游局还发布了《关于试行"关于旅游产品开发工作要点"的通知》，提出了发展旅游产品的具体措施。

总的来说，从 1978 年到 1991 年，中国旅游业从初步形成规模，到逐渐发展成为国民经济中的一个重要产业。

（3）第三个阶段是 1991 年至今。这一阶段是中国旅游产业大发展并成长为国民经济新的增长点的阶段。这段时期我国旅游发展的总体方针是"大力发展入境旅游、积极发展国内旅游、适度发展出境旅游"。随着我国旅游基础设施的逐步完善，我国旅游业发展开始腾飞，进入全面发展时期。

（二）我国旅游全面发展时期的重大成就

我国旅游业在全面发展时期迅速崛起，已经树立起世界旅游大国的鲜明形象，成为推动世界旅游发展极富活力的重要力量，开始成为国民经济的重要产业，在社会主义政治文明、经济建设、文化建设与和谐社会构建，以及国际交往中发挥着积极的作用，成为全面建设小康社会和中国和平崛起的重要内容。其重大成就集中表现在以下 5 个方面。

1. 旅游业基本跨越起飞阶段

20 世纪 80—90 年代初，我国旅游业实现了从接待事业向现代产业的转型，旅游体制、旅游经营管理技术不断创新，旅游商务支撑条件和基础设施不断完善，完成了旅游经济起飞的准备工作。1997 年以来，旅游产业开始进入"起飞"阶段。21 世纪初，我国旅游业跨越了"起飞"阶段，进入趋向成熟的持续快速增长的新阶段。

"十三五"时期，我国旅游业取得了世界瞩目的成绩：文化和旅游融合发展，以文塑旅、以旅彰文的理念深入人心；坚持以供给侧结构性改革为主线，不断探索高质量发展路径；紧密衔接重大国家战略，充分发挥旅游在国民经济和社会发展中的重要作用；聚焦精准脱贫攻坚战，助力全面建成小康社会。旅游业日益成为大众生活不可或缺的重要组成部分，成为满足人民美好生活需要的重要途径，"幸福产业"的属性愈发凸显。

2. 国际旅游快速平稳增长

改革开放以来，我国国际旅游加速增长，集中表现在入境过夜旅游者人次，特别是旅游外汇收入的增长上。根据文化和旅游部公布的数据，2021 年全年，我国完成旅游业固定资产投资 5 985 亿元，比 2020 年增长 2.5%。其中，全国新立项 5 000 万元以上的旅游项目达 3 400 多个。同时，全年新增旅游业注册企业家数 4.3 万家。另外，在入境旅游方面，2020 年入境旅游人数达 1.2 亿人次，实现国际旅游（外汇）收入 1 238 亿美元，分别比 2019 年增长 4.5% 和 9.5%。这些数据表明，我国的国际旅游业在 2020 年仍然保持了加速增长的势头。同时，入境旅游市场也呈现出稳步增长的趋势，国际旅游（外汇）收入保持了较高的增长率。

3. 国内旅游开始进入大众化阶段

随着人民生活水平的提高、闲暇时间的增加及交通条件的改善，我国国内旅游从 1980 年的不提倡，到 1990 年的大力发展，特别是 1998 年 12 月中央经济工作会议确定将旅游业作为国民经济新的增长点以后，旅游业开始全面发展。"十五"时期，以假日旅游为重要支撑，国内旅游进入了大众化消费的新阶段。1999年9月18日国务院修订发布的《全国年节及纪念日放假办法》规定，春节、劳动节、国庆节和新年为"全体公民假日"。2000年6月，国务院办公厅转发《关于进一步发展假日旅游的若干意见》，正式确立"黄金周"假日制度。这一年的"十一"黄金周，国内的旅游人次达到了5 980万人次，相比前一年翻了一倍多，1999年这个数字仅为2 800万。到2019年，国庆七天大约有7.82亿人次在中国境内旅游，超过700万人次选择了出境游玩，这样一场颇为壮观的集体出游，贡献了大约6 497.1亿元人民币的国内旅游收入。这在一定程度上表明，在我国初步实现小康目标以来，旅游进入大众化阶段，开始成为全面建设小康社会的重要内容。

 知识链接

"小众旅游"变"大众休闲"，三亚探索"一程多站"邮轮游产品

2023年2月12日，搭载着近百位旅业代表的招商"伊敦号"邮轮启航，从深圳蛇口邮轮母港出发，驶向三亚。三亚市旅游推广局、深圳市文化广电旅游体育局和多家旅游企业的代表齐聚邮轮，深入交流和探索旅游合作领域。

三亚市旅游推广局相关负责人表示，三亚将与香港、澳门等其他临近城市共同探索"一程多站"的邮轮游产品，实现客源市场共享、邮轮产业链上下游共建，携手构建邮轮产业群，使邮轮游从"小众旅游"变为"大众休闲"。

2023年以来，三亚邮轮游艇市场复苏势头强势，三亚海上旅游市场实现了开门红。根据三亚海事局数据显示，2023年春运以来截至1月25日，三亚辖区海上运送旅客人数共计133.1万余人次，同比增长39.4%。邮轮旅客6 763人次，同比增长20.34%。

4. 旅游产业体系日臻完善

截至2022年，我国的旅游产业体系已经初具规模，形成了包括旅游景区、旅游酒店、旅游交通、旅游餐饮、旅游购物等多个领域的综合性产业体系。以下是一些具体的数据和说明：

（1）旅游景区。截至2022年，全国共有A级旅游景区13 342个，其中5A级景区达到302个。这些景区吸引了大量国内外游客前来参观游览，丰富了旅游产品和服务，提升了旅游产业的品质和效益。

（2）旅游酒店。截至2022年，全国共有旅游酒店7 888家，其中五星级及以上酒店达到800余家。这些酒店提供了不同档次和类型的住宿服务，满足了不同游客的需求，同时，也为旅游产业链的发展提供了支撑。

（3）旅游交通。截至2022年，全国共有民用机场241个，高铁运营里程达到4.2万千米。这些交通基础设施的建设和完善，为游客的出行提供了便利和安全保障，促进了旅游产业的发展。

（4）旅游餐饮。截至2022年，全国共有餐饮门店600余万家，其中中高档次的餐厅数量不断增加。这些餐饮企业提供了丰富多样的餐饮服务，满足了游客的味蕾需求，为旅游产业链的发展做出了贡献。

（5）旅游购物。截至2022年，全国共有旅游购物场所近5 000家。这些购物场所提供了丰富多样的商品和服务，满足了游客的购物需求，同时，也为当地的经济发展做出了贡献。

以上领域相互促进、协同发展，为我国旅游产业的持续发展提供了坚实的基础。

5. 旅游业在国际交往中的影响日益增强

随着我国对外开放的扩大，国际游客对中国人和中国文化有了更多的了解，加上旅游社会文化环境不断改善，吸引了越来越多的国际游客来中国旅游。入境旅游的持续增长，增进了世界人民对中国的了解，显示了我国改革开放的巨大成就，展示了中国作为安全而有魅力的旅游目的地国家的形象。"十三五"时期，我国入境旅游国际竞争力提升，出境旅游快速发展，有力促进了中外交流合作，我国"一带一路"倡议和"构建人类命运共同体"理念得到了广泛的认可和支持。中国公民出境旅游目的地的开放，在全球形成了关注中国市场、聚焦中国的良好效应，强化了中国在世界的美好形象。旅游在国家的政治外交、经济贸易、文化交流及对港澳台工作中都发挥了积极的作用。

三、现代旅游的主要特征

现代旅游的主要特征有以下几个方面：

（1）旅游主体的大众化和个性化。现代旅游者更加注重旅游体验的个性化，不再满足于传统的旅游线路和旅游方式，更加追求自由、个性化的旅游方式。

（2）旅游空间的扩大化和区域化。随着交通工具的发展，旅游空间得到了极大的扩展，人们可以更加方便地去往更远的地方旅游。同时，旅游区域化也更加明显，一些旅游目的地逐渐形成了具有特色和优势的旅游区域。

（3）旅游形式的多样化和度假化。现代旅游形式多种多样，包括观光、度假、休闲、文化、生态等不同的旅游形式。同时，度假旅游也得到了快速发展，人们更加注重休闲、养生和度假体验。

（4）旅游目的地的分散化和全域化。现代旅游者更加注重旅游目的地的全面体验，不再满足于单一的景点游览。同时，全域旅游也得到了发展，旅游目的地不再局限于传统的景区景点，而是扩展到了整个区域。

（5）旅游服务的智能化和信息化。现代旅游业应用了大量的智能化和信息化技术，如互联网、移动终端、智能导游等，使旅游服务更加便捷、高效和智能化。

（6）旅游发展的生态化和社会化。现代旅游业注重旅游发展的生态化和社会化，注重旅游开发和环境保护的协调，同时，也注重旅游业的社会效益和社区参与。

四、我国旅游业的发展目标

2022年1月20日，国务院发布了《"十四五"旅游业发展规划》，规划指出了旅游业的发展目标：到2025年，旅游业发展水平不断提升，现代旅游业体系更加健全，旅游有效供给、优质供给、弹性供给更为丰富，大众旅游消费需求得到更好满足。疫情防控基础更加牢固，科学精准防控要求在旅游业得到全面落实。国内旅游蓬勃发展，出入境旅游有序推进，旅游业国际影响力、竞争力明显增强，旅游强国建设取得重大进展。文化和旅游深度融合，建设一批富有文化底蕴的世界级旅游景区和度假区，打造一批文化特色鲜明的国家级旅游休闲城市和街区，红色旅游、乡村旅游等加快发展。旅游创新能力显著提升，旅游无障碍环境建设和服务进一步加强，智慧旅游特征明显，产业链现代化水平明显提高，市场主体活力显著增强，旅游业在服务国家经济社会发展、满足人民文化需求、增强人民精神力量、促进社会文明程度提升等方面作用更加凸显。

展望2035年，旅游需求多元化、供给品质化、区域协调化、成果共享化特征更加明显，以国家文化公园、世界级旅游景区和度假区、国家级旅游休闲城市和街区、红色旅游融合发展示范区、乡村旅游重点村镇等为代表的优质旅游供给更加丰富，旅游业综合功能全面发挥，整体实力和竞争力大幅提升，基本建成世界旅游强国，为建成文化强国贡献重要力量，为基本实现社会主义现代化作出积极贡献。

 **拓展阅读**

推动文化和旅游产业高质量发展

广西壮族自治区党委、政府将文化旅游强区建设作为经济社会发展的重要工作之一，成立专门领导小组抓紧抓好，2017 年以来采取竞争性机制举办文化和旅游发展大会，推出一批各具特色的文化旅游品牌，不断提升文化旅游产业的影响力和吸引力。

广西旅游发展集团（以下简称"广旅集团"）全面贯彻落实自治区党委、政府各项决策部署，聚焦旅游、城建、康养三大主业，统筹推进"旅游、城建、健康、科技、文体、金融、实业"七大业务板块发展，认真履行"整合全区旅游资源，做大做强全区旅游产业"职责使命，勇当文化旅游强区建设的坚定执行者和急先锋，在推动强龙头补链条聚集群，带动全区文化旅游产业实现高质量发展上发挥更大作用、展现更大作为。

1. 在深刻把握党的二十大精神中夯实基础

党的二十大报告强调"坚持以文塑旅、以旅彰文，推进文化和旅游深度融合发展"，为旅游发展指明了方向。

广旅集团切实践行职责使命，深入学习、准确把握、狠抓落实，把旅游主业摆在更加突出的位置，抢抓市场低迷时机，并购了一批优质旅游项目，统筹推进旅游重大项目建设，打下坚实基础，切实发挥龙头企业作用，积极为推动文化旅游强区建设贡献力量。在景区方面，目前广旅集团管理运营景区 13 个，正在积极推动三江程阳八寨创建 5A 级景区，推进靖西·古龙山大峡谷创建 5A 级景区前期工作；在酒店方面，管理经营酒店（含民宿）23 个，正在建设 3 个高端酒店；在旅行社方面，管理运营广西国旅、中旅、海外旅和中青旅 4 大国有旅行社，共有 200 多家营业网点，遍布全区各市县，着力打造了 55 条国内游精品路线，30 条区内游精品路线，已初步打造形成旅游全产业链"新格局"。

2. 在客观分析文化旅游产业发展面临的机遇与挑战中勇毅前行

当前，广旅集团在推动文化和旅游产业高质量发展上正面临着新的形势和机遇。政策扶持推动集团快速发展。2023 年年初，自治区政府办公厅印发《关于加快文化旅游业全面恢复振兴的若干政策措施》，从 16 个方面提出具体举措。2022 年 12 月 23 日，自治区政府办公厅印发《发挥广西旅游发展集团龙头企业作用助推文化旅游强区建设的实施意见》，为广旅集团量身定制 25 条支持政策，支持广旅集团建设、参与 55 个重大项目，为广旅集团加快做强做优做大，提供了非常有利的条件。

2023 年以来，广旅集团乘势而上、应势而为、谋定快动，以开局就是决战的姿态抢抓市场、抢占先机。2023 年一季度，广旅集团旗下共接待游客近 380 万人次，同比 2022 年增长 91.76%，同比 2019 年增长近 15 倍；酒店平均入住率同比 2019 年增长 95.7%，旅游板块实现营业收入同比 2019 年增长 38.55%。

3. 在构建文化旅游产业高质量发展新格局中发挥龙头引领作用

广旅集团正在抢抓旅游行业复苏回暖大好机遇，全面贯彻落实党的二十大精神，全面落实自治区党委、政府决策部署，在科学规划、融合发展、经营管理上下功夫，积极推进文化和旅游产品与服务创新，从根本上破解文化和旅游产业发展的瓶颈，发挥龙头引领作用，助推广西文化旅游强区和世界旅游目的地建设。

坚持科学规划，优化文化和旅游产业发展布局。按照自治区"三地两带一中心"升级版总体布局，积极整合资源，培育打造各具特色的文化旅游产业，特别是配合承办文化和旅游发展大会的设区市，优先挖掘、开发和建设文化旅游产业项目。一是助推桂林世界级旅游城市建设。加大桂林旅游资源整合力度，重点推进阳朔河畔（山畔）酒店改造提升和二期项目建设，联合推动整合十里画廊、遇龙河沿岸片区旅游资源进行保护性开发。积极参与长征国家文化公园（广西段）建设，重点依托猫儿山景区打造华南知名避暑胜地、"重走老山界"爱国主义教育基地，整合全州"血战湘江"红色旅游资源。二是助推广西世界旅游目的地建设。助力建设北部湾国际滨海度假胜地，重点推进防城港白沙湾·国际自然医学度假区、北海高端度假酒店群建设，强化北海冠岭旅游综合体、涠洲岛旅游综合体运营管理。参与拓展面向东盟的海上旅游航线，构建北部湾（北海涠洲岛—北海冠头岭—钦州三娘湾—防城港白沙湾）海上旅游大环线。助力建设巴马国际长寿养生旅游胜地，在运营好现有项目的基础上，重点推进巴马赐福湖国际长寿养生度假区项目等。三是推进国家5A级旅游景区创建。重点推进柳州三江程阳八寨创建国家5A级旅游景区，打造"千年侗寨、秘境程阳"一流景区品牌及国内首个侗族民族风情特色和自然资源融合的5A级景区。同时，启动靖西通灵·古龙山大峡谷创建国家5A级旅游景区前期工作。

坚持融合理念，促进文化旅游产业提档升级。坚持以文塑旅、以旅彰文，推进文化旅游产业与其他产业跨界融合、协同发展，延伸拓展旅游产业链和新空间。一是强化融合发展要素协同。以广旅集团"协同发展年"为抓手，推动旅游与其他主业融合发展，发挥科技、文体、金融、实业等板块赋能作用，逐步构建旅游产业全域联动发展格局，让"一业兴"带动"百业旺"，为集团长远发展打牢基础；二是提升融合发展方式方法。突出质量效益的结果导向，推行"旅游+"产业融合发展方式，统筹集团所属业务板块，持续优化提升专业化经营管理水平，打造产业融合发展的核心竞争力；三是打造特色旅游融合项目。率先在旗下景区景点，探索"旅游+"融合新路径，助力"秀甲天下 壮美广西"从单一的自然品牌，向集自然、历史、人文、服务于一体的综合品牌转变。

提升经营管理，全方位增进游客幸福体验。广旅集团正在对标一流旅游企业，升级管理模式、强化资本运作、推动数智化转型，探索符合旅游行业发展规律的现代化管理模式，不断提升旅游产业经营管理水平。一是升级管理模式。突出投入产出主线，将工作重心由偏重项目建设向更加注重项目市场运营管理转变，鼓励各级子公司参与市场竞争，推动经营创效，推出更多符合社会发展需求、助力全区旅游高质量发展的新生代产品。实行精益化管理，将集团旗下酒店、景区、康养等同质资源，交由内部专业化团队规划、管理和提升，逐步推出服务标准化、项目网络化、信息平台化，全面提升广旅品牌价值。二是强化资本运作。对外立足自身产业特色和发展优势，不断进行资本市场融资创新，利用成功落地的广西首单"常发行计划"债务融资工具，统筹推动金融动能转化为文旅产业发展实效。对内发挥板块赋能主业的重要作用，利用基金在招商引资、项目遴选、产业聚集等方面的优势，以广西文旅产业基金和大健康产业壹号基金撬动集团外部资本积极参与集团项目投资，逐步做强做优做大金融支撑，实现"产融结合"。三是推动数智化转型。将数字科技导入新项目的建设运营全过程，全力推动传统产业数智化改造，搭建更多智慧景区、智慧诊疗、智慧酒店、智慧餐饮基础框架，升级旅游服务体验，为提升全区文化旅游服务口碑和游客满意度起示范带头作用。四是完善配套设施。强化"出行即服务"理念，持续升级完善景区旅游公厕、加油加气站、充电桩、停车场等配套设施，全面提升集团旗下旅游景区景点硬件设施水平。推进"公共交通+定制出行+共享交通"多元化出行服务，努力协调地方政府共同做好景区"小交通"与城市"大交通"衔接，打通旅游交通"最后一公里"，提升旅游服务品质和游客便利度。同时，大力协调相关部门和有关设区市，将集团重点景区旅游基础设施纳入地方政府的专项规划，推动实现旅游航线接驳、旅游公路接入等，提升景区景点通达性，吸引更多游客前来游玩体验。

（来源：人民网—广西频道）

📊 模块小结

　　旅游是旅行演变发展的产物。古代旅行活跃的地区同时也是人类文明发源地。工业革命推动了古代旅行向近代旅游转化，托马斯·库克促进了现代旅游业的诞生。第二次世界大战后，旅游进入了现代旅游阶段，旅游业的产业地位得到了确立与巩固。随着社会经济的发展，旅游活动越来越受到人们的欢迎，并正在成为人们生活中的一种基本需要，尤其是在现代社会，旅游活动已遍及世界各国，其形式和种类也是多种多样的。本模块的知识结构如图1-1所示。

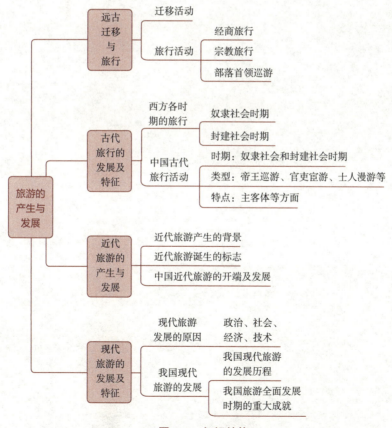

图1-1　知识结构

思考与实践

1. 结合本模块的相关内容，分析人类原始社会的为求生存、躲避自然灾害的迁移活动算不算旅游活动，并说明理由。

2. 找几本典型的旅游学教材（包括国内学者和国外学者的），对各个版本的教材内容做一番比较，总结其异同，尝试说明这些异同的原因，给予适当的评价。

3. 调查你身边的人去过哪些地方旅游，那些地方的风景怎么样，是一个人去的还是和其他人一起去的，是在什么时间去的，旅游回来之后有何感受。

模块二　旅游基础知识

 **学习目标**

> **知识目标**

掌握旅游活动的定义和旅游活动的性质；熟悉旅游活动的类型；了解旅游活动的特点及意义。

> **能力目标**

能够掌握旅游活动的定义和旅游活动的性质；能够熟悉旅游活动的类型和特点，对旅游活动可进行详细的描述。

> **素养目标**

能够以专业的眼光理解、分析现实中存在的各种旅游活动，并能够运用所学的知识解决旅游工作中的实际问题，进一步加深对旅游的理解。

案例导学

旅游的界定：王老汉探亲算不算旅游？

王老汉夫妇是典型的中国农民，在农村辛苦了大半辈子，好不容易把三个儿女拉扯长大，现在已是年过花甲。令王老汉夫妇值得欣慰的是三个儿女都是小有成就。大儿子是北京某著名高校的老师，二儿子是深圳某软件公司副总裁，小女儿定居美国。三个儿女都很孝顺。2021年小女儿把王老汉夫妇接到美国住了13个月，而且在女儿的资助下还游玩了美国很多旅游景点。他们打算2022年到北京大儿子那里住几个月，并在北京好好玩玩，然后再到二儿子那里看看。

思　考：王老汉夫妇的这种探亲行为算不算旅游？为什么？

单元一　旅游的基本内涵

一、国内外对旅游的定义

1. 旅游概念的形成

在我国的传统文献中，与"旅游"一词含义相近的有两个词，一个是"观光"；另一个是"旅行"。"观光"一词最早出现于 2 000 多年前的《易经》和《左传》。人们普遍认为《易经》中的"观国之光"及《左传》中的"观光上国"之语便是目前"观光"一词的由来。与"旅游"相近的另一个词是"旅行"，在我国的历史典籍中，古代帝王的巡旅、官吏的宦旅、文人墨客的漫旅、商人外出经商及学者外出求学和考察，皆可谓之"旅（行）"。现代汉语中的"旅行"一词也用以泛指一切目的的离家外出过程，例如，从一个地方前往另一个地方去探亲访友的过程可谓之旅行；从一个地方前往另一个地方出差办事的过程也可谓之旅行；从一个地方前往另一个地方定居的过程也可谓之旅行。上述各种事例都说明，就其日常用词而言，"旅行"的含义范围宽于"旅游"。

我国"旅游"一词最早出现在南北朝诗人沈约的《悲哉行》一诗中："旅游媚年春，年春媚游人。"从这里可以看出，旅游一词在当时已经含有外出游览的意思了。

而在这以前，"旅"和"游"往往表现为两个含义，在唐孔颖达《周易正义》中的解释为"旅者，客寄之名，羁旅之称；失其本居，而寄他方，谓之为旅。"在《礼记·后记》中有"息焉游焉"一语。另外，还有"闲暇无事谓之游"。

2. 具有代表性的定义

"旅游"的定义一直以来困扰着旅游研究人员，至今在旅游学术界仍然争论不休。由于国内外众多旅游学者或旅游机构对旅游内涵和外延有着不同的理解，他们对旅游的定义也各有侧重。其中，比较有影响的定义如下：

（1）"艾斯特"定义。"旅游是非定居者的旅行和暂时逗留而引起的现象和关系的总和。这些人不会导致长期定居，并且不牵涉任何赚钱的活动。"

这一定义最初由瑞士学者汉泽克尔和克拉普夫（Hunziker and Krapf）于 1942 年在他们合著的《普通旅游学纲要》一书中提出，后来到 20 世纪 70 年代被"旅游科学专家国际联合会"（International Association Of Scientific Experts in Tourism，AIEST）采用为该组织对旅游的标准定义，所以这一定义常常被人们简称为"艾斯特"（AIEST）定义，这是一个较为完整、科学的概念性的定义，以理论为框架认识旅游的本质特征。"艾斯特"定义在表述上的概括和精炼也使其独具特点。旅行和逗留"引起的现象和关系的总和"的表述不仅包括了旅游者的活动，而且涉及了这些活动在客观上所导致的众多现象和关系，从而反映了旅游内涵的综合性。该定义中关于"非定居者"的表述体现了旅游活动异地性，强调"这些人不会导致定居"则在原则上指出了旅游活动的暂时性，并且规定了旅游活动的非定居性或非移民性。至于该定义中关于"不牵涉任何赚钱的活动"的表述，实际上反映的是旅游活动的非就业性。

（2）联合国的"官方旅行机构国际联合会"（AIGTO）认为：旅游是指到一个国家访问，停留超过 24 小时的短期旅客，其旅游目的属于下列两项之一：一是悠逸（包括娱乐、度假、保健、研究、宗教或体育运动）；二是业务、出使、开会等。

（3）世界旅游组织在 1980 年马尼拉会议之后，曾提到要用"人员运动"（Movements of Persons）一语取代"旅游"（Tourism）一词，其定义是指人们出于非移民及和平的目的或者出于导致实现经济、社会、文化及精神等方面的个人发展及促进人与人之间的了解与写作等目的而做的旅行。

（4）世界旅游组织关于旅游的定义。1995 年世界旅游组织和联合国统计委员会针对旅游统计问题，在技术上对旅游给出了一个界定。旅游是"人们为了休闲、商务和其他目的，离开他们惯常的环境，到某些地方去以及在那些地方停留不超过一年的活动"。

世界旅游组织关于旅游的定义较全面地概括了旅游的内涵，把商务活动明确地界定在旅游的范畴内。

从概念性和统计技术性两个角度出发，可将"旅游"的概念作如下描述：旅游是人们出于移民和就业任职以外的其他原因离开自己的长住地前往到某些地方与在那些地方停留不超过一年的活动，以及由此所引起的现象和关系的总和。

以上各种说法，都是从各自不同的研究角度出发，强调了旅游作为一种社会现象的某些基本特征，例如，在艾斯特定义中，旅行和逗留"引起的现象和关系的总和"的表述不仅包括旅游者的活动，而且涉及了这些活动在客观上所产生的一切关系，从而反映了旅游现象的综合性。关于"非定居者"的表述则体现了旅游活动的异地性，强调"这些人不会导致定居"则在原则上指出了其全部活动的暂时性。关于"不牵涉任何赚钱活动"的表述也在一定程度上反映了旅游活动的非就业性，但是关于这些"非定居者"不牵涉任何赚钱活动的提法似乎也有其不妥之处。何谓"赚钱活动"（Earning Activity）？直接的钱货交易属赚钱活动，而商务谈判、洽谈合同及展览推销等工商事务毕竟也是公司、企业赚钱活动的组成部分。由此可以认为，这个定义所针对的只是消遣性旅游，而没有把商务旅游纳入进去。这个定义的主要不足之处便在于此。

依据现代旅游发展的客观实际，我们可以对"旅游"一词作这样的定义：旅游是人们出于主观审美、娱乐和社会交往等目的，暂时离开自己的常住地到旅游目的地进行的一年以内的短期外出访问所引起的一切现象和关系的总和。

二、旅游的基本属性

正确理解旅游的基本属性，可以使人们对旅游有更深刻的认识，在对它的发展、管理和处理其与社会的关系等方面，能做到符合社会发展的一般规律。

旅游是人类社会经济和文化发展到一定阶段的产物，无疑具有经济现象和文化现象的特点。旅游活动是在具体的社会环境中进行的，涉及社会环境中的方方面面，因而，旅游活动便成了社会环境中多种现象的综合反映。为此，旅游具有休闲属性、文化属性、消费属性、经济属性及政治属性。

1. 旅游的休闲属性

从主观上讲，人们外出旅游旨在借助各种休闲活动来调节原有的程式化生活。在旅行游览与体验过程中，自然开放的随意性和畅神自娱的目的性始终占主导地位，人们短暂地进入一种相对自由状态，没有生活与工作的压力，也无须劳作，真正达到了"身"与"心"的双重休整。旅游是生活的休闲阶段，是多种休闲活动的集合，旅游者在目的地停留期间，除吃、喝、睡等满足生理需要的活动外，所有其他活动，如观光、浏览、聊天、购物、棋牌、健身等都具有鲜明的休闲性质。

旅游还是人们打发闲暇时间的一种积极手段。不同于其他一些休闲方式，旅游既可增长知识见闻，又能扩大社会交往，许多康体性质的旅游活动还有益于生命机体的调适，因而备受人们青睐。但旅游的闲暇时间必须具备一定的完整性。从这层意义而言，人们的旅游行为往往集中于公休节假日。在我国，周末双休日和春节、"五一国际劳动节"，国庆节是旅游高峰期，前者适宜近程旅游休闲；后者则适合到较远的距离之外去体验异域风情。带薪假期是大规模推动度假旅游的有效措施。工作性质的不同导致人们带薪假期的存在状态也有所不同。例如，教师的寒暑假就是一种典型的带薪假期形式；国家公务员的带薪假期则是一种福利，通常采取轮流制；而一般公司员工的带薪假期更是具有随机性，取决于公司的效益和工作繁忙程度。传统节假日是人们另一种相对完整的自由时间形态，分布在一年中特定的几个时期，由于一般为时较短，又多有传统的节俗活动内容，在很大程度上限制了人们外出旅游。但随着时代的发展和节俗观念的变化，人们利用传统节假日旅游的趋势将明显增加。

2. 旅游的文化属性

恩格斯曾经把人类需求划分为三个层次：一是生存的需要；二是享受的需要；三是发展的需要。生存的需要是人对生存所必需满足的生活资料（即衣、食、住、行四大方面）的需要。在满足基本生存条件之后，才会产生带有享受性的旅游需求。这些需求有精神方面的，也有物质方面的，但更多地表现为人们对自己知识视野的扩大和个性满足方面的需求，即对文化的需求。这就是现代旅游客源国主要集中于经济和文化发达国家的原因所在。这种需求促进了探险旅游、修学旅游、观光旅游、民俗风情旅游等旅游活动的蓬勃发展。就旅游目的地的旅游资源、旅游设施和旅游服务而言，正由于是一种地域文化的积淀和历史遗产的渗透，体现出鲜明的地域特色和民族个性，唯有如此，旅游目的地才能对旅游客源市场产生吸引力，形成旅游市场中的形象。例如，宗教旅游、美食旅游、民俗旅游、文物古迹旅游等专项旅游，正越来越受到旅游者的青睐，这些专项旅游具有丰富的文化内涵，满足了旅游者的精神和文化需求。

旅游属于高层次的生活方式，是人们为了得到日常生活以外的某种生活体验的精神活动。尽管旅游者的出游动机是不同的，而且在旅途中要消耗大量体力，但其最终目的是要通过旅游饱览优美宜人的自然景色，观赏历史悠久的名胜古迹，去除疲劳和紧张，身心获得完全放松，从而进入心旷神怡和可以随意塑造自我的意境。

在旅游过程中，人们所得到的不仅是完全不同于日常生活中的物质占有欲望的满足，而且是一种精神文化占有欲的满足。例如，只有你亲自登上泰山，才能体会到泰山为五岳之尊的雄伟气势，才能产生"一览众山小"的豪迈气概；再如，人们到陕西旅游，那一望无际的秦川绿野、古朴无华的黄土风情和大量的历史文化遗存，会让旅游者得到一种在其他地区得不到的无与伦比的审美享受。这种精神生活的享受和体验，只有通过旅游才能获得。

 知识链接

广西提升优势特色米粉产业的文化旅游属性

广西壮族自治区政府办公厅印发的《加快推进柳州螺蛳粉及广西优势特色米粉产业高质量发展实施方案》提出，提升广西优势特色米粉产业的文化旅游属性，实施文旅融合发展等"六大工程"。

文旅融合发展工程主要包括三个方面：一是加强产业融合发展。深度发掘各地特色米粉的历史文化价值，引导特色米粉企业、园区及相关产业配套基地与文化和旅游产业融合发展，鼓励产业园争创国家 A 级旅游景区及工业旅游示范区；持续推出特色米粉文化体验旅游线路；开发伴手礼系列产品，满足外地游客"食""购""游"需求，建设一批特色米粉博物馆，开发相关文创产品，举办文创作品征集大赛。二是凝练文化内涵，讲好"桂字号"故事。持续推进国家级非遗代表性项目、"桂字号"特色米粉制作技艺传承人申报工作，全力做好非遗代表性项目和技艺的传承保护工作；鼓励制作特色米粉系列微电影、微视频和宣传片等；深入挖掘特色米粉文化，进一步完善文史资料，办好米粉文化国际交流活动，扩大特色米粉品牌影响力。三是加强主题宣传策划。建立多元、长效、立体的特色米粉品牌宣传推介体系，讲好特色米粉背后的故事，宣传好特色米粉和地方的历史文化。

方案明确，布局建设产业集聚区，加快建设集研发、生产、检测、展示、电商、物流、文旅等功能于一体的特色米粉产业园区，打造一批广西特色米粉产业基地。强化市场开拓，通过开展"广西有戏""广西有礼""广西有味"等活动，引导广西优势特色米粉产业与文旅产业融合发展，助力企业开拓区外市场。

（来源：《中国旅游报》）

3. 旅游的消费属性

生产和消费是人类活动对立统一的两大领域。纯粹地讲，前者是对生活资料的创造和积累；后者则是对生产成果的耗用。在大众旅游活动过程中，必然涉及食、住、行、游、购、娱等多种要素，每一要素的发生，显然都是一种典型的消费行为。旅游在其全过程中，既不向社会也不向旅游者个人创造任何外在的可供消费的资源，相反，却吞噬着旅游者的积蓄和他人的劳动成果。即使在比较极端的情况下，如仅限于个人的流连山水，陶醉于大自然的美景，他也是在消磨本可以用于创造财富的生产时间。

由于旅游自身的特征，旅游消费与人们的日常消费往往存在着诸多差异。从时间上说，旅游消费是一种"间歇式消费"，消费的发生通常相隔较长一段时间，而日常消费是一种"连续性消费"，年复一年、日复一日地重复发生。从行为方式上说，旅游消费是一种"井喷式消费"，在短短的旅游期间集中消费额度大，感性消费较多，日常消费则是一种"溪流式消费"，理性色彩较浓烈，凡事表现为精打细算，小进小出；从实际效用上说，旅游消费主要是一种心理体验过程，谋求精神上的欢娱，日常消费则主要是为了维持人们日常生活的必需所做出的购买行为；从实质上看，旅游消费也不可能完全超脱于一般性的日常消费，因为消费导向及意义的不同，旅游消费在某些方面可能表现为日常消费的畸变。

4. 旅游的经济属性

旅游是社会经济发展到一定历史阶段的必然产物。旅游从产生时期的极少数人的游乐消遣活动发展成现代的大众化旅游，归根结底是由于社会生产力的发展，是人们消费水平提高的结果。一个国家或地区只有经济发展起来了，人们有了可自由支配的收入，并且在满足了衣、食、住、行等基本生活需要之后，仍有可自由支配资金，这时旅游的动机就表现得强烈，如果又具备了余暇时间、交通便达等条件，人们的旅游动机就会变成旅游行动。旅游者在旅游过程中必须获得吃、住、行、游、购、娱等方面良好的接待服务，才能实现旅游目的。这种需要服务和提供服务之间，是一种经济现象。就旅游供给方面而言，旅游业凭借旅游资源而为国内外游客提供旅行和游览服务，包括旅游资源的开发，旅行社、旅游中心设立的宾馆、商店、餐厅，为游客组织的交通运输服务，旅游娱乐场所，休闲设施，旅游当地特产和纪念品的生产、推销及其他一切为满足游客旅游需要而提供的服务。由于旅游活动的开展而导致的旅游服务的供给，无论对客源国，还是对目的地的经济均有不同程度的直接或间接的客观影响，从而使旅游活动表现出经济现象的特征。

5. 旅游的政治属性

旅游具有政治属性，是因为旅游活动与政治因素之间存在相互影响和关联，政府可以通过旅游来宣传国家形象、促进政治交流、改善政治关系、维护政治稳定和推动地区发展。

（1）外交宣传。政府可以利用旅游来宣传和展示自己的国家形象、文化遗产和发展成就，以增强国家的软实力。例如，我国政府积极推广"中国梦"旅游品牌，通过旅游活动向外国游客展示中国的历史文化、自然风光和现代发展。

（2）政治交流。旅游可以成为国家间政治交流的平台，促进政治合作和友好关系。例如，国家元首之间的访问和互动往往伴随着旅游活动，通过互访和交往，增进了双方的政治互信和合作。

（3）旅游外交。旅游可以作为一种外交工具，用于改善国家之间的政治关系。例如，中美关系改善期间，中国政府鼓励中国游客赴美旅游，以增加两国人民之间的相互了解和友谊，推动两国关系的发展。

（4）政治稳定和安全。旅游业的发展和繁荣需要一个政治稳定与安全的环境。政府需要采取措施来确保旅游目的地的安全，吸引游客并维护旅游业的正常运营。

（5）地区发展和投资。政府在旅游业方面的政策和投资决策对地区的发展具有重要的影响。政府可以通过制订旅游发展规划、提供资金支持和优惠政策等手段，来促进旅游业的发展和地区经济的繁荣。例如，马尔代夫政府积极发展旅游业，吸引外国投资，并通过旅游业带动了该国的经济增长。

 知识链接

"你好！中国"旅游推广品牌发布系列活动在纽约举办

2023年9月1日晚，"你好！中国"旅游推广品牌发布会在纽约大都会棒球队花旗球场隆重举行。中国驻纽约总领事黄屏，美国纽约州议员、纽约市议员及来自中美两国旅行社、航空公司、邮轮公司、酒店等旅游业界和文化、金融、媒体等各界代表约150人出席品牌发布会，并同现场近4万名球迷观众一起观看了纽约大都会棒球队与西雅图水手棒球队的精彩比赛。

黄屏总领事在"你好！中国"旅游推广品牌发布会上致辞时说："中美两国文化旅游资源丰富，2023年以来两国文化交流和旅游合作迅速恢复。"中国文化和旅游部部长胡和平于2023年8月29日会见了访华的美国商务部长雷蒙多，双方强调人文交流对双边关系具有重要意义，同意2024年上半年在华举办中美旅游高层对话。国之交在于民相亲，民相亲在于心相通。旅游是增进两国人民相互了解和信任的最佳方式之一。黄屏热情邀请更多的美国游客到中国体验超乎想象的发现之旅。发布会正式推出中国旅游推广新品牌——"你好！中国"，中国驻纽约旅游办事处主任马云飞向美国旅游业界做了专题推介，并播放了"黄河之约"、黄山、北京中轴线、"音乐里的中

知识拓展：
"你好！中国"
推广标识

国"等中国文化旅游视频短片。纽约市长亚当斯也为活动发来贺信。

随后，黄屏总领事作为特邀嘉宾为当晚球赛开球，拉开纽约大都会棒球队对阵西雅图水手棒球队比赛序幕。当晚，花旗球场充满浓浓的中国文化气息，"你好！中国"的形象随处可见。球场内外设展位，展示包括黄山在内的精美图片并进行中国特色文化艺术表演。书法家、画家为现场球迷和观众书写、作画，赠送文创小礼物等。主办方还向持特殊球票的球迷在赛前赠送特为活动制作的限量版"你好！中国"Mets 棒球纪念帽、印有"你好！中国"的 T 恤等精美纪念品。球迷纷纷与"你好！中国"卡通吉祥物合影。

9 月 2—3 日，"你好！中国"品牌在时代广场 ABC 大屏幕持续播放推广短片。

（来源：国际交流与合作局）

单元二 旅游活动的构成要素及特点

一、旅游活动的构成要素

1. 传统"六要素"构成说

旅游活动的"六要素"构成说是指吃、住、行、游、购、娱六个方面。

（1）吃。旅游的时候，吃是必不可少的。品尝旅游目的地的地方美食，可以体验当地的文化和生活方式。

（2）住。住宿是旅游的重要组成部分，可以选择各种类型的住宿方式，如酒店、民宿、客栈等。

（3）行。旅游中的交通方式也是关键要素之一，包括飞机、火车、汽车、轮船等，不同的交通方式可以带来不同的旅游体验。

（4）游。旅游的主要目的是游览景点，了解当地的历史文化和社会风貌。通过游览，可以增加对旅游目的地的了解和认识。

（5）购。购物是旅游中的一项重要活动，购买当地的特产和纪念品可以留作纪念，也可以馈赠亲友。

（6）娱。娱乐是旅游中必不可少的一部分，可以参加各种娱乐活动，如音乐节、游戏等，增加旅游的乐趣。

综上所述，旅游活动的六要素构成是一个完整的旅游体验，每个要素都有其重要的作用和价值。只有全面考虑和安排好这六个方面，才能获得更好的旅游体验和收获。

2. "三要素"构成说

旅游活动由三个基本要素构成，分别是旅游的主体、旅游的客体和旅游的媒介。三者缺一不可，共同构成旅游活动。

（1）旅游的主体——旅游者。旅游者是旅游活动的主体，是指离开自己的居住地或常居地，前往异地他乡进行旅行和游乐的人。旅游者的需求和行为是旅游市场的基础，他们通过选择旅游产品和服务满足自身的休闲、文化、社交与经济等方面的需求。旅游者的数量和消费水平直接影响到旅游市场的发展与旅游经济效益的提升。

（2）旅游的客体——旅游资源。旅游资源是旅游活动的客体，是指能够吸引旅游者前往旅游目的地进行观光、度假、休闲、探险等活动的一切自然、历史、文化、人造等资源。这些资源可以是自然景观、历史古迹、博物馆、文化活动、美食、购物等。旅游资源的品质、特色和丰富程度直接影响到旅游目的地的吸引力与旅游者的满意度。

（3）旅游的媒介——旅游业。旅游业是旅游活动的媒介，是指为旅游者提供旅游资源和服务的行业。其包括旅行社、酒店、交通运输、餐饮、娱乐等部门，以及为旅游业提供支持和服务的行业，如金融、保险、广告等。旅游业的发展直接影响到旅游市场的规模和旅游经济效益的高低。

旅游活动的三个基本要素是相互依存的，缺少任何一个要素都无法构成完整的旅游活动。只有旅游者、旅游资源和旅游服务业的有机统一，才能形成完整的旅游活动，推动旅游业的发展。

3. 新"六要素"构成说

传统的旅游活动"六要素"是旅游者的基本旅游需求，当社会、经济、文化、科技发展到较高水平时，随着参与旅游活动人数的增加，旅游者的旅游目的、旅游需求、旅游方式越来越多样化，传统的旅游活动"六要素"已经不能适应旅游活动的发展需要，也不能涵盖现代旅游业的主要因素，于是激发现代人们旅游动机的新的旅游因素呼之欲出。原国家旅游局将其概括为新"六要素"——商、养、学、闲、情、奇。新"六要素"的出现是旅游发展到一定时期的产物和要求。

（1）商。商务旅游是指以商务活动为主要目的的旅游活动。商务旅游包括商务会议、展览展示、商务洽谈、商务礼仪、奖励旅游等。商务旅游的优点是可以促进经济交流、带动产业发展、创造就业机会等。在商务旅游中，旅游者需要安排行程、预订酒店、安排交通等，这些都需要专业的旅游服务。

（2）养。养生旅游是以养生为目的的旅游活动。它注重旅游者的身体健康、心理健康和环境保护。养生旅游的形式包括瑜伽、普拉提、打坐、冥想、农耕、药草浴等。养生旅游可以使旅游者放松身心、恢复健康，同时，也可以提高旅游者的生活质量。

（3）学。学习旅游是以学习新知识、拓宽视野、提升能力等为主要目的的旅游活动。学习旅游的形式包括主题公园、博物馆、科技馆、艺术馆等。学习旅游可以让旅游者了解历史文化、科学技术、艺术等方面的知识，同时，也可以增强旅游者的综合素质。

（4）闲。休闲度假是以休闲娱乐、放松身心为主要目的的旅游活动。休闲度假可以选择海滨、山区、乡村、城市等各种不同的环境。休闲度假可以使旅游者放松身心、缓解压力，同时，也可以提高旅游者的生活质量。

（5）情。情感旅游是以情感交流为主要目的的旅游活动。情感旅游可以选择浪漫的场景、亲情友情等不同的情感主题。情感旅游可以使旅游者表达情感、增进感情，同时，也可以使旅游者感受到不同的情感体验。

（6）奇。探奇旅游是以探索未知、体验神秘为主要目的的旅游活动。探奇旅游可以选择探险、登山、穿越等不同的形式。探奇旅游可以使旅游者挑战自我、克服困难，同时，也可以使旅游者感受到不同的文化体验。

"六要素"共同构成了旅游活动的基本框架，为旅游者提供多元化的旅游体验。在旅游活动中，可以根据不同的需求和兴趣选择不同的要素，从而满足不同的旅游需求。

二、旅游活动的特点

旅游是一种内容丰富、形式多样、涉及面极广的社会经济现象，是人类社会一种短期性的特殊生活方式。旅游以其自身的本质特征，而从一般社会活动中脱颖而出，吸引了全社会的积极参与。概括地说，旅游具有大众普及性、休闲娱乐性、异地流动性、季节变动性、地理集中性等基本特点。

1. 旅游的大众普及性

随着科学技术的迅猛发展，满足人们旅游需求的外界条件日益成熟，使人们在克服自然条件的影响、利用旅游资源、享受自然和历史文化遗产等方面有了巨大的进步。在这种背景下，旅游的消费和需求日益大众化、生活化与个性化，从而形成了群体旅游的规模化，使旅游表现出了大众普及性的特点。

（1）旅游正在成为人类社会的一种基本需求。第二次世界大战前，旅游是少数人才能享受得起的权利，第二次世界大战以后，特别是在 20 世纪 60 年代以后，大众阶层才真正形成了旅游队伍的主力，旅游度假已成为普通大众人人都可享有的基本品。世界旅游组织在 1980 年发表的《马尼拉宣言》中明确提出：旅游也是人类最基本的需要之一。为了使旅游同其他社会基本需要协调发展，各国应将旅游纳入国家发展的内容之一，使旅游度假真正成为人人享有的权利。随之而形成的普通大众人人都能参加的、有组织的团体旅游正在成为占主导地位的旅游形式。这种大众化旅游形式为现代旅游业的发展奠定了基础。旅游业为旅游者提供各种周到、细致和规范化的服务，又为大众旅游提供了方便、舒适、安全的条件，从而促进了大众化旅游的发展。

（2）旅游正在成为人们现代生活的重要组成部分。在现代社会中，人们的工作和日常生活节奏越来越快，压力越来越大，因此，旅游成为一种放松心情、缓解压力的方式。在旅游过程中，人们可以享受美丽的自然风景、体验不同的文化和风俗，从而获得身心愉悦和满足感；通过旅游，人们可以了解到不同地方的文化、历史和社会状况，增加自己的知识储备，提高自己的文化素养；旅游可以让人们离开熟悉的生活环境，与不同的人交流，从而拓宽社交圈子，增强人际交往能力；旅游还可以使人们体验到不同的生活方式，发现自己的潜力和能力，从而提高自己的生活品质和自信心。

2. 旅游的休闲娱乐性

所谓休闲娱乐性是指人们休闲娱乐的目的可以通过工作之余的旅游活动去实现。旅游的休闲娱乐性主要体现在以下几个方面：

（1）放松身心。旅游可以让人们远离工作和生活的压力，放松身心，享受自然和文化的美好。

（2）自由自在。旅游通常不会安排过多的行程和活动，游客可以自由自在地探索目的地，按照自己的节奏和兴趣进行旅行。

（3）亲近自然。旅游通常会选择自然风光优美的地方，游客可以亲近自然，感受大自然的美妙和神奇。

（4）体验文化。旅游也是一种文化体验，游客可以了解当地的历史、文化和传统，感受不同文化的魅力。

（5）品尝美食。旅游也是一种美食之旅，游客可以品尝当地的美食和特色小吃，享受美食带来的愉悦和满足。

（6）住宿体验。旅游通常会选择舒适、温馨的住宿环境，游客可以享受舒适的住宿体验，放松身心。

3. 旅游的异地流动性

所谓旅游的异地流动性，是指人们求新求奇的审美需求，是通过离开居住地到异地环境中去旅游而实现的。求新求奇是人们的本能之一。而人对客观环境的认识和了解总要受时间与空间的限制。人们借助旅游离开居住地去认识通常环境以外的世界，以增长自己的见识，于是就产生了旅游的异地性。同时，由于人们外出旅游不满足于只在某一处逗留，而是借助旅游不断地由一个景区到另一个景区，在空间位移过程中实现自己的旅游目的，这就使旅游具有流动性。

当然，旅游也不是全在"动"中进行的，而是"动"和"静"的结合，旅游的停留就是"静"。就旅游者的意愿而言，总是希望"静短动长"，以便在有限的时间内能游览更多的景点，获得更充实的体验；对旅游经营者而言，则希望"静长动短"，这是因为旅游者在旅游目的地停留的时间越长，旅游者的消费就越大，旅游经营者就会获得更多的商业机会。因此，认识旅游异地流动性的特点，就成了合理安排好旅游行程和时间，兼顾旅游者和旅游经营者双方的要求和利益，处理好旅游者和旅游经营者之间关系的重要问题。

4. 旅游的季节变动性

旅游的季节变动性是指旅游者外出旅游时间的选择和旅游接待地企业经营业务上所体现的明显淡、旺季差异性。

（1）旅游目的地受所在地理位置的制约，自然条件有季节的更替变化，以欣赏自然景观为主要对象的旅游活动，就随着这种季节变化而表现出显著的季节差异性。例如，浙江钱塘江观潮之旅，就受天文现象的季节影响，而表现出显著的客流量集中于较短时段内；哈尔滨的观冰灯之旅，只有在冰天雪地的寒冷冬季，才有吸引力和客观条件，这种旅游才有意义。

（2）受所在地的社会文化背景影响，旅游者客流的流向、流量集中于一年中相对较短时段，出现高潮。如传统节假日出现的旅游和宗教旅游活动的季节变化则很明显，但真正对旅游季节性形成重大影响的是以休闲娱乐为主要目的的度假旅游。以英国的度假旅游为例，每年7—9月出游者约占出国度假者中的28%，1—3月的出游者仅占12%，11—12月的相应比例约占15%。我国学校教育实行春、秋两季学年制，7—8月为暑假，2月为寒假，这为国内旅游的开展创造了很有潜力的季节性旅游市场。

（3）旅游活动既受自然因素影响，也受社会因素影响，旅游的季节变动性也比较强。例如，我国山岳风景区开展的旅游活动，以黄山为例，旅游观光者多以国内客源为主。对国内旅游者而言，1月至3月和12月正值年初和年末，受传统习俗和生活习惯的影响，居民很少外出旅游，到山岳景区的更少。4月至5月春游，7月至9月暑假旅游，特别是"五一国际劳动节"和国庆节假日，是黄山一年中的客流高峰时段。受社会和季节性因素的影响，4月、5月、7月、8月和10月为黄山旅游适宜季节，6月、9月和11月为一般季节，1月至3月和12月为不适季节。这种季节变化趋势正好与黄山风景区的自然季节性基本一致。

微课：景区
旅游流的时空特征

5. 旅游的地理集中性

旅游的地理集中性是由区域性旅游表现出来的。在世界旅游发展中，区域性旅游一直保持绝对优势。在欧洲，区域性国际旅游者约占80%，北美与亚太地区则约占50%。旅游的地理集中性在一些主要客源国表现得最为突出。美国与加拿大各自接待对方的旅游者约占其接待入境总人数的50%。在西班牙接待的旅游者中，来自法国、葡萄牙、英国与德国的旅游者达到

70% 以上，如果再加上荷兰、比利时、意大利与瑞士的旅游者，那就超过了 80%。造成区域性国际旅游发生的原因是多方面的，主要是距离近，交通方便，节约时间与开支，签证及旅游手续简便，文化传统相近，语言障碍少。

区域旅游的发展直接导致了地区之间旅游发展的不均衡。无论从旅游者人数上还是从旅游者消费上讲，欧洲一直占着绝对优势，而非洲与中东所占比例很小，在世界国际旅游人（次）数中，欧洲接待的占 65%～70%，美洲占 20%，而中东与非洲一共才占 5%。在世界国际旅游总收入中，欧洲占 60%，美洲占 20%～25%。

旅游的地理集中性对旅游业的规模化经营是有利的。但对某一个区域而言，其旅游的环境承载力就有一定的临界值。如果旅游者的数量超过了某一区域临界值，就会带来负面影响和严重威胁，破坏区域旅游的可持续发展。因此，旅游的地理集中性问题必须引起有关政府部门和旅游企业的关注。

单元三　现代旅游活动的类型

随着社会经济的发展，世界各地参加旅游的人数越来越多，旅游活动的地域范围越来越大，旅游的类型也多种多样。因此，无论是在旅游理论研究方面还是在旅游业的经营方面，都需要对人们的旅游活动进行必要的类型划分，以便根据需要去分析和认识不同类型旅游活动的特点。

一、以地域范围为划分标准

以地域范围可将旅游划分为国际旅游和国内旅游两种基本类型。

1. 国际旅游

国际旅游是指一个国家的居民跨越国界到另一个或几个国家或地区去进行的旅游活动。国际旅游的形成是世界经济发展、科学技术进步和国家间往来增多的结果。国际旅游根据旅行路程的长短可分为跨国旅游、洲际旅游和环球旅游等具体形式。

（1）跨国旅游是指离开住在国到另一个国家或多个国家进行的旅游活动，一般不跨越洲际界线。例如，欧洲本区域内出国旅游就属于这一类型。

（2）洲际旅游是指跨越洲际界线的旅行游览活动。例如，亚洲人去欧洲，欧洲人去美洲，美洲人到亚洲的旅游活动都是洲际旅游。随着现代航空工业的建立与发展，洲际旅游呈蓬勃发展之势。

（3）环球旅游是一种以世界各洲的主要国家（地区）的港口风景城市为游览对象的旅游活动。环球旅游方式通常涉及跨越不同国家和大陆，探索不同的文化、风景和风俗习惯。环球旅行者通常会花费较长时间来完成他们的旅程，可能会选择使用不同的交通工具，如飞机、火车、汽车、船只等。环球旅行是一种独特的体验，可以使人们拓宽视野、增长见识，并且深入了解世界各地的不同文化。

视频：
海外游客在安徽

2. 国内旅游

国内旅游是指一个国家的居民离开自己的长住地到本国境内其他地方进行旅游，而没有国籍的限制。旅游者可以是本国公民，也可以是长住该国的外国人。国内旅游根据游览活动区域的大小又可分为地方性旅游、区域性旅游、全国性旅游三种具体形式。

（1）地方性旅游一般是指当地居民在本区、本县、本市范围内旅游，多与节假日的娱乐活动相结合。其特点是时间短、距离近、旅游方式随意性大、活动项目少。

（2）区域性旅游是指离开居住地到邻近地区的风景名胜点的旅游活动。例如，北京旅游部门组织的承德避暑山庄五日游，上海组织的苏州三日游、杭州五日游，以及广州组织的韶关丹霞山两日游等。

（3）全国性旅游是跨多个省份的旅游，主要是指到全国重点旅游城市和具有代表性的著名风景名胜地的旅游活动。例如，从广州经桂林、西安、北京、上海的旅游路线，或从北京经南京、苏州、武夷山、厦门等一线的旅游活动都属于全国性旅游。

3. 国际旅游与国内旅游的区别

国际旅游与国内旅游最根本的区别在于其活动的开展是否跨越国界。除此之外，两者在其他方面也存在以下差异：

（1）从消费程度方面看，国内旅游者的消费一般较低，而国际旅游者的消费通常较高。

（2）从停留时间方面看，国内旅游者在目的地的停留时间一般较短，而国际旅游者在旅游接待国的停留时间通常比前者要长一些。

（3）从便利程度方面看，国内旅游一般很少存在语言障碍问题，而且不需要办理护照和签证；国际旅游大都会存在语言障碍问题，而且必须办理护照和签证等旅行证件。

（4）从经济作用方面看，国内旅游消费只是促使国内财富在本国不同地区间的重新分配，其总量并不增加（假定不考虑这些旅游消费的乘数效应），而国际旅游则是国际入境旅游者将其在本国的所得收入用于在旅游接待国消费，因而造成财富在国家间的转移。对于旅游接待国的经济来说，国际入境旅游者在该国停留期间的消费构成一种外来的经济"注入"。另外，旅游接待国还可将其从中获得的旅游外汇净收入用于弥补国际收支逆差，从而有助于其国际收支平衡。因此，国内旅游和国际旅游对一个国家经济的影响并非完全相同。这也是很多国家政府偏重支持发展国际入境旅游的重要原因。

（5）从文化影响方面看，国内旅游者与目的地居民一般都属同质文化，因而很少存在"文化冲突"问题；而国际入境旅游者所隶属的文化与旅游接待国的社会文化多属异质文化，因而不仅有可能发生"文化冲突"，而且会对接待国的社会文化产生较大影响。

二、以组织形式为划分标准

以组织形式为划分标准可将旅游活动划分为团体旅游和散客旅游。

（一）团体旅游

团体旅游泛指一切由一定人数组成的团体、以有组织的集体活动方式开展的旅游活动。其组织者多为旅行社、企事业单位、政府部门和社团组织。典型的团体旅游是旅行社组织的团体包价旅游，其中又可分为全包价团体旅游（也称团体综合包价旅游）和小包价团体旅游。全包价团体旅游指的是旅行社经过事先计划、组织和编排旅游活动项目，向旅游大众推出的包揽全部服务工作的团体旅游形式，一般规定旅游的日程、目的地及行、宿、食、游等的具体地点与服务等级和各种活动的内容安排，并以总价格的形式一次性地收取费用。但是，旅行社经营的团体包价旅游现状表明，并非所有的团体包价旅游在包价内容方面都将旅游全程的行、宿、食、游等全部包括在内。例如，有的只包括交通和住宿，有的在每日餐食中包括其中的一餐，另外，也有只包括交通的情况。这些便是所谓的小包价团体旅游，即旅行社推出的只包括部分服务项目的包价团体旅游。总之，根据市场需求及包价产品对市场的吸引力，产品包价的内容可以灵活设计。在我国，旅行社在组织小包价团体旅游时，所包揽提供的主要服务项目：第一，从国内出发地到目的地的交通；第二，在目的地的住宿；第三，在目的地的每日早餐；第四，导游服务。总而言之，无论是全包价还是小包价，都主要是针对团体旅游而言。所谓团体，按照国际旅游行业的惯例，其同行旅游人数应不少于15人。我国内地旅游行业中的现行做法是，将团体或团队界定为同行人数至少为10人的旅行团队。

（二）散客旅游

散客旅游是相对于团体旅游而言，主要是指个人、家庭及15人以下（国内10人以下）的自行结伴旅游。他们虽然不经旅行社组织，但有时也使用旅行社提供的委托代办服务。

近些年来，世界上散客旅游正呈现出愈渐流行的发展趋势。在来华旅游的海外游客中，散客的数量也在增长。这主要是因为散客旅游自由灵活，对旅游地的选择余地较大；游客个人自主性强，不像随团体旅游那样受固定安排的约束；旅游费用可根据个人意愿自行掌握。特别是在旧地重游的情况下，人们对该目的地的情况已较为熟悉，因而随着旅游经验的增多而更乐于自由行动。很多研究结果表明，自1980年以来，散客旅游发展非常迅速。目前，在全球国际旅游市场上，散客人数约占所有旅游人数的80%。在欧洲接待的国际来访者中，散客比重为70%左右。在美国的出国旅游者中，散客的比重高达90%。由此可见，在国际旅游市场上，散客旅游已形成具有普遍性的发展趋势。

三、以费用来源为划分标准

按照这类标准，人们常将旅游活动划分为自费旅游、公费旅游、社会旅游和奖励旅游等类型。

（1）自费旅游是指全部旅游费用由旅游者个人或其家庭承担的旅游活动。

（2）公费旅游是指全部或绝大部分旅游费用由有关的政府部门、企事业单位或社会团体承担的旅游活动。公务旅游、商务旅游、会议旅游等均属此列。

（3）社会旅游是一种由社会给予福利性补贴的旅游活动，即由社会有关方面通过各种资助或补贴的方式帮助收入过低的贫困家庭参加到旅游活动中。这种情况目前多见于西欧。

（4）奖励旅游是企事业单位为奖励工作成绩突出的职工而为其组织的免费旅游，实为一种激励手段。奖励旅游始于20世纪60年代的美国。最初是某些公司企业为了表彰业绩突出的销售人员而组织他们携带配偶免费外出旅游，后来人们发现奖励旅游作为一种激励员工的手段，其效果优于传统的物质奖励，因此逐步被世界各地的企事业单位所采用。今天，奖励旅游市场已发展成为颇具规模和开发价值的重要市场。

四、以旅行方式为划分标准

以旅行方式为划分标准可将旅游划分为航空旅游、铁路旅游、汽车旅游、水上旅游等。

（1）航空旅游泛指以乘坐飞机这一旅行方式而外出旅游。狭义的航空旅游则是指以航空为手段，从空中观赏地貌或景物的观光游览活动。目前，国内外很多地方都有这种航空旅游项目的经营。

（2）铁路旅游泛指以乘坐火车这一旅行方式外出旅游。狭义的铁路旅游则是指以乘坐火车为主要手段而开展的消遣性旅游活动。例如，出现在电影《囧妈》中的 K3 国际列车，途经中国、蒙古、俄罗斯三个国家，全程为 7 692 千米，搭乘列车穿梭辽阔无边草原、观赏如外星球的蒙古戈壁荒漠、驰骋清澈又神秘的贝加尔湖畔、掠过乌拉尔山脉东麓的欧亚大陆界碑……穿越亚欧大陆，享受一场视觉盛宴，可以感受中、蒙、俄三国迥然不同的文化。

（3）汽车旅游泛指以汽车为交通工具而外出的旅游活动。狭义的汽车旅游一般是指借助包、租汽车按既定旅游线路开展的团体包价旅游。有时也指由旅游者自己驾车游历沿途各处的旅游活动。

（4）水上旅游虽然有时泛指水路旅行，但主要是指利用江河湖海开展的游艇旅游。

总之，以上各种旅游虽然都须借助交通工具，但交通工具的作用已不仅在于运输，而是已成为旅游项目本身的重要组成部分。

知识链接

新疆"铁路 + 旅游"深度融合

2023 年 4 月 19 日，"新东方快车"环塔克拉玛干旅游专列沿着南疆铁路、和若铁路、格库铁路新疆段，环绕塔克拉玛干沙漠一周，最终返回乌鲁木齐市。本次环塔旅游专列整个行程为期 11 天，游客们跟着专列游览了库车、喀什、和田、库尔勒等南疆主要县市，领略了南疆的美景与风情。

据了解，"三山夹两盆"的独特地形，造就了新疆姿态万千的壮美风光。但由于地域广阔，城市与城市、景区与景区之间路途远、里程长，新疆也长期面临"旅长游短"的困境。2023 年，新疆依托日益完善的铁路交通基础，将旅游资源与列车开行紧密结合，构建起"旅游景区大联通、游客出行大公交、旅游列车大循环"的"铁路 + 旅游"融合联动发展新模式，游客可以获得"一票多游、多景联游、车随人走、景随车移"新体验。本次环塔旅游专列是"铁路 + 旅游"深度融合发展的生动展示。

近年来，新疆大力发展交通基础设施，民用机场达到 25 座，高速（一级）公路突破1.1 万千米，南北疆双双形成环线铁路。日益完善的立体交通网络，为新疆旅游发展提供了更足的后劲。

（来源：新疆维吾尔自治区文化和旅游厅）

五、以旅游目的为划分标准

按照 1963 年联合国国际旅游会议（罗马会议）对游客访问目的的分类，将人们的旅游活动做以下划分。

1. 观光旅游

观光旅游是以参观游览各类人文和自然景观为主要目的的旅游活动。它是初级阶段旅游活动的主要特征，也是大众化旅游时期的主要旅游特征，是旅游活动的主体。观光旅游者的特点是以游览观光为主要目的，对食宿条件等的要求不高，对酒店一般只要求干净、卫生即可，不愿意把钱花在住宿等方面，更热衷于在旅游目的地购物和参观、游览尽可能多的旅游景点和旅游目的地。对景点、景观数量的追求胜于对质量的追求，处处履行节约的原则。因而对旅游产品的价格比较在乎。为了节约旅游费用，通常以参加旅行社组织的团队旅游的形式进行。

知识拓展：延庆聚焦冬奥会后旅游产业转型升级 建设国际滑雪度假旅游胜地

2. 度假旅游

度假旅游是指为追求闲适、寻求幽雅清静的生活环境，以欢度假期消除疲劳、放松身心、避暑防寒和参加一些有特色的消遣娱乐活动为主要目的的旅游活动类型。此类游客多数属于带薪度假者或富裕阶层，停留的时间比观光游客要相对长一些，多去往海滨、山地、森林、温泉、乡村等。空气清新、风景优美的地方也是人们利用假期进行修养和消遣的地方。

3. 商务旅游

商务旅游是指以经商为主要目的，把商业经营活动与旅游活动结合起来的旅游方式。它是旅游史上最早的旅游形式之一。在现代社会中由于经济活动的日益频繁，商务旅游者（经商捎带旅游）已成为旅游市场中的主要客源。它具有出游频率高、消费水平高、对设施和服务质量要求高等特点。

4. 会展旅游

会展旅游是指以参观和参与各种会展活动为主要目的的旅游形式。它结合了会展和旅游两个元素，旨在提供给游客与会展相关的学习、交流和商务机会，同时，也为他们提供了游览目的地的机会。

举例来说，假设某个城市举办了一场国际汽车展览会。游客可以选择参加这个展览会，并且在参观展览的同时，还可以了解汽车行业的最新发展趋势、展示的新车型和技术创新等。此外，他们还可以与汽车制造商、供应商和其他参展商进行商务洽谈和交流。

除参观展览会外，会展旅游还可以包括其他的活动，如参加行业研讨会、商务会议、学术讲座等。这些活动不仅为游客提供了广泛的学习和交流机会，还可以增进他们在特定领域的专业知识和人脉关系。

另外，会展旅游还可以结合目的地旅游的元素。游客在参加会展活动之余，还可以游览目的地的名胜古迹、自然风景等。例如，在某个城市举办的文化艺术展览会期间，游客可以参观当地的博物馆、艺术展览和历史遗迹，深入了解该地区的文化底蕴。

知识链接

"中国红"闪亮迪拜世博会

2022年1月10日，位于阿联酋迪拜的世博园区热闹非凡，2020年迪拜世博会中国国家馆日活动在这里举行，"中国红"成为当天园区内最闪亮的元素。

当天上午10时，中国国家馆日活动正式启动。来自中国的艺术家们献上了精彩的文艺演出。京剧与民乐演奏融合的创新节目《欢庆吉祥》、小提琴独奏《丰收渔歌》和男高音独唱《我和我的祖国》等节目，赢得了现场观众热烈的掌声。当晚，中国馆举办的无人机灯光秀、文艺晚会和旗袍展示等活动，也吸引了大量观众前来观赏。

迪拜世博会是在中东地区举办的首届世博会，原定于2020年10月至2021年4月举行，受特殊情况影响推迟到了2021年10月至2022年3月举办，仍使用"2020年迪拜世博会"名称。

迪拜世博会中国馆名为"华夏之光"，占地面积 4 636 平方米，是本届世博会面积最大的外国馆之一。截至 2022 年 1 月 10 日，中国馆已累计接待各国嘉宾和游客超过 80 万人次，协助中国相关省区市、企业和合作单位举办活动 28 场。

本届世博会中国馆主题为"构建人类命运共同体——创新和机遇"，从共同的梦想、共同的地球、共同的家园、共同的未来 4 个方面，展示中国发展成就，展现中国与各国携手构建人类命运共同体的美好愿景和不懈努力。

在中国馆内，观众们可以体验领略中国先进的科学技术。在"航天走廊"，中国天眼、天问一号火星探测器、天宫空间站、北斗导航卫星、嫦娥四号探测器等展示让人目不暇接；在等比例大小的"复兴号"高铁驾驶舱中，人们可以通过模拟驾驶，体验驾驶高铁的乐趣；在智慧屏幕前，参观者可以用手机扫描二维码，体验超市采购、预约医疗服务、智能停车等未来智慧社区的快捷与便利……

"这一系列展示，让我对中国现代生活的快捷便利有了进一步了解。"来自巴西的佩德罗在参观中国馆后说，"中国的社会发展令人惊叹，中国不懈探索先进科技和未知世界的努力令人敬佩。"

中国馆讲解志愿者阿克比克来自吉尔吉斯斯坦，大学期间曾在中国短暂生活，十分热爱中国文化。"向来宾讲解相关陈列和展示，也让我进一步认识了快速发展中的中国。"阿克比克介绍，中国馆人流量较大，她与同事们常常一讲就是好几个小时，但并不觉得辛苦，"希望尽一份力，为更多希望了解中国的参观者提供优质服务"。

阿联酋国务部长艾哈迈德·萨耶赫表示，感谢中国建设内容如此丰富的展馆，期待有更多观众前来参观，了解中国的进步、发展和繁荣。阿联酋外交与国际合作部国际发展事务部长助理苏尔坦·沙姆希表示，近年来，"一带一路"倡议使阿中两国在政治、经济、文化、科技等领域开展富有成效的合作。"本届世博会的举办，将进一步密切双方的交流与合作，开启两国关系的新篇章。"

（来源：人民网—人民日报）

5. 探亲旅游

探亲旅游即社会访问，是一种以到旅游目的地走访亲友、追根求源、旧地重游的一种旅游活动。它包括探访亲友、寻根祭祖、出席婚礼或葬礼等，具有旅游目的明确、人均旅游支出少（多住在亲友家中）等特点。

6. 娱乐旅游

娱乐旅游是一种从个人兴趣爱好出发，参与性较强的赏心健体的旅游活动，如钓鱼旅游、狩猎旅游等。

7. 探险旅游

探险旅游是指富有冒险精神的先行旅游者，为了寻求新奇感，满足其好奇心或强烈追求个人体验到尚未开发的原始地方去的旅游活动（也包括科考探险），又称为特种旅游。这些人总是避开群体的、传统的旅游目的地，而到人迹罕至、路途艰辛、原汁原味的地方去探险。探险旅游是大众旅游的先导，一些新的旅游地往往被探险旅游者（驴友）首先发现，然后经过开发建设而成为众多旅游者前往之处。

8. 宗教旅游

宗教旅游是指以朝圣、拜佛、求法、传经布道或宗教考察为主要目的的旅游活动。它是一种最古老的旅游形式，出于宗教的信仰及其影响，教徒们每年都要到世界各地各教派的圣地去朝圣，或举行宗教集会，以传播其信仰、扩大影响。现今，纯宗教目的的旅游已逐渐发展成为国内外广大旅游者所乐于接受的游山玩水和宗教活动相结合的旅游方式。

9. 购物旅游

购物旅游是一种以到异地购物为主要目的，结合都市观光的旅游形式。它是随着社会经济的发展、交通的发达、人们生活水平的提高而逐渐发展起来的一种购物与观光游览相结合的旅游形式，如去被誉为"购物天堂"的香港旅游。

10. 体育旅游

体育旅游是指人们以参加某项体育运动为主要目的的旅游。它与娱乐旅游有重合的一面，其区别主要取决于人们的动机。如果人们参加某项体育项目如游泳、滑雪等是出于强身健体，属于体育旅游，如出于寻求乐趣或爱好则属于娱乐旅游。体育旅游有着特殊的作用，一是能吸引较大范围的游客；二是对自然与人文景观缺乏的国家或地区可发展体育旅游，以弥补旅游资源的不足，从而提高接待条件和体育设施的利用率。

11. 保健医疗旅游

保健医疗旅游是以疗养或治疗疾病，恢复或增进身体健康为主要目的的旅游，它包括温泉疗养、健身、海水浴疗、沙疗和其他医疗如针灸、草药治疗等。

12. 文化旅游

文化旅游是指人们为了满足精神文化的需要，通过旅游来观察社会、体验民风民俗、了解异地文化与异乡的生活方式，以丰富自己的文化知识、开阔视野、交流成果为主要目的的旅游活动。人们通过这种形式的旅游活动，加深了对旅游目的地历史、地理、民俗、艺术、教育、科技和文物古迹等的了解，可以在深层次上充实精神生活，增长知识。同时，也使旅游本身得到了深化和发展。文化旅游具体包括历史文化旅游、民俗文化旅游、区域文化旅游和宗教文化旅游等。旅游是一项广义的文化活动，它既是文化的创造过程，又是文化的消费过程。

13. 节庆旅游

节庆旅游主要是以参加节日庆祝、娱乐休闲等为目的的旅游活动，如中国的春节庙会、元宵灯会、清明踏青、端午龙舟会等，少数民族的泼水节、火把节等。

14. 生态旅游

生态旅游是一种以大自然和某些特定的文化区域为对象，以回归自然为目的，以不破坏生态平衡和保护自然环境为宗旨的旅游行为。它使人们在良好的生态环境中游览、度假休息、健身疗养。同时，认识自然、了解生态、增强环境保护意识。它是一种原汁原味的旅游，具有尊重自然与当地文化的异质性，提倡人们认识自然、享受自然、保护自然，并为当地社区居民谋福利，又称为绿色旅游或负责任旅游。生态旅游被认为是旅游业可持续发展的最佳模式之一，成为旅游市场中增长很快的一个分支，代表了一种人地和谐的旅游发展观。

15. 乡村旅游

乡村旅游是指旅游者在乡村（通常是偏远地区的传统乡村）及其附近逗留、学习、体验乡村生活的旅游活动。

对应旅游者的需求与选择，乡村旅游又可表现为下列几种类型：

（1）休息娱乐型：以休息娱乐为主，如"农家乐""渔家乐""山里人家"等。

（2）收获品尝型：以特色餐饮、美食或采摘垂钓为主，如"采摘游""垂钓世界""美食村"等。

（3）运动养生型：以山野及水体运动，乡村自然环境疗养健身为主，如"乡村运动俱乐部""温泉别墅"等。

（4）观光审美型：以特色风光、农事活动、乡村民俗或村落名胜（古民居等）为对象的观光旅游。

（5）认识学习型：以学校或家长等安排的有目的的旅游与考察、写生、实习为主，如"学生远足""夏令营"。

（6）复合型：乡村旅游也有人定义为以乡村地区为活动场所，利用乡村独特的自然环境、田园景观、生产经营形态、民俗文化风情、农耕文化、农舍村落等资源，为城市游客提供观光、休闲、体验、健身、娱乐、购物、度假的一种具有综合性、区域性特点的新型旅游经营活动。按其内容可分为乡村观光游、乡村风情游、乡村节庆游、乡村休闲度假游、乡村自然生态游等多种类型。

16. 工业旅游

从旅游业角度说，工业旅游是在充分利用现有的名牌工业企业设施设备和工业企业文化资源基础上，赋予旅游内涵而开发出来的一种使旅游者乐于购买的新型旅游产品（项目）。从旅游者角度来说，它是以了解名牌工艺产品的工艺流程、发展史和未来科技与工业的发展前景等为主要目的、具有较高的科技知识含量的一种高品位的旅游形式。可见，在工业旅游与传统的观光旅游过程中对某些工业企业的参观游览活动是有本质区别的。

工业旅游起始于20世纪50年代的法国，后被世界各国所仿效。我国工业旅游起步较晚，但近年来发展迅速，主要表现在以下几个方面：

（1）类型日益丰富。早期以参观重工业企业为主，现在覆盖了轻工业、科技产业、农业等，形式多样化，如参观汽车制造厂、航空航天基地、食品厂、科技园区等。

（2）分布区域扩大。早期主要分布在东部发达地区，现在中西部地区也逐渐兴起。例如，长三角、珠三角、东北老工业基地及西部的重庆、陕西、四川等地区都建立了工业旅游区和基地。

（3）体验项目增加。不仅安排参观工厂流水线，还结合科普、互动体验、工业文化等，丰富旅游体验，如DIY装配、模拟驾驶、主题展示等。

（4）与文化融合。许多工业旅游区与文化旅游、生态旅游等资源结合，打造综合体验区，如北京798艺术区、上海田子坊创意园等。

（5）品牌效应凸显。一些成功的工业旅游品牌逐渐建立，并带动地方经济发展，如大庆油田、鞍山钢铁博物馆等。

 知识链接

新疆"旅游＋工业"融合焕发新生机

在乌鲁木齐市馕文化产业园观看馕的生产过程，在霍城县薰衣草基地精油提炼车间拍摄短视频，在吐鲁番市楼兰酒庄里享受一场葡萄酒的盛宴……近日来，新疆各地州市工业旅游观光点、文化创意产业园、葡萄酒庄等地吸引了不少游客，这些工业设施、旧厂房、矿坑等成为新的网红打卡点。

走进乌鲁木齐市馕文化产业园，游客通道两侧干净整洁的玻璃屋内是工人加工食品的场景，游客不仅可以观看食品生产流程，还可以品尝馕，更可以选购、邮寄各种各样的馕。

如今，新疆出现了一批以新疆特色美食加工、果业加工为典型的工业旅游示范园区，其中就包括乌鲁木齐馕文化产业园、昌吉笑厨有限公司等企业，将食品加工生产工艺流程展示在游客的面前，通过现场参观、互动体验、销售介绍，提升了品牌知名度。

另外，乡都酒庄、天塞酒庄、古城酒业、肖尔布拉克酒文化博物馆、布尔津县喀纳斯酒文化博物馆也是一、二、三产业融合发展的工业文化旅游新景点，成为游客体验工农业观光、乡村休闲、康养度假旅游的好去处。

克拉玛依市"克一号井"作为该市的地理性标志，已经成为游客的打卡地。依托石油工业废旧设备、旧厂房打造的克拉玛依市文创产业园，推出了铁马夜市、美食广场。

昌吉回族自治州准东经济技术开发区煤电煤化工产业园，通过与天山天池、吉木萨尔县古海温泉度假区等景区串成一条旅游线路，成为许多旅行社热推的产品，不少游客从这里了解到新疆能源工业的发展。

2022年11月，文化和旅游部发布《关于确定北京市751园区等53家单位为国家工业旅游示范基地的公告》，新疆可可托海国家矿山公园等4家工业旅游示范基地入选。截至2023年5月，新疆已有20家知名骨干企业被授予"自治区首批工业旅游示范基地"。

下一步，自治区文化和旅游厅将依托工业生产过程、企业文化，提升企业形象，发展工业观光旅游、工业体验旅游和商务考察旅游，促进工业和旅游业融合，突出特色、优化服务，打造工业旅游产品，将工业旅游培育成旅游发展的新领域和工业转型的新动能，构建主题鲜明、形式多样、内涵丰富、功能齐全的工业旅游体系。

（来源：《中国旅游报》）

17. 红色旅游

红色旅游是指以中国共产党领导全国人民在革命战争时期形成的纪念地、标志物为载体，以其所承载的革命历史、事迹为内涵，组织接待旅游者缅怀、学习、参观的主题性旅游活动。

18. 专项旅游

专项旅游也称特殊兴趣旅游，是针对各种特殊的旅游需求，根据各接待国家或地区旅游资源的特点，精心设计和制作的旅游活动项目，形成以某一活动内容为主的专项旅游活动，如都江堰放水节、山东潍坊风筝节等。

知识拓展：赣南红色故事：腰缠万贯的"讨米人"

模块小结

旅游是人们出于主观审美、娱乐和社会交往等目的，暂时离开自己的常住地到旅游目的地进行的一年以内的短期外出访问所引起的一切现象和关系的总和。旅游是人类社会的一种特殊的短期性生活方式，是一种综合性的社会经济文化现象。旅游涉及社会环境中的方方面面，它具有休闲属性、文化属性、消费属性、经济属性及政治属性。随着社会经济的发展，世界各地参加旅游的人数越来越多，旅游活动的地域范围越来越大，旅游的类型也多种多样。本模块的知识结构如图2-1所示。

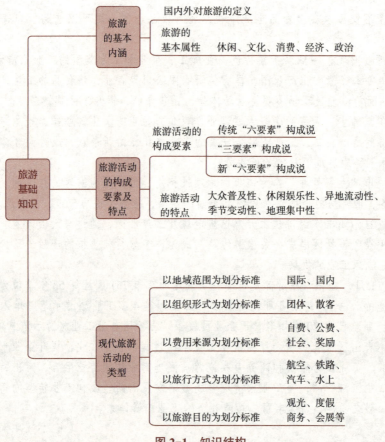

图 2-1 知识结构

思考与实践

1.请说说下列活动哪些是旅游:学生异地读书;农民异地打工;学者到外地参加学术会议;三峡大移民;港澳台同胞回大陆定居;外籍教师来中国高校任教;留学生到外国留学;到某国担任外交人员;外国高层政府代表团来华访问。

2.对于旅游目的地从事旅游接待的从业人员来说,怎么把握好旅游客流在时间(或者季节)上的规律,做好旅游接待工作,并保证旅游企业的正常经营?

3.调查你身边的人外出旅游的目的是什么,是通过什么交通方式来实现外出旅游的,在旅游过程中参加了哪些活动。

4.以小组为单位,从各种渠道(如出版物、互联网等)寻找现代旅游种类的案例,要求每种旅游类型至少有一个案例,然后小组一起分析、总结不同旅游类型的特点。

模块三　旅游的主体——旅游者

学习目标

➤ 知识目标

1. 了解有关国际组织对旅游者的定义，明确我国对于旅游者的界定。
2. 掌握旅游者产生的客观条件和主观因素。
3. 掌握旅游者消费行为分析的内容。
4. 熟悉国家对于旅游者的行为规定。

➤ 能力目标

1. 能够准确地界定国内旅游者与国际旅游者。
2. 能够分析旅游者产生的客观条件和主观因素。
3. 能够对旅游者的消费行为进行合理分析。
4. 能够将国家对于旅游者的行为规定应用于实际。

➤ 素养目标

培养学生良好的旅游从业习惯和合作意识，使学生养成独立思考、分析和解决问题的能力。

案例导学

新西兰总理逛秀水街，开启"购物—打卡"之旅

2023 年 6 月 25 日，新西兰总理克里斯·希普金斯抵达中国进行正式访问。6 月 26 日下午，希普金斯一行光临秀水街。总理先生在秀水街收获了包括 Mark Cheung、劳伦斯·许、宝盛藏等代表中国智造、中国设计的设计师作品，同时，为一对儿女选购了熊猫玩偶和中式童装。他感受了民间文化交流的热情，并欣然为秀水街签字留言，"感谢（秀水街）带来这一次非常愉快的购物体验"。

思　考：新西兰总理此行中国，他是旅游者吗？能否将其纳入我国 2023 年国际旅游者的统计中？

单元一　旅游者的定义

根据旅游研究和旅游管理的实际需要，将旅游者划分为国际旅游者和国内旅游者。

一、国际对旅游者的定义

（一）国际联盟的定义

1937年，国际联盟的统计专家委员会对旅游统计中"外国旅游者"解释为"离开自己的居住国，到另一个国家访问至少24小时的人。"

应列入来访旅游者统计的人员范围包括以下几项：

（1）为了消遣、家庭事务及身体健康方面的目的而出国旅行的人。

（2）为出席会议或作为公务代表而出国旅行的人（包括科学、行政、外交、宗教、体育等方面的会议或公务）。

（3）为工商业务原因而出国旅行的人。

（4）在海上巡游度假过程中登岸访问的人员，即使其上岸停留时间不足24小时，也视为来访旅游者（停留时间不足24小时者应分开作为一类，必要时可不论其通常居住地为何处）。

不能列入来访旅游者统计的人员范围包括以下几项：

（1）抵达某国就业任职（无论是否订有合同）或者在该国从事营业活动者，均不能列为旅游者。

（2）到国外定居者。

（3）到国外学习，膳宿在校的学生。

（4）边境地区居民中日常越境工作的人。

（5）临时过境而不停留的旅行者，即使在境内时间超过24小时也不算旅游者。

国际联盟对旅游者的定义，对旅游者的统计和旅游业的发展都起了重要的作用。但其定义还存在一些缺陷。

（1）只适应国际旅游者，不涉及国内旅游者。

（2）定义本身欠缺对旅游者动机的限制，其概念的外延太大。

（3）定义明确规定了旅游者异国旅行通留时间的下限，即旅游者不能长期在异国他乡做永久性的居留。

尽管如此，国际联盟这一定义已为国际旅游联合会所接受，并一直沿用到1963年。

（二）罗马会议的定义

联合国于1963年在罗马召开了一次国际旅游会议，会议对来访旅游人次的统计范围作了新的规定。凡纳入旅游统计中的来访人员统称为"游客"（visitor）。这里的"游客"实际上也就是中文中人们泛称的旅游者。"游客"又可分为两类：一类是在目的地停留过夜的"旅游者"（Tourist）；另一类是不在目的地过夜停留，而是当日往返的游客，称之为"短程游览者"（Excursionist）或"一日游游客"（One-day Tripper），实际上也就是不过夜的旅游者。这一定义的基本特点如下：

（1）将所有纳入旅游统计中的来访人员统称为"游客"。

（2）以在访问地的停留时间为标准，将游客进一步划分为停留过夜的旅游者和不停留过夜的旅游者。这两种不同类型的游客需要分别进行统计。

（3）根据来访者的定居国或常住国，而不是根据国籍来界定其是否属于应纳入旅游统计中的游客。

（4）根据来访者的访问目的来界定其是否属于应纳入旅游统计中的游客。

当然，这个定义也有不足之处，即它所界定的只是国际游客，而没有将国内旅游或国内游客考虑进去。

（三）世界旅游组织的定义

1. 世界旅游组织对国际旅游者的定义

1991年，联合国世界旅游组织在加拿大举行的"国际旅游统计大会"上，对国际游客、国际旅游者的基本概念进行了再次修订，并以《国际旅游统计大会建议书》向联合国推荐，经联合国统计委员会1995年通过后在全球推广使用。目前，世界大多数国家都接受1995年联合国世界旅游组织和联合国统计委员会的定义，从而初步实现了有关国际游客相关概念较为统一的规范性定义。

国际游客不包括下列人员：意图向目的地国移民或在该国谋求就业的；以外交官身份或军事人员身份进行访问的；上述人员的随从人员；流亡者、流浪者或边境上的工作人员；打算停留1年以上者。

可以计算为国际游客的包括以下人员：为了娱乐、医疗、宗教仪式、家庭事务、体育活动、会议、学习或过境进入另一国家者；外国轮船船员或飞机机组成员中途在某国稍事停留者；停留时间不足1年的外国商业或公务旅行者，包括为安装机械设备而到达的技术人员；负有持续时间不足1年使命的国际团体雇员或回国进行短期访问的旅行侨民。

国际游客又可分为国际旅游者（International Tourist）和短途国际旅游者（International Excursionists）。国际旅游者是指在目的地国的住宿设施中至少度过一夜的游客；短途国际旅游者是指不在目的地国的住宿设施中过夜的游客，其中包括乘坐游船的乘客，这些乘客可能在停靠的港口地区进行多日访问，但每天回到船上住宿。短途国际旅游者不包括正在过境途中的乘客，如降落于某个国家但未在法律意义上正式进入该国家的航空班机过境乘客。

2. 世界旅游组织对国内旅游者的定义

与对国际游客所做的划分类似，国内游客也被区分为国内过夜游客和国内一日游游客。国内过夜游客是指在本国某一目的地至少逗留一夜，最长不超过1年，且以休闲、商务、家务、使命或会议为目的的人；国内一日游游客是指在目的地逗留不足24小时且不过夜，以休闲、商务、家务、使命或会议为目的的人。但这一定义在各国进行国内旅游统计时并未被完全接受，各个国家都在世界旅游组织定义的基础上，根据本国国情对国内旅游者的范围进行了不同的界定。

二、我国对旅游者的定义

（一）对国际旅游者的定义

1979年，中国国家统计局和国家旅游局根据我国的实际情况，从统计工作的需要出发，对国际旅游者作了如下的规定："国际旅游者是指来我国探亲访友、度假、观光、参加会议或从事经济、文化、体育、宗教等活动的外国人、华侨、港澳台同胞。"

在来华旅游人次统计方面，凡纳入我国旅游统计的来华旅游入境人员统称为（来华）海外游客或国际旅游者。

为了便于界定，我国规定来华入境旅游者是指因上述原因或目的，离开其常住国（或常住地区）到我国大陆访问，连续停留不超过 12 个月，并且在我国大陆活动的主要目的不是通过所从事的活动获取报酬的人。按照在我国大陆访问期间停留时间的差别，海外游客划分为以下两类：

（1）海外旅游者，即在我国大陆旅游住宿设施内停留至少一夜的海外游客（过夜游客）。

（2）海外一日游游客，即不在我国大陆旅游住宿设施内过夜（而是当日往返）的海外游客（不过夜游客）。

可见，以上国际组织和我国有关部门对旅游者的定义尽管表述不同，但实质内容是一致的。当然，个别地方的解释有所不同（例如，按照我国对海外旅游者的解释，实际上将在亲友家过夜的来华旅游者排除在统计范围之外）。

（二）对国内旅游者的定义

在我国的国内旅游统计中，对纳入国内旅游统计范围的人员统称为国内游客。国内游客是指任何因休闲、娱乐、观光、度假、探亲访友、就医疗养、购物、参加会议或从事经济、文化、体育、宗教活动而离开长住地到我国境内其他地方访问，连续停留时间不超过 6 个月，并且访问的主要目的不是通过所从事的活动获取报酬的人。国内游客也可分为以下两类：

（1）国内旅游者，是指我国大陆居民离开常住地，在我国境内其他地方的旅游住宿设施内停留至少一夜，最长不超过 6 个月的国内游客。

（2）国内一日游游客，是指我国大陆居民离开常住地 10 千米以外，出游时间超过 6 小时但不足 24 小时，并未在我国境内其他地方的旅游住宿设施内过夜的国内游客。

从以上我国在国内旅游统计方面所做的界定中可以看出，它同世界旅游组织的定义基本上是吻合的。但是，同我国在国际旅游统计方面所做的解释相同，国内旅游统计中并未将在亲友家中过夜的国内旅游者包括进去。由此不难看出，我国关于国内旅游人次的统计数字难免会低于其实际的规模。

单元二　旅游者产生的条件

旅游活动的出现是随着人类社会的发展而产生并不断完善的，旅游行为的实现是外部旅游条件和旅游者内部心理因素共同作用的结果。旅游者的产生取决于多方面的条件和因素。

一、旅游者产生的客观条件

1. 个人可自由支配的收入水平

从经济角度讲，旅游活动的过程就是旅游者在食、住、行、游、购、娱等各环节上发生各种经济关系的过程。一个人的收入水平，通常决定着他能

微课：旅游者产生的客观条件

否外出旅游及其旅游消费水平的高低。可见，家庭收入达到一定的水平是一个人实现旅游活动的前提之一，也是实现旅游活动的重要物质基础。当然，一个家庭的收入并非全部都可以用于旅游，真正决定一个人能否实现旅游活动的家庭收入水平实际上指的是其家庭的可支配收入，更确切地说是其家庭的可自由支配收入。可自由支配收入又称可随意支配收入，是指个人或家庭收入中扣除全部纳税和社会消费（健康人寿保险、老年退休金和失业补贴的预支等），以及日常生活必须消费部分之后所余下的收入部分。个人可自由收入水平取决于人均收入所得，个人所得又取决于国民经济发展情况及收入分配政策，这些都影响着人们对旅游活动的选择。

　　旅游者可自由支配收入水平可以通过恩格尔系数进行相对衡量。恩格尔系数是一个家庭或个人收入中用于食物支出的比例，系数越低，则表明可自由支配收入越高，形成的旅游者越多，旅游者在旅游中所跨越的距离越远，花费总量越大；反之则朝相反的方向变化。根据联合国粮农组织提出的标准，恩格尔系数在 59% 以上为贫困，50%～59% 为温饱，40%～50% 为小康，30%～40% 为富裕，低于 30% 为最富裕。2019 年，中国的恩格尔系数平均为 28.2%，其中农村地区为 30.0%，城市地区为 27.7%。这表明中国居民的食品支出占消费支出的比例已经相对较低，城市居民的恩格尔系数更是呈现出了下降的趋势。相比之下，非洲一些国家如尼日利亚和肯尼亚的恩格尔系数普遍较高，平均在 40% 左右，甚至更高。这表明这些国家的居民消费支出中食品支出所占比例较大，生活水平相对较低。另外，一些欧洲国家的恩格尔系数普遍较低，如德国、法国、英国等国家的恩格尔系数平均在 25% 左右，说明这些国家的居民消费支出中食品支出所占比例较低，生活水平相对较高。

　　总之，可自由支配收入水平决定着一个人的旅游支付能力，影响着一个人能否成为旅游者，影响着旅游者的消费水平和消费构成，并且还会影响到旅游者对旅游目的地及旅行方式的选择等。可自由支配收入水平是决定一个人能否成为旅游者的最重要经济因素。

2. 足够的闲暇时间

　　随着社会的进步、经济的快速发展，社会劳动生产率越来越高，人们用于劳动的时间将越来越短，闲暇时间则不断增多。联合国颁发的《消遣宪章》中写道："闲暇时间是指个人完成工作和满足生活要求之后，完全归他本身支配的一切时间，这段时间的使用是极其重要的，消遣和各种娱乐为补偿当代生活方式中人们的许多要求创造了条件，更为重要的是通过身体放松，竞技，欣赏艺术、科学和大自然，为丰富生活提供了可能性。无论在城市和乡村，闲暇时间都是重要的，闲暇为人类意向、知识责任感和创造力的自由发展提供了空间。闲暇时间是一种自由时间，人类能掌握作为人和作为社会的有意义的成员的价值。"《消遣宪章》是各国政府重视闲暇时间的一个集中反映。

　　然而，并非所有闲暇时间都能用来从事旅游活动。闲暇时间的分配可分为以下三种情况：

　　（1）每日工作之后的闲暇时间。对于多数人来说，这种闲暇时间只能用于诸如看电影、看电视、闲谈等时间不长的活动项目上。

　　（2）周末闲暇时间。周末闲暇时间多用于近距离旅游度假。近期"特种兵式旅游"爆火，"特种兵式旅游"，顾名思义，就是强度像特种兵拉练一样的旅行，追求的是在短时间内打卡更多景点和热门体验，游客本着"宁可委屈自己，也不能委屈假期"的原则，在有限的假期里体验到更多的精彩。例如，一条经典的北京"特种兵式旅游"路线是凌晨抵达北京，清晨到天安门广场看升旗，然后一路游览故宫、南锣鼓巷、什刹海、鼓楼、雍和宫、圆明园、颐和园等著名景点，结束行程后连夜返程。这种旅游模式深受大学生及都市年轻白领的青睐。

　　（3）假日闲暇时间。假日闲暇时间一般是指长于周末的闲暇时间，涉及公共假日（即人们通常所说的法定节假日）和带薪假期。这种时间多用于中长距离旅游。

显然，对闲暇时间的研究重点应放在第二种和第三种闲暇时间上。无论是国内旅游，还是国际旅游都需要有第二种和第三种闲暇时间。闲暇时间是旅游者产生的必要客观条件。

自工业革命以来，经过工人阶级百余年的艰苦斗争，大多数经济发达国家都以法律的形式规定了带薪假期制度。在芬兰，工薪阶层有 6 周的法定带薪假期，芬兰政府还要求雇主向休假的人提供额外的津贴，以保证他们有足够的钱外出旅行或消费，而不是只能在家中枯坐度过假期；在加拿大，劳动法规定，雇主每年必须给雇员提供带薪假期，随着工作年限的增长，假期要延长，一般短则两周，长则一个月，这是员工福利的一部分；在德国，法律规定每人每年享有 30～40 天的带薪假期，人们可以根据自己的实际情况分拆安排休假日期，但至少有一次休假必须达到 12 天，德国政府积极鼓励员工休假，对不休假的个人不给予任何经济补偿。

我国自 2008 年开始实行《职工带薪年休假条例》。按照该条例，职工累计工作已满 1 年不满 10 年的，年休假 5 天；已满 10 年不满 20 年的，年休假 10 天；已满 20 年的，年休假 15 天。而国家法定休假日、休息日不计入年休假的假期。

相对于其他几种闲暇时间，带薪假期时间较长，从而成为人们进行长途旅游的最佳时机。

3. 其他客观原因

（1）旅游者自身身体条件和家庭人口结构。老年人外出旅游比例小的原因之一是随着年龄增大而带来的身体能力状况下降。另外，一个人所处的生命周期阶段或一个人所处的家庭人口状况也是影响旅游需求的客观因素之一，很多调查情况表明，家中有婴幼儿的家庭外出旅游的可能性很小。

（2）旅游目的地的政治、社会环境。政治稳定和社会安全是旅游者选择目的地的重要考量因素。如果一个国家或地区存在政治不稳定、社会动荡、恐怖主义或犯罪等问题，旅游者可能会选择其他更安全和稳定的目的地。政治和社会环境的不稳定性可能导致旅游者的安全风险增加，使旅游者对该地区的兴趣和信心降低。

（3）自然因素的变化。根据我国国家统计局的数据，2020 年全年，我国国内旅游人数为 25.97 亿人次，同比下降了 52.1%；国内旅游收入为 3.36 万亿元人民币，同比下降了 61.1%。由于我国实施了严格的入境限制和旅行禁令，导致国际旅游几乎完全停滞。根据中国国家旅游局的数据，2020 年国际旅游人数为 0.4 亿人次，同比下降了 87.0%；国际旅游收入为 35.0 亿美元，同比下降了 88.0%。

以上原因从某种意义上来说构成了影响旅游者产生的客观因素，它们既相互作用，也相互联系。

二、旅游者产生的主观条件

当人们具备了旅游的经济条件和足够的闲暇时间之后，如果没有旅游的愿望，旅游活动也不能实现。事实上，即使是在最主要的旅游客源国中，也总会有一些人收入相当高却不曾或不愿意外出旅游。因此要想成为一个旅游者，还必须有促成旅游的动机。

1. 旅游动机的定义

旅游动机是推动人们旅游的内在原因和动力。推动和维持人们进行某种活动的内部原因和实质动力就是动机。心理学研究表明，人的行为是受人的大脑支配的，人的动机是大脑活动的产物。人有什么样的需要就会产生什么样的动机，而有什么样的动机就会产生什么样的行为。动机是需要和行为的中介，动机必然转化为行为，并通过最终结果来满足人的需要。西方学者认为，人天生具有好奇心，有着追求新奇和寻求新的感受的内在动机，这吸引着人们走向国内不同地区和世界各地，欣赏各地的自然景观，了解所到地的风土人情、人文习俗，考察不同的社会制度，感受各有千秋的异域文化，领略外面世界的精彩和无奈，从而形成不同的旅游动机。当人们具备了外出旅游的支付能力和足够的闲暇时间后，旅游就是一件必然的事情了。可见，旅游动机也是旅游者的重要主观条件。

2. 旅游动机的影响因素

（1）受教育程度。旅游者受教育程度的高低决定了其文化水平的高低，不同文化水平的旅游者的旅游动机有很大的差别。文化程度高的人，其求知欲强，富有冒险和挑战精神，对文化内涵深厚的博物馆、美术馆、歌剧院、古人类文化遗址等人文旅游资源为主题的旅游地兴趣较大，希望旅游活动的安排能变换环境，同时，其旅游方式更多地表现为度假性质；文化程度低的人则喜欢选择较熟悉的景点或陌生的旅游目的地，而且以自然旅游资源为主。

（2）职业和收入水平。人们的职业不同，社会角色不同，社会地位和环境不同，其旅游动机也不同。农民向往到大城市旅游，都市旅游成为他们的首选；商务人员、公务员、科技工作者等则希望到风景优美、鸟语花香的景点去感受大自然恩赐的幽静、清新；至于个体经营者、军人及从事其他职业的人都有不同的旅游动机。同样，人们可自由支配收入的多少和一次旅游总费用的高低，直接影响旅游活动的范围和旅游动机的形成。例如，高收入者出游欲望和支付能力强，喜欢远程观光和度假，喜欢科技含量高的旅游项目。

（3）性别和年龄。旅游者的性别对旅游动机的形成有重要的影响。由于男性和女性在家庭、社会中扮演的角色不同，又有不同的生理特点和生活情趣，其旅游动机存在很大的差异。男性旅游者大都喜欢探险、登山、滑雪、野营及各类运动健身型户外体育活动，而女性旅游者更热衷于度假、购物和相关休闲活动。因而，男性和女性旅游者对旅游目的地、旅游方式、旅游活动安排的选择有很大的差异。例如，日本男子外出旅游多为做生意，日本女子则主要以购物为目的。从年龄来看，儿童、少年、青年、中年和老年人的旅游选择具有明显差异。儿童活泼可爱、好奇心强，喜欢游戏娱乐类的旅游活动；青少年喜欢结伴而行，追求猎奇心理和求知欲望的满足；中年人在工作和事业上已取得一定成就，具有较多的生活经验，他们的旅游动机大都倾向于务实、求名或出自专业爱好和求舒适享受方面，往往更喜欢各类专题旅游活动；老年人往往喜欢文化专题旅游活动或一些运动量较小的健身型活动，而且由于健康原因，一般很难从事具有刺激性和需要消耗大量体力的旅游活动，喜欢清静的旅游胜地，同时，对能满足怀古访友需要的旅游点具有特殊的兴趣。

（4）社会因素。每个人都生活在社会大环境中，社会的政治、经济、文化等因素都会对人的旅游动机产生影响。政治的稳定、国与国之间的友好关系会促使旅游者产生旅游动机。近年来，随着国际关系和各国旅游事业的不断发展，为便利各国公民之间的友好往来，不少国家互相签署了免签协议，双方公民持有效的本国护照可以自由出入对方的国境，而不必办理签证，入境手续的简化，不仅使外出旅游的费用降低了，更节省了旅游者不少的时间和精力，从而大大提高了旅游者的积极性。

 知识链接

中塞互免签证，旅行说走就走

中国与塞尔维亚互免签证、互通直航，对中国游客来说，到塞尔维亚可以轻松地来一次"说走就走的旅行"。

无论是浪漫的贝尔格莱德还是充满文艺气息的诺维萨德，都不可错过。贝尔格莱德位于塞尔维亚北部多瑙河和萨瓦河交汇处，是欧洲最古老的城市之一，也是东西方交通要道的重要枢纽。这座城市拥有极其丰富的历史文化遗产，每年还举办电影节、音乐节和艺术节及许多激动人心的体育赛事。《孤独星球》曾将贝尔格莱德评为"十大夜生活城市"之首，因此，它也赢得"不夜城"的美誉。诺维萨德是塞尔维亚第二大城市，位于萨瓦河和多瑙河以北的伏伊伏丁那自治省。贝尔格莱德到诺维萨德的高铁已开通，游客在此可体验乘坐中国制造欧洲版高铁。

知识拓展：
中国与外国互免
签证协定一览表

塞尔维亚是欧洲生态保护最完整的地方之一，是大自然爱好者和喜爱户外运动者的理想之地。从北部的广阔平原到南部的高山，塞尔维亚多样化的景观以及栖居其间的丰富物种将不断给游客带来惊喜。许多在欧洲其他地方濒临灭绝的动植物在这里找到了"庇护所"。夏天，游客可以去金松岭避暑、到乌瓦茨峡谷逛逛；冬天，科帕奥尼克滑雪场是一个不错的选择。

塞尔维亚拥有多个国家公园，其中德耶达普国家公园闻名遐迩。该公园是塞尔维亚最大的国家公园，占地6万余公顷，20世纪70年代正式设立，2020年被联合国教科文组织纳入世界地质公园网络。初到德耶达普国家公园，人们会为它的壮美而惊叹，尤其铁门峡谷之雄奇令人叫绝。铁门峡谷全长达100千米，由多瑙河的流动冲刷而成，两岸则是高达300米的悬崖。远远望去，多瑙河在高耸的峡谷间穿行，两岸铁青色的山壁像一扇大门将另一半峡谷美景藏至身后，吸引游客前往一探全貌。

到塞尔维亚的中国游客还会发现一份额外惊喜——许多地方专门设有中文标识。灿烂的文化、美丽的风光、友善的人民，每一条都是打卡塞尔维亚的理由。

（来源：人民网—人民日报海外版）

单元三　旅游者消费行为分析

具备了旅游者产生的条件后，一个人旅游消费行为的内驱力就会随之产生，于是就有了人们内心的心理需要。这是因为旅游活动作为一种社会活动，其发生一方面是游客内在心理因素的推动；另一方面又不可避免地会受到外界因素的影响。所谓旅游消费行为，是指旅游者在有时间保证和资金保证的前提下，从自身的享受和发展需要出发，凭借环境和旅游媒体服务创造的条件，在旅游过程中对以物质形态和非物质形态存在的吃、住、行、游、购、娱等旅游客体的购买、享用与体验过程。

一、旅游者消费行为的内涵、类型及模式

（一）旅游者消费行为的内涵

旅游者的旅游消费行为是指旅游消费者在旅游动机的引导下，为了达到一定的目标，选择、比较并最终购买旅游服务产品的过程。其包括消费者为什么购买、购买什么样的旅游产

品，在何时、何地购买，以何种方式购买，另外还要对旅游者对旅游服务的具体要求、影响旅游者消费行为的各种因素进行了解。例如，一位美国的旅游者在想了解中国文化的动机下，于2008年5月18日通过网上预订，在美国旅行社购买了来自中国北京的度假旅游产品，这是旅游者购买行为的一般情况。除此之外，旅游企业还要了解该旅游者对度假过程中的食、住、游、行、娱、购的要求，以及影响该旅游者消费决策的经济、社会、文化因素。

（二）旅游者消费行为的类型

根据不同的标准，可将旅游者的消费行为分为以下几种类型：

（1）购买旅游产品的决策单位。按购买旅游产品的决策单位可以将旅游者旅游消费行为分为旅游者个体的消费行为和通过组织机构的消费行为。前一种旅游消费行为主要是指旅游者个体出游的消费行为；后一种旅游消费行为还应依据购买决策单位的不同层次划分为通过一般组织机构的旅游消费行为和通过旅游批发商的旅游消费行为。

（2）旅游者购买的参与程度。按旅游者购买的参与程度高低可以将旅游者消费行为分为当日往返旅游消费行为、短程旅游消费行为和远程旅游消费行为。当日往返旅游消费行为和短程旅游消费行为由于空间和时间的限制，在旅游过程中涉及的旅游要素较少，因此，决策行为较为简单，信息水平要求不高。而远程旅游消费行为由于游程远，在外停留的时间长，花费高，因此，旅游者会花费一定的精力收集信息，反复地选择、比较，决策较为慎重，决策过程较为复杂。

（3）消费的时间。按消费的时间可以将旅游者消费行为分为现实的旅游消费者行为和潜在的旅游消费者行为。现实的旅游消费者有明确的消费要求，其消费动机已经较为成熟，因此，旅游企业只需要想方设法满足其要求即可；而潜在的旅游消费者由于未形成现实的购买力，往往会被旅游企业所忽视，旅游企业应充分重视这一市场，通过引导、教育、培育，使潜在的消费者转变成现实的消费者。

（三）旅游者消费行为的模式

旅游者消费行为的方式是多种多样的，既有内在主观因素的影响，又有外在客观条件的制约，因此，旅游者消费行为是多种因素综合作用的结果。通过以下模式的分析，可以从经济和心理两个角度对旅游者消费行为有更深刻的了解。

（1）边际效应模式。边际效应理论是经济学中的重要理论，在旅游学领域，主要用于分析旅游者增加一个单位产品的消费，其满足状况的变化，从而最终确定旅游者效应最大化的消费量。

1）根据边际效应理论，随着旅游者购买同一旅游产品次数的增多，其边际效应是递减的，这就提醒旅游企业旅游服务的改进是永无止境的。

2）旅游者选择哪一种服务主要取决于在相同价格下，哪种服务带给旅游者的边际效应更高，这就要求旅游企业在有效控制成本的前提下，尽量增加旅游服务的附加值。

3）按照边际效应理论，旅游企业可以在降低价格和增加服务的效应两个方面入手，来提高旅游者的满意度。但应当注意的是，旅游服务价格的降低不能以牺牲服务质量为代价。目前，国内一些旅游企业以降低服务质量为代价，实行压价竞争，这种做法不但不会提高旅游者的边际效应，反而会降低实际效果。

（2）"刺激—反应"模式。心理学家通过研究得出的结论认为，人的行为是外部环境刺激的结果，行为是刺激的必然反应。当行为的结果能满足人的需求时，行为就得到强化；反之，行为趋向于消退。在旅游者购买旅游服务过程中，首先，旅游企业的广告、宣传、推销、促销等外在因素会作用于旅游者的消费行为；其次，亲朋好友、家庭成员等相关群体也会发布对一些旅游服务的评价和观点，同样会影响旅游者的消费行为；最后，旅游者个人的学习、对外部信息的吸收及旅游者个人的心理因素、外在的经济因素、社会文化因素等的合力作用最终决定了消费者的消费行为。

（3）"需求—动机—行为"模式。旅游者的需求、动机和购买行为构成了旅游者消费活动的一个循环周期。当旅游者产生旅游需要而未得到满足时，就会引起一定程度的心理紧张感。当进一步出现满足需要的目标时，需要就会转化成动机，动机是推动旅游者进行旅游消费的原动力。旅游者通过旅游消费获得满足，心理紧张感就会消失。最终的消费结果又会影响下一次旅游需要的产生，新的循环周期又开始了。旅游者的消费行为产生于旅游服务的需要和动机，并且受到经济因素（国民经济发展水平、个人的可支配收入）、社会因素（社会阶层、相关群体、家庭状况、个人地位与角色）、文化因素（文化、亚文化）等外在因素的影响。同时，旅游者的个人因素（知觉、学习、态度、人格等）也会潜移默化地渗透到旅游者的决策过程中。

二、旅游消费行为的阶段分析

旅游决策、旅途及目的地享乐、返回住地是旅游者消费过程的三个阶段，旅游者在旅游过程中的不同阶段具有不同的心理需求。

（一）出游前的旅游决策阶段

人们在具备了充足的闲暇时间和可自由支配的收入后，只要有旅游动机，就有可能成为旅游者。当具备旅游的基本条件后，人们就开始准备旅游活动，即进入旅游决策阶段。旅游决策对大多数人来讲是一项比较重要的决策，远距离旅游、跨国旅游更是如此。旅游决策是旅游者面对各种旅游信息、机会或备选旅游方案，进行整理、评估、筛选，直至最终做出决策的过程。旅游者通常需要确定旅游目的地、旅游方式、旅游出行的时间，旅游者在做出出游决策时往往有多种途径，其间会受到诸如旅游者的个人爱好、对目的地的了解程度、朋友建议等众多主客观因素的影响，同时，占有大量的有关目的地的资料和信息，然后在对所占有资料进行反复研究和分析处理后做出旅游决策。

旅游者在确定旅游目的地时，需要占有尽可能多的资料和信息，这些信息的来源包括：第一，口碑效应。旅游者的亲戚、朋友、同学、同事等熟人的言论对旅游者的旅游决策会施加一定的影响。第二，民间渠道。民间渠道是指旅游者通过报纸、杂志、书籍、电影、电视、录像等途径获取的，由非旅游组织或个人提供的有关旅游接待国家、地区或旅游点的信息。第三，官方宣传。官方宣传是指旅游接待国家或地区为了吸引游客、发展旅游业而进行的一系列广告宣传和推销活动。旅游者对这种宣传有戒备心理，但官方宣传信息量大，宣传攻势凶猛，影响面宽，对旅游者的旅游决策也会产生很大影响。

旅游者在确定了旅游目的地之后，就需要结合自己的闲暇时间安排确定旅游日程，然后根据自己的兴趣爱好决定游览项目及在每个游览点的逗留时间。另外，旅游者还要选择切合自身利益的旅游方式。旅游方式有两种，即团体旅游和散客旅游。如果参加旅行社组团旅游，只需要按照旅行社的统一安排按时参加；若选择自行出游，还得亲自确定旅游日程安排，包括游览日期、游览时间、游览景点的确定，还要根据自己的经济水平选择交通工具和准备投宿的饭店。

（二）旅行和游览阶段

旅途是整个旅游活动过程中的主体和核心部分，是一个丰富多彩又引人入胜的过程，整个旅游途中充满了期待、探寻、兴奋、快乐、满意，也必然会交织着失望、彷徨、不满，但毕竟构成了旅游者一次难得的旅游经历。旅游期间旅游者先经历前往目的地的旅行，旅游者如果自行出游，就到车站、码头、机场，搭乘汽车、轮船、飞机；如果团体旅游，就前往出发地集合，听从领队、导游安排。到达目的地后，以饭店、旅馆为基地，游客们穿梭于各景点、景区之间，观赏自然、人文景观，参与各种游乐活动，接触不同的人群，了解异域文化……全身心地投入到各式各样的旅游体验中，直至旅程结束。旅游者在旅游途中的心理需求主要是针对旅游交通、旅游住宿和沿途的旅游接待工作展开的。旅游者要求安全准时的交通服务，其中安全是首要而且最基本的需求，准时和舒适是在安全得到保障后的需求，尤其是长途旅游，旅游者容易疲劳、烦闷，滋生抵触情绪，他们希望自己的旅行活动能够做到准时出发，准时抵达目的地，旅行结束后能准时离开。在旅行过程中，对于饭店、餐饮和沿途接待工作也要求准时、快捷、便利、卫生和舒适等。在旅游途中，人们的旅游消费行为主要表现为旅游观赏与体验、旅游交往、旅游参与和旅游消费。

1. 旅游观赏与体验

旅游观赏是指旅游者在旅游目的地消费时通过视听感官对外部世界中所展示的美的形态和意味进行欣赏、体验的过程，旨在从中获得愉快的感受。旅游观赏是旅游审美活动的主要形式之一，是对旅游景观所包含的美景要素的具体感受和把握的过程。当旅游者踏上出游的旅途后，便开始了旅游的体验。

2. 旅游交往

在旅游途中，旅游者会接触到各种不同的人群——本国的旅伴和旅游经营者，目的地的居民和旅游经营者，其他国家和地区的游客，以及自己远在异国他乡的亲朋好友等，彼此通过相互接触交往，产生影响并相互作用，并从交往中获得个人心智的发展。

旅游交往与日常交往的不同之处在于：旅游交往是一种异地暂时性的个人间非正式交往。旅游交往开始于旅游购买之时，终止于旅程的结束。在为寻根、探亲、访友而进行的旅游消费活动中的旅游交往，也是极为重要的一种交往。

1976年，美国黑人作家阿历克斯·哈莱的小说《根》出版后，引起轰动，许多美国黑人纷纷前往冈比亚"寻根"，掀起了世界寻根旅游热潮。

旅游交往的另一个特点是非约束性。旅游交往期间，由于对象一般脱离了原社会系统，旅游交往又是自愿和平等的，以情感沟通或物品交易为主要内容，因而没有组织规范的严格约束。旅游者由于角色的变化，便具有与普通人不同的心态，会全然不顾年龄、社会地位、长幼之分，皆以旅游者的身份进行旅游体验与交流。

3. 旅游参与

在旅游消费过程中，旅游者暂时脱离了常规环境和常规扮演的社会角色，开始扮演一个全新的角色，并由此引发出一些不同常规的行为。对此，不同的旅游者会有不同的参与热情、能力和表现。

有的旅游者只是走马观花，而有的旅游者深入当地社会，渴望通过各种活动体验异地文化。例如，音乐专家和音乐爱好者到奥地利维也纳旅游时，会去考察音乐大师海顿、莫扎特、舒伯特、贝多芬、勃拉姆斯、施特劳斯等的生平和遗迹，搜集有关材料，参加音乐节等活动。丹麦所倡导的生活观察旅游，就是根据旅游者的特殊兴趣，安排其深入当地生活的一种旅游活动。

有的旅游者会不顾自己的年龄、社会地位和长幼之分的约束，忘我地融入旅游环境之中，达到人与自然的交融，这种情况被维克多·特纳（Victor Turner）称为"康牟尼塔激情（Communita）"如初见到大海的人们会惊叫着投身大海；在玉龙雪山上，激动的游客会情不自禁地脱下自己的衣服，张开双臂与大自然拥抱。

有的旅游者喜欢以模仿等形式参与或体验地方生活，如学说几句当地简单有趣的礼貌用语或日常用语，跟着少数民族同胞载歌载舞，学着目的地居民的样子行礼鞠躬。参观仿古宫廷时，人们穿上皇帝的龙袍留影，感受身居万人之上的威严和神圣。

旅游参与的最高境界是游客不再被当地居民看成是旅游者，而是受欢迎的客人。这种情况乐在其中，让人感受到宾至如归的温馨，但也容易丧失一些做人的特权。对许多西方旅游者来说，旅游的最高境界是与当地人在一起，与他们聊天或泡酒吧，即使是旅游结束回到家后旅游者仍会兴致勃勃地向亲戚或朋友介绍，谈论自己与当地人的谈话及他们对东道国社会的观察。

4. 旅游消费

旅游者的旅游消费是旅游者暴露在外的最显著的行为特征之一。旅游消费在量上等于旅游者在旅游过程中支出的总和，是旅游学研究的重要领域。旅游消费具有以下特点：

（1）旅游消费行为主要是一种心理体验过程。在旅游活动中，旅游者不断地体验着旅游生活的酸甜苦辣，当旅游消费过程结束后，体验记忆会长久保留在旅游者的头脑中。消费者愿意为体验付费，因为这个过程是美好、难得、非我莫属、独一无二、不可复制、不可转让、转瞬即逝的。

（2）旅游在消费过程中的交换行为表现为旅游者通过支付货币而获得消费，如暂时的观赏、使用和享用权利。旅游产品形象的多样性，使旅游者对旅游产品不同组成部分的消费行为也不完全相同。对旅游客源地产品的消费，旅游者用货币换来对旅游消费对象的暂时观赏权，这种观赏权以信用的形态体现在门票上。除此之外，其他的旅游产品主要是以服务的形式提供，在交换中，旅游者支出一定的货币，换来的是对旅游设施和服务的使用和享受。

（3）旅游消费有较高的收入、价格弹性。一方面，旅游消费是一种追求与享乐的高层次消费，必然随着旅游者的收入水平、旅游产品价格的变动而变化；另一方面，从消费项目的结构上看，多数项目的性质和地位处于对核心旅游消费的追加地位，表现出其从属地位和弹性支出，如娱乐、购物消费。当然，旅游消费中有些项目的价格弹性呈刚性，如交通、饮食、住宿、旅游景点等价格。

（4）旅游消费中包含较多的冲动型购买。旅游者在旅游过程中的消费不像居家消费时那样理智。旅游者容易盲从，因为在旅游过程中见到的多是平时很少见到的地方特产、工艺品和其他旅游纪念品，这些新奇、陌生的东西容易激发旅行者的购买欲望。购买旅游纪念品，一则日后留作纪念，二则送给自己的家人、亲人和朋友，以便和他们共享旅途的愉快和幸福，同时借以提高自己的地位和声望。

旅游消费活力足　巴蜀燃旺烟火气

2023 年以来，四川推出一系列旅游新产品、新业态、新场景，围绕"熊猫家园""古蜀文明""天府之国""安逸四川"四大国际旅游名片持续加强宣传营销，使旅游经济得到快速复苏，文化强省、旅游强省的建设步伐不断加快。

据测算，2023 年上半年，四川全省 A 级旅游景区共接待游客 3.12 亿人次，景区实现总收入 617.20 亿元，较 2019 年同期分别增长 13.36%、54.86%；全省星级饭店营业收入总额为 29.71 亿元，同比增长 96.75%；全省旅行社实现电子合同金额 22.79 亿元，同比增长 6.34 倍。

1. 消费场景更加丰富

2023 年以来，四川不断丰富产品供给，打造消费新场景，激发消费新动能，不断增强全省文旅市场的吸引力、影响力。

2023 年来自各地的 30 个亲子家庭走进位于成都市成华区的成都大熊猫繁育研究基地、成都自然博物馆等，探秘国宝大熊猫生存足迹，与史前霸王龙"对话"。成华区加大力度整合研学资源，打造以大熊猫基地、自然博物馆、动物园为依托的"自然科普都市游"研学旅行产品，以东郊记忆为依托的"工业文明时尚风"主题研学旅行产品等，以研学带动亲子游、周末游、周边游，努力实现文化教育和旅游消费的升级双赢。

成华区升级打造研学旅行只是四川省加快推出旅游新产品、新业态、新场景的一个缩影。数据显示，2023 年 1 至 6 月，四川全省陆续已有 60 个文旅项目投入运营，为全省旅游经济的强势复苏奠定了坚实的基础。

2023 年春节刚过，全国首辆双层话剧巴士就在成都亮相。巴士从春熙路出发，途经大慈寺、城市音乐厅、九眼桥、东风大桥等成都地标景点，乘客不仅可以在巴士上赏美景、品美食，还能欣赏到沉浸式话剧表演。该产品一经推出，立即引来众多游客打卡体验。

截至 2023 年 4 月，松潘县建成上磨村、牟尼沟村等 10 个精品旅游村寨，完成了 17 个乡镇的 25 个特色微景观打造，形成了集休闲旅游观光、生态康养、乡村亲子互动等多功能于一体的绿色旅游产品体系，培育出了一批批具有互动性的体验项目。2023 年上半年，松潘的旅游收入创新高，独具民族特色的旅游产品深受游客青睐。

2. 营销创新精彩不断

四川省高度重视旅游营销。2023 年以来，全省各地各级文旅部门狠抓宣传营销，吸引众多游客走进四川，助力全省旅游经济快速复苏。

四川省文化和旅游厅延续 2022 年组织开展的"市（州）文旅主题宣传月"活动，进一步扩大文旅宣传推广，持续提升巴蜀文化影响力和四川旅游吸引力。截至 2023 年 7 月，该活动已先后走进绵阳、南充、内江、自贡等地区，有力拉动了当地旅游消费。

2023 年 3 月，眉山市启动 2023"寻美乡村·乐游眉山"大型乡村旅游季活动，各区县、各景区举办多场特色文旅活动，做到了"月月有节庆"，吸引了众多游客走进眉山踏青赏花、休闲度假。眉山市文化广播电视和旅游局局长王枫介绍，2023 年乡村旅游季吸引各地游客超过 1 000 万人次，有效带动全市文旅消费强劲复苏。

以旅游节庆活动吸引游客的不仅仅是眉山市。2023 年春节假期，四川全省组织开展非遗传承、消费促进等六大类 2 000 余场（次）文化和旅游活动，让全省群众和广大游客在四川度过了一个独具巴蜀韵味、欢乐喜庆的中国年。为庆祝"5·19 中国旅游日"，四川全省各地采用线下线上相结合的方式，5 月份开展 300 余项文旅活动，受到市民游客的广泛欢迎。

与此同时，四川文旅还亮相西班牙国际旅游交易会、第 37 届香港国际旅游展、第八届中国西部旅游产业博览会等，并在陕西、江苏、湖北、重庆、河南等地进行旅游推介，推动旅游市场稳步回暖。

3. 夯实基础再创佳绩

2023 年以来，四川聚焦高质量发展首要任务，加快推动各项政策措施落地显效，谋划实施重点文旅项目，夯实产业发展基础，助力文化和旅游深度融合、高质量发展。

2023 年春节，四川游客接待量位居全国前列，取得"开门红"；五一国际劳动节假期，四川省旅游接待人次和旅游收入首次超过 2019 年同期水平；端午假期，全省旅游经济持续保持强劲复苏态势，创历史新高……面对大好形势，四川以务实举措推动旅游消费再上台阶，为经济社会全面发展添砖加瓦。

重大项目无疑是促进文旅消费提升的重要支撑。四川省文化和旅游厅提供的数据显示，2023 年上半年，该省 499 个重点文旅项目实际完成投资 582.45 亿元，投资完成率为56.04%，9 个项目实现新开工。全省文化和旅游领域 90 个项目成功发行地方政府专项债券 84.97 亿元。文旅重大项目的不断开工和运营，为四川旅游经济的可持续发展带来巨大活力。

为促进入境旅游市场快速复苏，四川省文化和旅游厅、省财政厅于 2023 年 5 月联合出台了《四川省发展入境旅游激励办法（试行）》，按照每个申报企业每年不超过 100 万元（含）予以激励，支持开拓入境旅游客源市场，提升入境旅游发展水平，推动入境旅游市场加快复苏。

2023 年 7 月上旬，四川省政府办公厅印发《四川省建设世界重要旅游目的地规划（2023—2035 年）》，明确提出对接国际标准，体现中国特色，凸显巴蜀文化，围绕打造国际范、中国味、巴蜀韵的世界重要旅游目的地，建设国际一流大熊猫生态旅游目的地、世界知名巴蜀文化旅游目的地、安逸四川生活体验旅游目的地、全球极高山最佳山地旅游目的地。

（来源：《中国旅游报》）

（三）返回住地阶段

当旅游者结束了旅游目的地全部游览活动之后，就开始踏上返回居住地的回家路，旅游者的角色将从旅游者转为普通居民。重新回到自己的居住地，并不意味着旅游消费行为的结束。人们尽管回到家中，但心未随自己的身体一起回来，在旅游过程中所发生的一切仍然萦绕在旅游者的心头，使旅游者难以平静，在向亲朋好友炫耀或诉说那些令人高兴而又难忘的经历或不愉快的事情时，继续享受着旅游的快乐或发泄不满，激动的情绪与正在恢复的日常生活同时存在于一个时空中，人们开始筹划下一次旅行。因为人们一旦经历过旅游，对旅游的向往就无法遏制。返回居住地后，旅游者在精神上也恢复了日常生活的秩序，旅游消费行为才算真正结束。

总之，旅游者在消费旅游服务后，会产生一定的心理感受，即对此次旅游活动所做的评价，一般包括满意、不满意、中性。旅游者的心理感受产生于旅游者实际感知的服务质量和对服务质量的期望。一般来说，如果实际服务质量与旅游者期望的服务质量相符，甚至超过，则旅游者会满意；反之，旅游者就会感到不满意。应当注意的是，旅游者购买旅游服务的过程也就是旅游者学习、增长经验的过程，这次的消费体验对下次的旅游消费决策将起到关键作用。旅游企业对任何顾客，尤其是首次购买服务的顾客应当自始至终提供优质的服务，这是他们再次光临的基础。

单元四　旅游者的行为规定

一、旅游者的不文明行为及文明公约

（一）旅游者的不文明行为

按照原国家旅游局 2016 年发布的《旅游不文明行为记录管理暂行办法》的规定，中国游客在境内外旅游过程中发生的因违反境内外法律法规、公序良俗，造成严重社会不良影响的行为，纳入"旅游不文明行为记录"。其主要包括以下几项：

视频：景区不文明行为何时止

（1）扰乱航空器、车船或其他公共交通工具秩序。
（2）破坏公共环境卫生、公共设施。
（3）违反旅游目的地社会风俗、民族生活习惯。
（4）损毁、破坏旅游目的地文物古迹。
（5）参与赌博、色情、涉毒活动。
（6）不顾劝阻、警示从事危及自身与他人人身财产安全的活动。
（7）破坏生态环境，违反野生动植物保护规定。
（8）违反旅游场所规定，严重扰乱旅游秩序。
（9）国务院旅游主管部门认定的造成严重社会不良影响的其他行为。

因监护人存在重大过错导致被监护人发生旅游不文明行为，将监护人纳入"旅游不文明行为记录"。

（二）中国公民旅游文明行为公约

为提高公民文明素质，塑造中国公民良好国际形象，中央文明办、原国家旅游局联合颁布了《中国公民出境旅游文明行为指南》和《中国公民国内旅游文明行为公约》。

1.《中国公民出境旅游文明行为指南》

外交部领事司谨提醒每位公民出境旅游时要努力践行《中国公民出境旅游文明行为指南》，克服旅游陋习，倡导文明旅游行为。该指南内容如下：

中国公民，出境旅游；注重礼仪，保持尊严。
讲究卫生，爱护环境；衣着得体，请勿喧哗。
尊老爱幼，助人为乐；女士优先，礼貌谦让。

出行办事，遵守时间；排队有序，不越黄线。

文明住宿，不损用品；安静用餐，请勿浪费。

健康娱乐，有益身心；赌博色情，坚决拒绝。

参观游览，遵守规定；习俗禁忌，切勿冒犯。

遇有疑难，咨询领馆；文明出行，一路平安。

2.《中国公民国内旅游文明行为公约》

营造文明、和谐的旅游环境，关系到每位游客的切身利益。做文明游客是我们大家的义务，请遵守以下公约：

（1）维护环境卫生。不随地吐痰和口香糖，不乱扔废弃物，不在禁烟场所吸烟。

（2）遵守公共秩序。不喧哗吵闹，排队遵守秩序，不并行挡道，不在公众场所高声交谈。

（3）保护生态环境。不踩踏绿地，不摘折花木和果实，不追捉、投打、乱喂动物。

（4）保护文物古迹。不在文物古迹上涂刻，不攀爬触摸文物，拍照摄像遵守规定。

（5）爱惜公共设施。不污损客房用品，不损坏公用设施，不贪占小便宜，节约用水用电，用餐不浪费。

（6）尊重别人权利。不强行和外宾合影，不对着别人打喷嚏，不长期占用公共设施，尊重服务人员的劳动，尊重各民族宗教习俗。

（7）讲究以礼待人。衣着整洁得体，不在公共场所祖胸赤膊；礼让老幼病残，礼让女士；不讲粗话。

（8）提倡健康娱乐。抵制封建迷信活动，拒绝黄、赌、毒。

二、旅游者的权利和义务

依据《中华人民共和国旅游法》（以下简称《旅游法》）的相关规定和精神，原国家旅游局于2013年9月10日发布了《旅游者的主要权利和义务指南》，提出旅游者享有如下权利和义务。

（一）旅游者的主要权利

1. 知悉真情权

旅游者有权知悉其购买的旅游产品和服务的真实情况。旅游者有权就包价旅游合同中的行程安排、成团最低人数、服务项目的具体内容和标准、自由活动时间安排、旅行社责任减免信息，以及旅游者应当注意的旅游目的地相关法律、法规和风俗习惯、宗教禁忌，依照中国法律不宜参加的活动等内容，要求旅行社作详细说明，并有权要求旅行社在旅游行程开始前提供旅游行程单。

2. 拒绝强制交易权

旅游者有权自主选择旅游产品和服务，有权拒绝旅游经营者的强制交易行为。旅行社未与旅游者协商一致或未经旅游者要求，指定购物场所、安排旅游者参加另行付费项目，以及旅行社的导游、领队强迫或者变相强迫旅游者购物、参加另行付费项目的，旅游者有权拒绝，也可以在旅游行程结束后30日内，要求旅行社为其办理退货并先行垫付退货货款、退还另行付费项目的费用。

3. 合同转让权

除旅行社有正当的拒绝理由外，旅游者有权在旅游行程开始前，将包价旅游合同中自身的权利义务转让给第三人，因此增加的费用由旅游者和第三人承担。

4. 合同解除权

包价旅游合同订立后，因未达到约定人数不能出团时，旅游者不同意组团社委托其他旅行社履行合同的，有权解除合同，并要求退还已收取的全部费用。

旅游行程结束前，旅游者解除合同的，组团社应当在扣除必要的费用后，将余款退还旅游者。

因不可抗力或者旅行社、履行辅助人已尽合理注意义务仍不能避免的事件，导致旅游合同不能继续履行，旅行社和旅游者均可以解除合同；导致合同不能完全履行，旅游者不同意旅行社变更合同的，有权解除合同；合同解除的，旅游者有权获得扣除组团社已向地接社或者履行辅助人支付且不可退还的费用后的余款。

5. 损害赔偿请求权

旅游者有权要求旅游经营者按照约定提供产品和服务。旅游者人身、财产受到损害的，有依法获得赔偿的权利。

景区、住宿经营者将其部分经营项目或者场地交由他人从事住宿、餐饮、购物、游览、娱乐、旅游交通等经营的，旅游者有权要求景区、住宿经营者对实际经营者给旅游者造成的损害承担连带责任。

旅行社具备履行条件，经旅游者要求仍拒绝履行合同，造成旅游者人身损害、滞留等严重后果的，旅游者还可以要求旅行社支付旅游费用 1 倍以上 3 倍以下的赔偿金。

6. 受尊重权

旅游者的人格尊严、民族风俗习惯和宗教信仰应当得到尊重；旅游者有权要求旅游经营者对其在经营活动中知悉的旅游者个人信息予以保密。

7. 安全保障权

旅游者有权要求旅游经营者保证其提供的商品和服务符合保障人身、财产安全的要求。

旅游者有权要求为其提供服务的旅游经营者就正确使用相关设施设备的方法、必要的安全防范和应急措施、未向旅游者开放的经营服务场所和设施设备、不适宜参加相关活动的群体等事项，以明示的方式事先向其作出说明或者警示。

8. 救助请求权

旅游者在人身、财产安全遇有危险时，有权请求旅游经营者、当地政府和相关机构进行及时救助；中国出境旅游者在境外陷于困境时，有权请求我国驻当地机构在其职责范围内给予协助和保护。

9. 协助返程请求权

包价旅游合同在旅游行程中被解除的，旅游者有权要求旅行社协助旅游者返回出发地或者旅游者指定的合理地点，由于旅行社或者履行辅助人的原因导致合同解除的，旅游者有权要求旅行社承担返程费用。

10. 投诉举报权

旅游者发现旅游经营者有违法行为的，有权向旅游、工商、价格、交通、质监、卫生等相关主管部门举报；旅游者与旅游经营者发生纠纷的，有权向相关主管部门或旅游投诉受理机构投诉、申请调解，也可以向人民法院提起诉讼。

（二）旅游者的主要义务

1. 文明旅游义务

旅游者在旅游活动中应当遵守社会公共秩序和社会公德，尊重当地的风俗习惯、文化传统和宗教信仰，爱护旅游资源，保护生态环境，遵守旅游文明行为规范。

2. 不损害他人合法权益的义务

旅游者在旅游活动中或者在解决纠纷时，不得损害当地居民的合法权益，不得干扰他人的旅游活动，不得损害旅游经营者和旅游从业人员的合法权益；造成损害的，依法承担赔偿责任。

3. 个人健康信息告知义务

旅游者购买、接受旅游服务时，应当向旅游经营者如实告知与旅游活动相关的个人健康信息，审慎选择参加旅游行程或旅游项目。

4. 安全配合义务

旅游者应当遵守旅游活动中的安全警示规定，不得携带危害公共安全的物品。

旅游者对国家应对重大突发事件暂时限制旅游活动的措施以及有关部门、机构或者旅游经营者采取的安全防范和应急处置措施，应当予以配合；违反安全警示规定，或者对国家应对重大突发事件暂时限制旅游活动的措施、安全防范和应急处置措施不予配合的，依法承担相应责任；接受相关组织或者机构的救助后，应当支付应由个人承担的费用。

5. 遵守出入境管理义务

出境旅游者不得在境外非法滞留，入境旅游者不得在境内非法滞留；随团出、入境的旅游者不得擅自分团、脱团。

 知识链接

"民法典时代"旅游更美好

2020 年 5 月 28 日，十三届全国人大三次会议表决通过了《中华人民共和国民法典》（以下简称《民法典》），自 2021 年 1 月 1 日起施行。新中国历史上第一部以法典命名的法律，也是真正属于中国人民自己的民法典诞生了，经过 60 余年民事立法探索，我国的民法制度将迎来"民法典时代"。

《民法典》被称为"社会生活的百科全书""市场经济的基本法"。《民法典》共 7 编、1 260 条，各编依次为总则、物权、合同、人格权、婚姻家庭、继承、侵权责任，以及附则，总计十万余字。《民法典》颁布后，对于层出不穷的旅游新业态是否作出了明确的规范？将会对旅游业发展带来哪些影响？

"民法是包括旅游在内的民事领域的基础性、综合性法律。《民法典》生效后，我国现行的民法总则、物权法、婚姻法、合同法、侵权责任法等相关法律都将被替代，意味着法律人现有的知识体系将发生重大变化。"《旅游法》起草人之一、北京第二外国语学院文化旅游政策法规中心副主任王天星认为，"除其中的婚姻家庭、继承编外，《民法典》的其他部分与每一个旅游者、旅游经营者的权益息息相关。"

住酒店被偷拍怎么办？手机 App 订票暴露过多个人信息怎么办？交通工具上遭遇霸座怎么办？……在《民法典》中，一系列旅游者关心的问题都能找到答案。

王天星介绍，其实，对于旅游者权益保护，在 2013 年颁行的《旅游法》中就作了比较集中的规定。但是，对于旅游者个人的隐私保护，限于《旅游法》立法之时人们对个人隐私的认识程度，并没有对宾馆、民宿等旅游者在外旅游期间的私密空间保护作出针对性的规定。在他看来,《民法典》对于包括旅游者在内的自然人的隐私权保护,更详细、更具体、更有力度。

据了解,在《民法典》人格权编中,对自然人的隐私权及其保护作出详尽的规定。除法律另有规定或权利人明确同意外,任何组织或者个人不得实施下列行为,如进入、窥视、拍摄他人住宅、宾馆房间等私密空间。"隐私权是旅游者的一项重要的人格权。近年来频发的宾馆、民宿客房安装摄像头偷拍,带来了隐私权保护的新问题。《民法典》的上述规定,有利于强化旅游者隐私权,彰显旅游者隐私权保护的重要意义,对于遏制、防范、惩戒侵害旅游者隐私权的行为,必将发挥重要的作用。"王天星认为,"这些规定直面新时代公民个人权利面临的现实挑战,表达了新时代中国民法典对人格权保护的鲜明态度,回应了大众旅游时代人们对入住宾馆期间个人隐私可能被侵犯的担心与顾虑。"

洛阳师范学院校长梁留科认为,《民法典》为消费者维权提供了更加有力的法律支持,也意味着宾馆经营者应当自行采取排查摄像头等手段,履行安全保障义务,杜绝偷拍事件发生,若宾馆经营者未尽到安全保障义务,造成他人损害,将依法承担相应的补充赔偿责任。

"《民法典》从多个方面对民事主体行为进行规范,特别是对社会关注度较高的不文明旅游、霸座等问题作出回应。"重庆静昇律师事务所主任律师彭静指出,"《民法典》合同编中明确规定,旅客应当按照有效客票记载的时间、班次和座位号乘坐,这意味着承运人应当按照有效客票内容,严格履行安全运输义务。同时,旅客对承运人为安全运输所作的合理安排应当积极协助和配合。"另外,《民法典》侵权责任编也规定,因污染环境、破坏生态造成他人损害的,侵权人应当承担侵权责任。"这就要求游客应当按照与旅行社的合同约定,遵循景区管理规定,严格履行作为合同相对方的义务,不得随意丢弃生活垃圾、破坏景区景观设施、实施对自身和他人合法权益存在潜在危险的行为等,要秉持契约精神,提高文明意识和安全意识。"

"《民法典》在合同编部分明确禁止'霸座''抢方向盘'等行为,旨在营造良好的出行秩序和公共安全环境。运用法治思维和法治方式处理群众在日常生活中的不文明行为和违反公序良俗行为,可以化解矛盾、维护稳定。"北京国家会计学院院长秦荣生说。

(来源:《中国旅游报》)

 拓展阅读

做好文明旅游工作 助力社会文明建设

文明旅游工作是一项长期任务,近年来,我国文明旅游工作水平持续提升,文明旅游理念日渐深入人心。2023年2月,文化和旅游部办公厅发布《关于做好2023年文明旅游工作的通知》,要求把工作做到实处、推向深处。全国两会期间,部分代表委员围绕做好文明旅游工作建言献策。

"旅游是为了获得愉悦的感受,文明可以给游客提供良好的参观和游乐氛围,使游客获得更好的旅游体验。"全国人大代表、云冈研究院院长杭侃介绍,云冈石窟制定了标准化的服务流程,景区旅游环境得到大幅度

知识拓展:
文明旅游形象符号

改善，游客的文明程度在不断提高。

"感到欣慰的是，如今的云冈游人如织，科研人员也纷至沓来。游客在云冈之旅中，能品读各民族交往交流交融的历史内涵，能感悟中华文化的博大精深。"杭侃说，"云冈石窟的文明守护靠的是大家。未来，我们将持续做好云冈石窟保护工作，发挥好云冈石窟作为世界遗产的价值，实现好文化遗产的传承。"

"我在故宫工作快40年了，亲身经历了陶瓷馆4次比较重大的展陈提升工作，每一次都让文物更好地呈现在游客面前。建议游客在参观前做功课，了解古陶瓷或古玉器方面的知识，然后再到现场参观，这样可能会有更多的收获。参观时，要保持好良好的秩序，不要妨碍别人参观，也不要大声喧哗，遵守参观须知，文明参观。"全国政协委员、故宫博物院器物部主任吕成龙说，"安全是一切文物工作的基础。每次布展时，我们都会要求工作人员注重文物保护，做好文明旅游引导工作，让宣传文物保护、倡导文明旅游的理念自然而然地融入市民游客心中。"

"党的二十大报告指出，'统筹推动文明培育、文明实践、文明创建，推进城乡精神文明建设融合发展'。游客的文明行为是公民文明素质和社会文明程度的重要体现。近年来，全国上下持续加大文明旅游宣传力度，但是不文明旅游现象依然屡有发生，持续提升游客文明素质任重道远。"全国人大代表、福建省戏剧家协会副主席、福建省实验闽剧院院长周虹说。

周虹建议，一要建立相应的惩戒机制。近年来，很多地方建立了"黑名单"，出台了旅游不文明行为记录制度，对不文明行为出重拳，可构建"一处受罚，处处受限"的联合惩戒工作机制，从法律法规层面加强对不文明游客的约束和惩戒力度，提升公民文明旅游意识。二要加大宣传推广力度，寓文明引导于文化和旅游产品之中，以"润物无声"的方式引导游客提升文明旅游意识。近年来，福建省实验闽剧院深入景区、乡村开展文明旅游宣传，通过发放宣传页、有奖答题等形式吸引游客关注文明旅游信息，了解文明旅游知识。同时，还通过扮演闽剧经典人物形象宣传文明旅游，吸引市民游客关注，引导游客赏闽剧、增知识两不误。三要提升旅游从业人员文明旅游服务能力，强化文明旅游引导与管理，共同营造文明和谐、安全有序的旅游环境。

"一些游客的不文明行为既扰乱了景区正常秩序，又影响了其他游客的参观体验。"全国人大代表，湖北省黄冈市红安县黄麻起义和鄂豫皖苏区纪念园讲解员程星认为，宣传文明旅游理念是培育和践行社会主义核心价值观、助力精神文明建设的重要途径，对于促进和谐社会建设、形成良好社会风尚具有重要作用。"文明旅游宣传是一个长期过程，需要各方合力，让文明旅游理念深入人心。同时，践行文明旅游理念也需要人人参与，并发自内心认识到文明旅游的重要性。"

程星建议，一要加强文明旅游宣传教育，通过网络平台曝光游客不文明行为，加强警示教育。采取人民群众喜闻乐见的方式，推出卡通漫画、特色讲解等形式，向更多市民游客宣传文明旅游理念。二是营造良好氛围。建议将社会主义核心价值观体现到旅游行为规范中，并出台相应政策，对游客不文明行为进行监管，更好地提升文明旅游环境。同时，还可以通过设置文明旅游宣传标语牌、宣传画等，在潜移默化中宣传推广文明旅游理念。

（来源：《中国旅游报》）

模块小结

世界各国对国际旅游者进行界定多以罗马会议定义或世界旅游组织定义为基准。对国内旅游者，各国则有不同的定义和统计口径。旅游者的产生取决于个人可自由支配的收入水平、足够的闲暇时间、旅游动机和其他条件。旅游决策、旅途及目的地享乐、返回家园是旅游者消费行为过程的三个阶段，旅游者在旅游过程中的不同阶段具有不同的心理需求。另外，旅游者在旅游过程中应遵守一定的行为规定。本模块的知识结构图如图 3-1 所示。

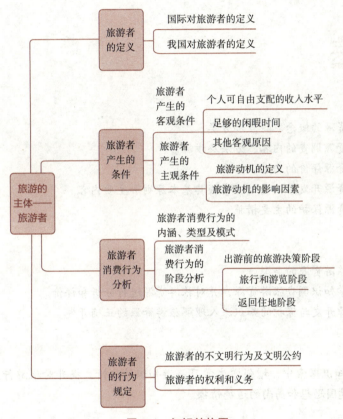

图 3-1　知识结构图

思考与实践

1. 我国自 1999 年开始实行"黄金周"长假以来，远程旅游开始兴起。但"黄金周"出现了许多弊端，如服务质量的下降，交通事故的上升，生态环境的破坏等。因此，专家提出取消"黄金周"，提倡"带薪假日"，你如何看待这一提议？

2. 选择一个旅游景点，对游客进行实地调查，了解他们出游原因及动机，分析他们所属旅游者的类型和特点，整理成调查报告或论文。

模块四　旅游的客体——旅游资源

 学习目标

> **知识目标**

1. 掌握旅途资源的概念、特点和分类。
2. 熟悉旅游资源调查的内容、方法及步骤。
3. 熟悉旅游资源评价的内容、方法。
4. 了解旅游资源开发的必要性，掌握其基本原则和主要内容。
5. 明确旅游资源保护的主要措施。

> **能力目标**

1. 能够辨别旅游资源的类型。
2. 能够用所学知识调查旅游资源，并对旅游资源进行分析和评价。
3. 用旅游资源开发与保护的知识深入理解旅游资源的正确开发。

> **素养目标**

在旅游资源知识探索中，增强学生学习旅游知识的热情，提升对旅游行业的认同感，同时，培养学生的爱国思想和高尚的道德情操。

案例导学

沙漠旅游弥补短板、壮大产业

新疆沙漠面积约为43万平方千米，占全国沙漠总面积的60%，有全球第二大流动沙漠塔克拉玛干沙漠、全国第二大沙漠古尔班通古特沙漠等。新疆维吾尔自治区文化和旅游厅积极引导各地依托沙漠旅游资源，不断丰富沙漠文化旅游产品，推出6家沙漠旅游景区、10条沙漠线路为"全国旅游精品目的地""全国沙漠旅游精品线路"。博湖县第二届沙漠文化旅游节暨"豪帅杯"沙漠越野拉力赛吸引百名选手参加，接待疆内外游客5万余人次；巴楚县"春探古道"之白沙山T2沙漠越野挑战赛近百名选手参加，接待疆内外游客约1万人。

为进一步加大对新疆沙漠旅游资源的开发和宣传推广，提高沙漠旅游、探险旅游影响力，联合中国探险协会举办"横穿塔漠"活动，开展了启动仪式、"尼雅论坛—户外活动零废弃""保护文化多样性公益活动""引流百万游客打卡新疆沙漠、培训千名探险领队"启动仪式暨签署战略合作框架协议活动、庆祝仪式 5 场活动，央视进行了 8 场直播，上千家媒体网络进行了刊载和转发，观看、阅读量超过 5.7 亿次。

沙漠旅游的发展将弥补新疆旅游季节性短板，进一步推动沙漠和探险旅游产业提档升级，壮大新疆特色优势产业。

思　考：沙漠为什么能作为旅游资源进行开发？

单元一　旅游资源的基本概念

一、旅游资源的概念

资源是指生产资料或生活资料的来源，如水资源、森林资源、煤炭资源等，是社会生活的重要组成部分。

旅游资源是资源的一种，是随着旅游业的发展而产生的，并且是旅游构成要素中的重要组成部分——旅游客体。

目前，对于旅游资源的定义在国内外研究中存在着多种分歧，各自的出发点和侧重点不同。这里主要选择其中 5 种典型代表进行介绍。

（1）"旅游资源就是吸引人们前来游览、娱乐的各种事物的原材料。这些原材料可以是物质的，也可以是非物质的，它们本身不是游览的目的物和吸引物，必须经过开发才能成为有吸引力的事物。"

这个定义注意到了非物质性的旅游吸引物。

（2）"凡是能为人们提供旅游观赏、知识乐趣、度假疗养、娱乐休息、探险猎奇、考察研究，以及人们之间友好往来和消磨时间的客体和劳务都可以称为旅游资源。"

这个定义突出了旅游资源的劳务属性。

（3）"旅游资源是在现实条件下，能够吸引人们产生旅游动机并进行旅游活动的各种因素的总和。"

这个定义简洁，但却涵盖了人类全部旅游活动中旅游者心目中的旅游资源。

（4）"旅游资源是指对旅游者具有吸引力的自然存在和历史文化遗产以及直接用于旅游目的的人工创造物。"

这个定义的价值在于，作者注意了旅游资源的 3 个层次，特别是对当代发展旅游产业而开发的人工创造物的重视。

（5）"旅游资源因可以向旅游者提供审美和愉悦的凭借而对旅游者具有某种吸引力。不具有这种吸引力的资源不能算旅游资源。旅游资源作为一种形态，它主要存在于一种潜在的待开发状态，同时，也包括已经开发但尚未耗竭其旅游价值的那一部分资源。旅游资源是先旅游而存在的自然或人文因素。旅游资源无论是单体还是复合体，都依托于一定的地域空间，是绝对不能移动的。"

这个定义最大的亮点在于避免了把旅游资源与旅游产品混为一谈，特别是避免了将旅游资源和为旅游目的而建造的那些主题公园一类景点混为一谈。

本书从资源的概念和旅游活动的特殊性出发，采用 2018 年 7 月 1 日开始实施的《旅游资源分类、调查与评价》（GB/T 18972—2017）中对旅游资源的定义："自然界和人类社会凡能对旅游者产生吸引力，可以为旅游业开发利用，并可产生经济效益、社会效益和环境效益的各种事物和现象。"基于这一概念，可以从以下 4 个方面理解和认识旅游资源。

（1）旅游资源的本质属性是对旅游者产生吸引力。只有那些能对旅游者产生吸引力，从而激发其外出旅游动机的事物和因素才能被称为旅游资源。人们的需求是多样的，导致人们外出旅游的动机也是多种多样的。由于旅游者旅游需求和旅游动机的多样性，旅游资源的吸引力在某种程度上是一种相当主观的东西。就某项具体的旅游资源而言，它可能对某些旅游者的吸引力很大，而对另一些旅游者的吸引力很小，甚至没有吸引力，这就说明旅游资源的吸引力具有定向性，只能吸引某些客源市场，而不可能对全部客源市场都具有同等的吸引力。因此，旅游资源的界定只能针对一定的游客群体和游客市场而言，在不同的历史时期，旅游资源的含义及吸引力的强弱和向性也都是不同的。

（2）旅游资源必须是可以被旅游业开发利用的。这意味着这些资源必须是可以通过合理开发，转化为旅游产品和服务，以吸引更多的游客前来参观和消费。

（3）旅游资源的开发利用必须能够产生经济效益、社会效益和环境效益。经济效益是指旅游业给当地经济带来的直接和间接收益，如酒店、交通、餐饮等行业的收入；社会效益是指旅游业给当地社会带来的正面影响，如提高当地知名度、促进文化交流、改善基础设施等；环境效益是指旅游业对当地环境的保护和改善，如保护自然景观、减少污染、改善生态环境等。

（4）旅游资源可以是物质形态的实在物，也可以是非物质形态的精神。旅游资源的范畴很广，它既包括物质形态的实物（如高山巨川、飞禽走兽、文物古迹和建筑园林），也包括非物质形态的精神的东西（如典故传说、文学艺术、民族风情和社会风尚等）。

二、旅游资源的特点

旅游资源作为一种特殊的资源，既具有普通资源的共性，又具有自己的个性。一般来说，认识并理解旅游资源的特点对旅游资源进行保护和开发都具有一定的帮助。

1. 观赏性和可认识性

旅游资源区别于其他资源的主要方面是其具有观赏性，通过游览体验，以使旅游者感受美的存在，并且从中得到美的享受。无论是自然旅游资源还是文化旅游资源，都具有这样的功能。例如，通过参观游览武陵源、"三江并流"等自然遗产，可以领略其特殊的自然风光，也能认识其形成原因，既有视觉上的美感，又有认识上的提高。对北京故宫、长城等历史文物古迹进行参观游览，感受历史的发展，人类社会的进步。

2. 可开发性和不可再生性

旅游资源是客观存在的，可以像其他资源一样被开发利用。旅游资源也只有被开发利用才能对游客形成强大的吸引力。但是旅游资源的开发利用也是有限度的，像森林资源、矿产资源一样，过分的开发利用也能减少其数量和质量。并且有的旅游资源如果开发利用不当，遭到破坏就无法再生。例如，古建筑、古村落的破坏就是不可修复的。

3. 地域性和整体性

旅游资源的空间分布有很明显的地域特征，不同的自然地理条件和社会条件形成了不同的旅游资源，形成了一定地域旅游资源的整体特征。例如，我国黄土高原的窑洞，就是借助地势，为了抵抗风沙和达到冬暖夏凉的目的而形成的独特的建筑。

4. 多样性和异质性

我国旅游资源丰富多样，各具特色。既有自然事物，也有社会活动；既可以是历史遗存，又可以是现代事物；既有自然旅游资源也有人文旅游资源；既有满足观光游览功能的，又有满足疗养康体功能的。各种旅游资源如都充分利用就能够满足各种旅游者的多种需求。

视频：江南
水乡——乌镇

5. 经济性和社会性

旅游业是国民经济中的第三产业，所以旅游资源的利用，与其他资源的利用一样，可以产生相应的经济效益，促进经济的发展。同时，还能产生一定的社会效益，通过对旅游资源的开发、利用、保护等，可以提高人们的思想认识、审美水平、环境保护意识等，对社会的可持续稳定发展起一定的促进作用。

三、旅游资源的分类

旅游资源是旅游业可持续发展的物质基础和旅游业生产力增长的潜力所在。因它涉及的范围广、种类繁多，有着极大的开发利用潜力，为了深入认识与研究旅游资源，使它更好地发挥经济效益、社会效益和生态效益，必须对旅游资源进行科学的分类。

根据不同的研究角度，旅游资源可划分为不同类型。

（一）按资源的属性和成因划分

按资源的属性和成因划分，旅游资源可分为自然旅游资源和人文旅游资源。

1. 自然旅游资源

自然旅游资源是依照自然发展规律天然形成的旅游资源，是由自然界中地理环境各要素和自然现象构成的。吸引人们前往进行旅游活动的自然景观，基本上是天然赋予的，在自然物上尽管有人类的加工、修饰和美化，但以自然景物为主。在自然旅游资源中，因构成物质或要素及形成发展过程不同，其成因、性质和表现形态也千差万别。

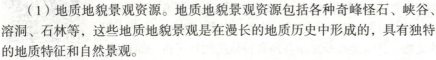

知识拓展：
远眺珠穆朗玛峰

（1）地质地貌景观资源。地质地貌景观资源包括各种奇峰怪石、峡谷、溶洞、石林等，这些地质地貌景观是在漫长的地质历史中形成的，具有独特的地质特征和自然景观。

其中，山峰是我国地质地貌景观资源的重要组成部分，如黄山、华山、泰山等众多名山，这些山峰有着独特的地貌特征和壮美的自然风光，吸引了众多游客前来登山、观光和探险，而世界屋脊——珠穆朗玛峰更是使旅游者神往。峡谷则是由于长时间的水流侵蚀和地质作用形成的，如长江三峡、云南虎跳峡等，这些峡谷两岸峭壁高耸，景色壮丽，成为旅游胜地。溶洞则是由于地下水侵蚀和溶蚀作用形成的，如桂林溶洞、贵州绥阳双河溶洞等，这些溶洞内有着各种奇特的石钟乳、石笋等地质景观，成为旅游探险的热门去处。石林则是由于石灰岩的溶蚀作用形成的，如云南石林、贵州万峰林等，这些石林内有着奇特的石柱、石塔等景观，成为旅游胜地。

知识拓展：
储存时间的
溶洞

（2）动植物资源。动植物资源既可以单独作为旅游资源，也可以与特定的地貌、环境结合起来作为旅游资源。

我国的动植物旅游资源非常丰富，包括各种野生动物、植物及其栖息地。其中，动物园、植物园、自然保护区等是动植物旅游资源的重要展示场所。我国的动物园有着丰富的动物品种，包括大熊猫、金丝猴、虎、长颈鹿等珍稀动物。每个动物园都有其特色和主题，如北京动物园、上海动物园等大型动物园，以及以动物表演、马戏表演等为特色的中小型动物园。植物园则是展示植物资源的场所，包括各种花卉、林木、草药等，如杭州西湖风景名胜区的灵隐寺、六和塔等。自然保护区则是保护野生动物和植物的重要场所，也是生态旅游的重要去处，如四川若尔盖湿地国家级自然保护区、广东内伶仃岛福田国家级自然保护区等。

知识拓展：
大熊猫为什么是
国宝？

除动物园、植物园和自然保护区外，我国还有许多以动植物为主题的旅游景点和主题公园，如华夏城、长隆欢乐世界、上海野生动物园等。这些景点和主题公园既有野生动物与植物的展示，也有互动体验和娱乐项目，吸引了众多游客前来参观和游玩。

（3）水文景观资源。我国的水文景观资源非常丰富，包括河流、湖泊、瀑布、泉水、湿地、海洋等各类水体。长江、黄河、珠江、淮河等每条河流都有其独特的自然风光和人文历史；鄱阳湖、洞庭湖、太湖、洱海等每个湖泊都有其独特的风貌和特色。黄果树瀑布、庐山瀑布等，或宽或窄，或高或低，有着不同的水文景观特点。北京的玉泉、济南的趵突泉等，或喷涌而出，或缓缓流淌，形成了独特的自然景观。我国的湿地资源如湿地公园、红树林等，成为生态旅游的重要去处。我国的海洋资源包括海岸线、海岛、海底景观等，成为潜水、游泳、海钓等水上活动的重要场所。

知识拓展：
长城到底有多长？

（4）气候景观资源。地球在宇宙中的运动而形成的各种特殊现象，如日食、月食等；海市蜃楼、极光等特殊的光现象；风、霜、雨、雪、雾凇、云海等形成的特殊气候景观等。

2. 人文旅游资源

人文旅游资源是人类社会在生存和发展过程中创造的可以被旅游业所开发利用的各种物质财富和精神财富的总和，既包括人类在历史上所形成的各种文化资源，也包括当代人正在利用和创造的文化资源。其主要有以下几种：

（1）历史古迹。不同时期遗存的古建筑、陵墓、宫殿、园林、水利工程等都是历史发展的证物，并且能充分显示各地各民族的独特风格。如长城、秦陵、北京故宫、苏州的四大园林、都江堰，以及宏村、西递等数量众多的古村落。

视频：旅游
资源——故宫

（2）宗教文化。宗教是一种社会历史现象，是人们在生产力低下的情况下产生的一种精神寄托，是一种高层次的文化范畴。随着人类社会的发展，宗教文化也日益丰富，与其相关的旅游资源也丰富多样，如宗教活动、宗教建筑和宗教艺术。

知识拓展：江苏
南京：秦淮灯会

（3）节庆活动。由各地的风俗习惯所形成的各种人文活动，如云南傣族的"泼水节"；承办各种重要会议和主办各种活动，如我国 2008 年在北京举办的奥运会、2022 年在北京举办的冬奥会等。

（4）主题公园。随着社会的发展，兴起的具有一定特色和游乐场所的人造公园或人造景点，如湖南长沙的世界之窗、深圳的锦绣中华、美国的迪士尼乐园。

（二）按资源的功能划分

按照资源的功能划分，旅游资源可分为以下五类：

（1）观光型资源。观光型资源主要是以观赏自然风光、人文景观、民俗风情等为主，如山水景观、古迹遗址、文化艺术、建筑园林等。

（2）知识型资源。知识型资源主要是以学习、探索、了解自然科学、社会科学、文化艺术等知识为主，如博物馆、科技馆、文化中心、自然保护区等。

（3）康乐型资源。康乐型资源主要是以休闲、娱乐、健身为主，如温泉、滑雪、漂流、攀岩、野营等。

（4）购物型资源。购物型资源主要是以购买特色商品、手工艺品等为主，如商业街、购物中心、特色市场等。

（5）参与型资源。参与型资源主要是以亲身体验、参与当地文化活动为主，如民俗表演、农业体验、手工艺制作等。

这些分类也不是绝对的，有些旅游资源可能具有多重功能，可以归属于不同的分类。

单元二　旅游资源的调查

旅游资源的调查是服务于旅游资源开发的前期基础工作，只有做好调查工作，旅游资源的开发才能够正常进行。

一、旅游资源调查的内容

旅游资源调查的内容复杂而繁多，涉及与旅游活动有关的方方面面。对旅游资源的调查既要注重旅游资源自身的各种情况，也要关注资源地外界环境的现状与发展变化，具体可以从以下几个方面展开：

（1）区域概况的调查，包括历史沿革、区位条件、自然地理、社会经济发展状况等。

（2）旅游资源状况的调查，既包括自然旅游资源和人文旅游资源的数量、规模、级别，还包括旅游资源的密度、地域组合、季节性等。

（3）环境状况调查，包括工程地质、水文、气象气候、生物、生态、土壤、地方病、多发病、流行病情况、放射性污染及电磁波的辐射等。

（4）开发利用条件调查，包括交通条件、旅游接待设施条件、水电供应条件、通信和医疗卫生条件、物资供应条件、游览路线条件及其他相应的条件。

（5）客源市场调查，对该区域旅游者来源地邻近资源及区域间资源的相互联系进行调查，分析该区域可能的客源市场和邻近旅游资源所产生的积极或消极的影响。

（6）调查当地居民和政府部门对旅游资源开发利用与保护的意见，分析现有及潜在的发展趋势。

二、旅游资源调查的方法

旅游资源调查的方法有多种，以下是常见的几种调查方法：

（1）文献资料调查。收集相关文献资料，包括历史文献、地方志、旅游指南、学术论文等，了解该地区或景点的历史沿革、文化传承、旅游资源等方面的情况。通过文献资料调查，可以获取到大量的基本信息，为后续的实地调查提供参考和依据。

（2）实地调查。派遣调查团队到现场进行实地勘察，通过观察、测量、拍照等方式，了解该地区或景点的自然资源、人文资源和服务资源等情况。实地调查可以获取到更为详细和准确的资料，能够对文献资料调查中获取的信息进行验证和补充。

（3）问卷调查。针对游客、旅游企业和当地居民等不同群体，设计问卷调查表，通过问卷调查的方式，了解他们对旅游资源的评价和需求。问卷调查可以帮助调查团队获取到受访者的意见和反馈，从而对旅游资源进行评价和评估。

（4）网络调查。利用互联网技术，开展网络调查，通过在线问卷的方式，收集公众对旅游资源的评价和需求。网络调查具有便捷、快速、范围广泛的特点，可以扩大调查样本的范围，提高调查的代表性和可信度。

（5）比较法。比较法是一种常用的调查方法，通过对不同地区或景点的旅游资源进行比较，可以了解该地区或景点的旅游资源特色和发展优势。比较法也可以为旅游资源的规划和管理提供参考与依据。

（6）统计分析法。统计分析法是一种通过对收集到的数据进行分析整理，得出相关结论的调查方法。通过对旅游资源的数量、分布、质量等方面进行统计分析，可以了解旅游资源的整体情况和发展趋势。

以上是常见的几种旅游资源调查方法，根据实际情况，调查方法也可以根据需要进行组合和优化。通过科学的调查方法，可以全面了解一个地区或景点的旅游资源情况，为旅游规划、开发和管理提供科学依据。

三、旅游资源调查的步骤

旅游资源调查的步骤可分为调查准备阶段、调查实施阶段、整理分析阶段三个阶段。

1. 调查准备阶段

（1）确定调查目的和任务。例如，了解一个地区或景点的旅游资源情况、评价旅游资源的开发潜力等。

（2）确定调查范围。根据需要，确定调查的具体区域或景点。

（3）制定调查方案：根据调查目的和任务，制定详细的调查方案，包括调查内容、方法、时间安排等。

（4）准备调查工具。根据调查方案，准备相应的调查工具，如文献资料、实地勘察工具、问卷调查表、网络调查平台等。

（5）培训调查团队。对调查团队进行培训，明确调查的目的和任务，掌握调查方法和技巧。

2. 调查实施阶段

旅游资源调查实施阶段是整个调查过程中最为关键的阶段。其主要工作内容包括以下几个方面：

（1）收集文献资料。在调查实施阶段，首先要收集相关文献资料，包括历史文献、地方志、旅游指南、学术论文等，了解该地区或景点的历史沿革、文化传承、旅游资源等方面的情况。这些文献资料可以为后续的实地调查提供参考和依据。

（2）实地调查。实地调查是旅游资源调查中最为重要的一步，通过派遣调查团队到现场进行实地勘察，了解该地区或景点的自然资源、人文资源和服务资源等情况。实地调查可以采用观察、测量、拍照、访谈等方式，获取详细、准确的资料，并对文献资料调查中获取的信息进行验证和补充。

（3）设计调查问卷。针对游客、旅游企业和当地居民等不同群体，设计问卷调查表，通过问卷调查的方式，了解他们对旅游资源的评价和需求。问卷调查可以帮助调查团队获取到受访者的意见和反馈，从而对旅游资源进行评价和评估。

（4）开展网络调查。利用互联网技术，开展网络调查，通过在线问卷的方式，收集公众对旅游资源的评价和需求。网络调查具有便捷、快速、范围广泛的特点，可以扩大调查样本的范围，提高调查的代表性和可信度。

（5）数据收集和整理。在调查实施过程中，要注意收集和整理相关的数据，包括旅游资源的数量、质量、分布、特色等方面的情况。这些数据可以为后续的整理分析和调查报告的编写提供基础资料。

在调查实施阶段，需要注意的是，要保证调查的客观性和准确性，避免主观臆断和片面性。同时，要遵守相关的法律法规和伦理规范，确保调查过程合法、合规。

3. 整理分析阶段

旅游资源调查整理分析阶段的主要工作内容包括以下几个方面：

（1）数据整理。对收集到的数据进行整理、分类，整理成表格或图形，便于进行分析。在整理过程中，要注意数据的准确性和完整性，避免出现数据误差和缺失。

（2）数据分析。对整理后的数据进行统计分析，分析数据的分布、相关性和规律等。数据分析可以帮助调查团队进一步了解旅游资源的分布、数量、质量等方面的情况，为后续的调查报告提供数据支持。

（3）结果可视化。将调查结果以图表、报告等形式进行可视化展示，便于相关人员理解和使用。结果可视化可以提高调查报告的可读性和易用性，使调查结果更加清晰、直观。

（4）编写调查报告。根据调查结果，编写调查报告，分析旅游资源的数量、质量、特色等方面的情况，提出相应的建议和措施。调查报告应该包括调查目的、方法、结果及结论等内容，可以为相关部门和公众提供科学、全面的旅游资源信息。

（5）发布调查结果。将调查报告和其他相关资料进行发布，供相关部门和公众使用。发布调查结果可以提高调查的影响力和使用价值，为旅游规划、开发和管理提供科学依据。

在整理分析阶段，需要注意的是，要保证数据的准确性和可信度，避免出现数据误差和失真。同时，要根据调查目的和实际情况，选择合适的数据分析方法和结果可视化方式，使调查结果更加清晰、直观、易于理解。

单元三　旅游资源的评价

旅游资源评价是依据不同地域的旅游资源的组合特点及由此而产生的质和量的差异来对旅游吸引力的大小进行的科学划分。包括确定一定地域范围内旅游资源的类型特征、空间结构、数量和质量等级、开发潜力和开发条件。其目的是通过对旅游资源的类型、规模、结构、质量、功能和性质的评估，为旅游区开发和改造提供科学依据，为合理利用旅游资源，发挥宏观效益提供可行性论证，为确定不同旅游地的建设顺序准备条件。

一、旅游资源评价的内容

旅游资源评价包括以下几项内容：

（1）评价旅游资源的特性与特色、价值与功能，以及节律性变化，反映旅游资源本身的质量品质。

（2）鉴定旅游资源的类型、数量、密度和承载容量，说明旅游资源的类别、数量、构成与丰富程度，反映旅游资源的规模水平。

（3）评价旅游资源的区位、自然生态、社会经济、投资施工和客源市场等开发利用环境条件，排列旅游资源的开发先后顺序。

（一）旅游资源的质量

1. 旅游资源特性与特色

任何类型的旅游资源都有自己独特的性质，即使完全同类的旅游资源，由于分布的地域场景差异，往往也各具特色。

2. 旅游资源的价值与功能

不同类型的旅游资源体现出不同的主体价值，旅游资源的价值往往与人的审美观和价值观休戚相关，通常是旅游资源质量和水平的反映。旅游资源的功能是旅游资源可供开发利用的特殊功用，它是旅游资源价值的具体体现。

3. 旅游资源的节律变化

旅游资源在一定时期受自然条件和人为影响所发生的有节奏的变化。旅游资源的节律变化必然影响到旅游活动，使之产生同样周期性的变动。

（二）旅游资源的规模

旅游资源的规模包含相互联系的两个方面，即旅游资源密度和旅游资源容量。旅游资源密度是指景区内可供观赏的景观资源的数量与集中程度，它可以用单位面积内的景观数量来衡量。旅游资源容量是指在保持旅游资源质量的前提下，一定时间内旅游资源所能容纳的旅游活动量。旅游资源容量一般用旅游资源的极限日容量来表示。旅游资源的极限日容量 $C = T/T_0 \cdot A/A_0$。其中，T 表示旅游资源的每个开放时间；T_0 表示人均每次利用时间；A 表示旅游资源空间规模；A_0 表示每人最低空间标准。

（三）旅游资源开发利用的环境条件

1. 旅游资源的区位环境条件

旅游资源的区位环境还体现在邻近关系上，包括旅游资源区与客源地的空间关系，与其他旅游资源区的相邻作用。旅游资源区与客源地的空间关系表现在两者之间的地理距离，包括交通方式和交通通道，以及旅行所用的时间、费用和里程。旅游资源区与其他旅游资源区的相邻作用表现在相互之间的互补关系和替代关系。

2. 旅游资源的自然生态环境条件

自然生态环境是构成旅游资源区整体感知形象的一个因素，是旅游活动的重要外部环境条件之一。自然生态环境包括旅游景区内旅游资源以外的自然生态环境；旅游地及其周围受旅游活动直接或间接影响的自然生态系统环境，可以说是旅游活动的大环境。

3. 旅游资源的社会经济环境条件

一个地域旅游资源的开发利用，必须有坚实的社会经济基础作后盾。影响旅游资源社会经济环境条件的因素很多，包括旅游接待地区的人口构成、宗教信仰、民情风俗、生活方式、社会开化程度、地区国民总收入、总消费水平、居民平均收入、主要经济部门的收入渠道、基础设施和旅游专用设施的容纳能力、投资和接受投资用于旅游开发的能力、当地产业中与旅游产业所能满足旅游需要的程度及区域外调人的可行性、区域所能投入旅游业的人力资源等。

4. 旅游资源的投资施工环境条件

投资环境包括国家政治局势、地区社会治安状态、地区政策、经济发展战略、给予投资者的优惠条件等。开发旅游资源还要考虑建设施工环境，因为施工场地的地质、地形、土质、气候等自然条件和供水、供电、设备、材料、食品等条件影响着施工进度、投资大小及受益早晚。

5. 旅游客源市场的环境条件

客源市场决定着旅游资源的开发规模和开发价值。

二、旅游资源评价的方法

总体而言，旅游资源的评价可以采用定性评价法和定量评价法。大多数情况下，各地旅游资源的评价都是采用两者相结合的评价方法。

（一）定性评价法

定性评价法是对旅游资源的美学价值、文化价值、科学价值、历史价值、环境质量、组合状况、区位条件、适应范围、旅游客量和开发条件进行描述性评价。定性评价法有一般体验评价法、美感质量评价法、美学评分法、资源—环境评价法和"三三六"评价法。运用最广的是"三三六"评价法。

"三三六"评价法是指对三大价值（历史文化价值、艺术观赏价值和科学考察价值）、三大效益（经济效益、社会效益、环境效益）和六大条件（景区的地理位置和交通条件、景物或景类的地域组合条件、景区旅游客量条件、施工难易条件、投资能力条件和旅游客源市场条件）的评价方法。

1. "三大价值"的评价

（1）历史文化价值。评价历史古迹，要看它的类型、年代、规模和保存状况及其在历史上的地位。例如，河北省赵州桥，外观很平常，但它是我国现存最古老的石拱桥，也是我国古代四大名桥之一（其他三桥是潮州湘子桥、山西娘子桥、福建洛阳桥），在世界桥梁史上占有重要的地位，因而有较大的历史文物价值。类似这种例子的评价在我国还多得很，如"五岳名山""四大佛教圣地""四大石窟""江南三大古楼"（岳阳楼、黄鹤楼、滕王阁）、"中国十大古刹""广东四大名园"（顺德清晖园、东莞可园、番禺余荫山房、佛山十二石斋）、"东北三大名山"（医巫闾山、千山、长白山），以及我国"文房四宝"（歙砚、徽墨、宣纸、湖笔）、我国古代"四大书院"（嵩阳书院、睢阳书院、白鹿洞书院、岳麓书院）等。

除这些在全国占重要地位的历史文化古迹外，许多风景名胜区还有不少题记、匾额、楹联、诗画、碑刻等，它们既是观赏的内容，也是珍贵的历史文化艺术。如岳阳楼，只因宋代范仲淹写了一篇有哲理、有意义的《岳阳楼记》后，使这座江南古楼名扬四海，无人不晓。

可见，古迹的历史意义是评价历史文物价值的主要依据。我国公布的国家级、省级、地区级、县级重点文物保护单位，就是根据它们的历史意义、文化艺术价值确定的。一般来说，越古老、越稀少就越珍贵；越出于名家之手，其历史文化价值就越大。

（2）艺术观赏价值。艺术观赏价值主要是指客体景象艺术特征、地位和意义。自然风景的景象属性和作用各不相同。其种类越多，构成的景象也越加丰富多彩。主景、副景的组合，格调和季相的变化，对景象艺术影响极大。若景象中具有奇、绝、古、名等某一特征或数种特征并存，则旅游资源的景象艺术水平就高；反之则低。

例如，华山以险为绝，泰山以雄为奇，庐山瀑布最著名，峨眉山三大自然景色（日出、云海、宝光），雁荡山四大奇观（峰、瀑、洞、石）和"三绝"（灵峰、灵岩、大龙湫瀑布）等。这些奇、绝、名、胜都是对风景旅游资源艺术景象的高度评价。评价的时候有三点需要注意：第一是地方色彩的浓郁程度，即个性的强弱程度；第二是历史感的深浅；第三是艺术性的高低。旅游规划人员要善于运用上述原则，确定其艺术观赏级别和价值。

（3）科学考察价值。科学考察价值是指景物的某种研究功能，在自然科学、社会科学和教学上各有什么特点，为科教工作者、科学探索者和追求者提供现场研究场所。我国有许多旅游资源在世界和中国具有高度的科学技术水平，获得了中外科学界的赞誉。

例如，北京在旅游资源方面，不仅数量居全国各大城市首位，而且许多是全世界、全国最富科学价值的文物古迹。这些旅游资源，科技价值涉及数十个专业，可供国家从事不同专业的科教工作者作为研究考察的对象。由于这一原因，国内外许多名家对北京作了高度的评价，如称其为"中国二十四个历史文化名城之首""北京古城设计匀称明朗，是世界奇观之一，是一个卓越的纪念物，一个伟大文明的顶峰""北京是地球表面上人类最伟大的个体工程""北京是世界上最富有魔力的三个城市之一，是记录时代的城市"。

2. "三大效益"的评价

三大效益是指经济效益、社会效益和环境效益。经济效益主要包括风景资源利用后可能带来的经济收入。这种评估必须实事求是，不能夸大和缩小。因为它是风景区开发可行性的重要条件。社会效益是指对人类智力开发、知识储备、思想教育等方面的功能。它可以给游人哪些知识、赋予何种美德，这些都需要进行科学的评价。环境效益是指风景资源的开发，是否会导致环境、资源的破坏。旅游规划人员可以通过综合考察，分析各种利弊条件，对风景区的环境效益作出评估。

3. "六大条件"的评价

（1）地理位置及交通条件。地理位置是确定景区开发规模、选择路线和利用方向的重要因素之一。它不仅影响风景的类型和特色，还影响旅游市场客源。

（2）景象的地域组合条件。景象的地域组合条件是评价旅游资源的又一重要指标。风景名胜固然驰名，但地域组合分散，景点相距遥远，或位置偏僻，交通不便，可进入性差，就大大降低了它的旅游价值，也影响了它的开发程序。例如，桂林之所以成为著名的旅游区，就是因为桂林的风景点相对地比较集中，又有漓江环绕，山水组合成浑然一体，加上可进入性条件好，故桂林旅游资源观赏价值极高。相对而言，四川兴文地区，是我国新发现的"石林洞乡"，岩溶风光很美，但位置偏远，交通不便，景点分散，又缺乏像漓江那样联系各景点的水上交通线，人们从东部地区进入，需要花费较多的时间与旅费，从而影响了它的旅游价值的实现。

（3）景区旅游容量条件。景区旅游容量条件是指旅游资源自身或其所在地在瞬间所能容纳的合理的游人数量。并非在同一旅游地内接待的游人越多越好。如果超过了合理的旅游容量，结果会适得其反。

（4）施工难易条件。施工难易条件也成为旅游资源评价的重要方面。某些地方的旅游资源等级高、价值大，但在当前的技术水平条件下，施工难度很大，因此能够开发的机会不大。

（5）投资能力条件。资金是旅游开发的重要前提与基础。旅游资源的开发，特别是在开发初期需要大量的资金。如果投资能力有限或根本没有投资能力，旅游资源只能是"处在深山人未知"的境况。但是当地政府可以通过招商引资等方式，吸引投资或通过第三方加大投入力度。

（6）旅游客源市场条件。旅游资源评价的目的是为旅游资源开发做准备，提供科学的依据。旅游资源开发最终是要投放市场，面向旅游者，得到旅游者的认可。因此，在旅游资源评价时要考虑到旅游客源市场条件。客源市场条件会影响到旅游资源的开发程度和开发方向。

（二）定量评价法

定量评价是指通过统计、分析、计算，用具体的数量来表示旅游资源及其环境等级的方法。与定性评价相比，定量评价具有指标数量化、评价模型化、标准评定公众化等特点，结果更直观、更准确。定量评价法有单因子评价法、综合性多因子评价法、共有因子综合评分法。下面以共有因子综合评分法进行说明。

共有因子综合评分法是《旅游资源分类、调查与评价》（GB/T 18972—2017）中采用的方法，依据旅游资源共有因子综合评价系统赋分，进行打分评价。本系统设评价项目和评价因子两个档次，评价项目为资源要素价值、资源影响力、附加值，其中，资源要素价值项目含观赏游憩使用价值，历史文化科学艺术价值，珍稀奇特程度，规模、丰度与概率，完整性五项评价因子。资源影响力项目中含知名度和影响力、适游期或使用范围两项评价因子，附加值含环境保护与环境安全一项评价因子。

评价项目和评价因子用量值表示。资源要素价值和资源影响力总分值为100分，其中，资源要素价值为85分，分配如下：观赏游憩使用价值为30分，历史文化科学艺术价值为25分，珍稀奇特程度为15分，规模、丰度与概率为10分，完整性为5分。资源影响力为15分，其中，知名度和影响力为10分、适游期或使用范围为5分。附加值中的环境保护与环境安全分正分和负分，每一评价因子分为四个档次，其因子分值相应分为四档。旅游资源评价赋分标准见表4-1。

表4-1　旅游资源评价赋分标准

评价项目	评价因子	评价依据	赋值/分
资源要素价值（85分）	观赏游憩使用价值（30分）	全部或其中一项具有极高的观赏价值、游憩价值、使用价值	22～30
		全部或其中一项具有很高的观赏价值、游憩价值、使用价值	13～21
		全部或其中一项具有较高的观赏价值、游憩价值、使用价值	6～12
		全部或其中一项具有一般观赏价值、游憩价值、使用价值	1～5

评价项目	评价因子	评价依据	赋值/分
	历史文化科学艺术价值（25分）	同时或其中一项具有世界意义的历史价值、文化价值、科学价值、艺术价值	20～25
		同时或其中一项具有全国意义的历史价值、文化价值、科学价值、艺术价值	13～19
		同时或其中一项具有省级意义的历史价值、文化价值、科学价值、艺术价值	6～12
		历史价值或文化价值或科学价值或艺术价值具有地区意义	1～5
	珍稀奇特程度（15分）	有大量珍稀物种，或景观异常奇特，或此类现象在其他地区罕见	13～15
		有较多珍稀物种，或景观奇特，或此类现象在其他地区很少见	9～12
		有少量珍稀物种，或景观突出，或此类现象在其他地区少见	4～8
		有个别珍稀物种，或景观比较突出，或此类现象在其他地区较多见	1～3
	规模、丰度与概率（10分）	独立型旅游资源单体规模、体量巨大；集合型旅游资源单体结构完美、疏密度优良；自然景象和人文活动周期性发生或频率极高	8～10
		独立型旅游资源单体规模、体量较大；集合型旅游资源单体结构很和谐、疏密度良好；自然景象和人文活动周期性发生或频率很高	5～7
		独立型旅游资源单体规模、体量中等；集合型旅游资源单体结构和谐、疏密度较好；自然景象和人文活动周期性发生或频率较高	3～4
		独立型旅游资源单体规模、体量较小；集合型旅游资源单体结构较和谐、疏密度一般；自然景象和人文活动周期性发生或频率较小	1～2
	完整性（5分）	形态与结构保持完整	4～5
		形态与结构有少量变化，但不明显	3
		形态与结构有明显变化	2
		形态与结构有重大变化	1
资源影响力（15分）	知名度和影响力（10分）	在世界范围内知名，或构成世界承认的名牌	8～10
		在全国范围内知名，或构成全国性的名牌	5～7
		在本省范围内知名，或构成省内的名牌	3～4
		在本地区范围内知名，或构成本地区名牌	1～2
	适游期或使用范围（5分）	适宜游览的日期每年超过300天，或适宜于所有游客使用和参与	4～5
		适宜游览的日期每年超过250天，或适宜于80%左右游客使用和参与	3
		适宜游览的日期超过150天，或适宜于60%左右游客使用和参与	2
		适宜游览的日期每年超过100天，或适宜于40%左右游客使用和参与	1
附加值	环境保护与环境安全	已受到严重污染，或存在严重安全隐患	-5
		已受到中度污染，或存在明显安全隐患	-4
		已受到轻度污染，或存在一定安全隐患	-3
		已有工程保护措施，环境安全得到保证	3

计分与等级划分：根据对旅游资源单体的评价，得出该单体旅游资源共有综合因子评价赋分值。依据旅游资源单体评价总分，将旅游资源评价划分为五个等级（表 4-2）。未获等级旅游资源得分小于或等于 29 分。

表 4-2　旅游资源评价等级与图例

旅游资源等级	得分区间 / 分	图例	使用说明
五级	≥ 90	★	1. 图例大小根据图面大小而定，形状不变；
四级	75 ~ 89	■	
三级	60 ~ 74	◆	2. 自然旅游资源使用蓝色图例，人文旅游资源使用红色图例
二级	45 ~ 59	▲	
一级	30 ~ 44	●	

注：五级旅游资源称为"特品级旅游资源"；五级、四级、三级旅游资源通称为"优良级旅游资源"；二级、一级旅游资源通称为"普通级旅游资源"。

单元四　旅游资源的开发

一、旅游资源开发的含义

资源作为财富的来源，必须经过开发利用，才能发挥相应的功能、产生相应的经济社会效益和环境效益。同样，特殊的旅游资源也只能通过合理的开发利用，才能成为旅游产品，实现旅游的经济和社会效益；只有通过开发利用，才能吸引游客，实现旅游资源的特殊功能。

所谓开发，是指人们对资源进行发掘利用的过程。旅游资源的开发就是人们对旅游资源进行开发利用，以改善和提高旅游资源对游客的吸引力，从而使旅游资源的现有和潜在优势得以发挥进而产生相应的经济、社会和环境效益，并能使旅游活动得以最终实现的技术性活动。可以从以下几个方面认识这一概念。

（1）旅游资源开发的主要目的是旅游活动的实现进而带动旅游业的发展。随着社会和经济的发展，旅游业的重要地位愈加明显，人们对旅游的要求也越来越高，对旅游资源进行开发利用，是发展旅游业的重要手段，是实现旅游活动的重要前提。

（2）旅游资源的开发要以资源为载体，以市场为导向。对旅游资源进行开发，要有一定的基础和载体，并要对市场进行研究，开发利用那些市场利用率大、能吸引大量游客的旅游产品，不能是有什么资源就开发什么资源。只有充分考虑将资源的特性和市场需求相结合，才能开发出具有强大吸引力的旅游产品。

（3）旅游资源的开发是一项技术性活动。旅游资源的开发具有很强的经济和社会性目的，必须对其过程进行系统的、技术性的规划。表现在开发前的可行性研究调研和开发中对旅游资源、旅游服务、旅游环境等各方面的协调，以确保旅游资源的开发利用能兼顾经济效益、社会效益和环境效益的协调发展。

二、旅游资源开发工作的必要性

旅游资源是旅游活动的客体，与其他资源一样，必须经过开发才能被人们认识、利用。旅游资源的价值能否实现直接受到开发是否合理、利用是否充分的影响。由此，旅游资源开发对旅游地的建设甚至整个旅游业的发展都具有重要的现实意义。

1. 旅游资源开发是提高旅游资源吸引力的必要手段

一方面，旅游资源的吸引力一般来自其自身具有的美丽、新奇、特色、古典等特征，但是这些特征具有一定的隐藏性和原始性，必须经过一定的开发予以发掘，并加以修饰，才能突出个性，显现其优势；另一方面，旅游资源的吸引力在很大程度上受旅游者心理的影响。随着旅游业的发展，旅游者的品位和需求越来越高，旅游资源要保持持久的吸引力，就要不断开发更新，以满足游客的各种需求。

2. 旅游资源开发是形成良好旅游目的地的有效途径

一个良好的旅游目的地，除具有良好的自身条件外，还必须要有良好的可进入性，以保证旅游规模和开发深度，充分体现旅游资源的价值和意义。在一定区域内，对各种旅游资源进行有效组合，能更加和谐地体现各种资源的美学价值；注重环境保护，以确保旅游业的可持续发展。总之，一个良好的旅游目的地要使旅游资源优势得到充分的转化和利用，让游客"游有所值，游有所得"。合理而科学的旅游开发，不仅能使旅游资源的吸引力不断提升，还能协调旅游业内部及旅游业与其他行业之间的关系，从而达到提高旅游目的地形象的作用。

3. 旅游资源开发是旅游业三大效益协调发展的重要保证

在旅游开发过程中，普遍存在着未经认真考察和科学分析就匆匆实施开发的现象，这样很容易导致旅游资源的破坏性开发。同时，由于缺乏对旅游容量的限制而导致旅游资源的超负荷利用及旅游管理工作中的一些失误，也会严重破坏旅游资源，降低环境质量。因此，要使旅游资源的经济、社会和环境效益能协调发展，认真做好开发工作是必不可少的。

4. 旅游资源开发是推动旅游业可持续发展的有利措施

旅游资源开发，首先应明确旅游资源开发的方向和客源市场，并且对地区旅游业的发展阶段、规模等作出整体的规划，从而指导旅游业的有序发展。所涉及的行业和部门包括交通、通信、能源、教育、环境保护等，可以有力地推动整个地区旅游业的可持续发展。

 知识链接

人在余村走　就是画中游

"我们余村是一个 1 000 多人的小山村，在习近平总书记'绿水青山就是金山银山'理念的指引下，余村从过去炸山开矿造成'山是秃头光、水成酱油汤'，到现在变成了'人在余村走，就是画中游'，发生了翻天覆地的变化。"2023 年 3 月 5 日，在十四届全国人大一次会议首场"代表通道"上，全国人大代表、浙江省湖州市安吉县余村村党支部书记汪玉成分享了余村的故事。

余村是"绿水青山就是金山银山"理念的诞生地。2005 年 8 月，时任浙江省委书记的习近平在余村首次提出"绿水青山就是金山银山"理念。在这一科学理念的指导下，始终坚持绿色、低碳、共富发展方向的余村，吸引着越来越多游客前来旅游，成为远近闻名的明星村。

汪玉成介绍："18 年来，我们按照习近平总书记指引的方向，坚定不移养山富山，重新制定了发展规划，开展了村庄环境整治，成立了'两山'旅游公司，建起了矿山遗址公园，念好'山字经'。如今的余村，村强、民富、景美、人和，2022 年村集体经济收入达到了 1 305 万元，村民人均收入达到了 64 863 元。乡亲们都说，绿水青山就是'幸福靠山'。"

与此同时，余村还联动周边 3 个乡镇的 17 个村共同打造高能级、现代化、国际范儿的"大余村"；同四川、新疆等省区的 9 个村结成对子，共谋发展。现在还深入实施乡村振兴新青年行动，成立了国内首个乡村品牌实验室，创新开展了余村"全球合伙人"计划，截至目前，余村已同多个品牌企业建立了长期合作关系，开创了以"数字赋能、美丽加分"为主要特色的乡村新经济。

据了解，2022 年 10 月，汪玉成还在线上参加了联合国世界旅游组织"走向绿色——环境可持续性国际会议"，与瑞士、智利的两个村庄一起分享绿色发展的实践经验。听完余村的故事，与会的各国代表纷纷表示，一定要找机会到余村看看。

"一滴水珠折射出太阳的光辉，余村的身后是一个蓬勃发展的中国。这次来北京参加全国人民代表大会，我深感肩负着一份责任和使命。"汪玉成表示，余村将落实创新深化、改革攻坚、开放提升的新要求。"我们坚信'两山'理念一定会指引新时代乡村振兴取得更大的辉煌。"

最后，汪玉成还向社会各界朋友发出邀请，"希望大家到我的家乡畅游绿水青山，共享美好生活。"

（来源：《中国旅游报》）

视频：
美丽中国新颜值：
浙江余村

三、旅游资源开发的原则

旅游资源的开发是对已经进行可行性研究的各类旅游资源进行的一种技术性活动，目的是更好地利用旅游资源，使潜在的旅游资源和没有规划好的旅游资源转化为现实的旅游资源，最终实现经济效益、社会效益和环境效益的统一。旅游资源的开发应遵循以下原则。

1. 保护性原则

旅游资源是大自然的造化，是人类社会的结晶，也是现代社会的文明标志，大部分的旅游资源具有不可再生的特点，且在旅游业的利用过程中极易受到破坏和损毁，这就要求在对旅游资源进行开发时要把保护工作放在第一位。而对旅游资源进行开发，无论是对旅游资源本身，还是旅游资源所处的环境，都在一定程度上存在"破坏"。作为世界自然遗产的日本富士山的旅游开发，对我们很有启发。日本富士山海拔 3 776 米，比中国泰山、黄山、庐山高得多，但公路只修到 2 000 米的高度，再往上连台阶也没有，不适合登山的季节就不开放，保持其自然和神圣，也节省了开发和维护的成本。

2. 市场导向原则

市场导向原则就是根据旅游市场的需求内容和变化规律，确定旅游资源开发的主题、规模和层次。市场是商品生产和销售的出发点与归宿，旅游资源的开发也要与其他商品一样，随时掌握市场需求状况，以满足大多数游客的需求为准则，开发适销对路的产品，有效地占领和扩大自己的市场。因此，在旅游资源开发前，一定要进行市场调查和市场预测，准确掌握市场需求和竞争状况，结合资源特色，积极寻求与其匹配的客源市场，确定目标市场，以目标市场为方向对资源进行筛选、加工和创造。

　　旅游资源开发的根本目的，是将旅游产品推向市场，供应给旅游者。所以，资源开发的市场大小、特征及与旅游地间的距离远近等都是开发前必须考虑和确定的内容。现代市场经济要求旅游产品开发要有"人本"意识，从旅游者的角度来设计、开发产品。

3. 特色性原则

　　"特色"就是具有鲜明的个性，能与众不同、独具魅力。对于旅游资源来说，特色就是区别于其他旅游资源，能对旅游者产生强烈吸引力，且不能替代，具有垄断性的东西。所以，有特色的旅游资源是能获得大量旅游市场的关键所在，也是对旅游资源进行开发时要重点把握的一方面。特色性原则要求旅游资源在开发利用过程中要保持自然和历史的原始风貌，具有深厚历史文化背景的人文资源不用过分修饰，不能毁旧翻新，如北京故宫和秦始皇陵兵马俑；要反映当地的民俗民族文化和地域文化，不能脱离当地的文化背景，如湘西的苗家风情，不能用现代都市风格替代。

　　总之，在旅游资源的特色建设方面，要形成"人无我有，人有我特，人特我优、人争我转"的风格。

4. 综合效益原则

　　旅游资源开发的综合效益原则是指在旅游资源开发过程中，追求经济效益、社会效益和环境效益的有机统一。这也是旅游业发展的重要指导思想。

　　具体来说，旅游资源开发的综合效益原则要求在提高旅游资源利用效率、促进当地经济发展的同时，也要考虑旅游活动对当地社会文化、生态环境的影响，以及旅游者对旅游体验的满意度。

　　为了实现综合效益原则，需要遵循以下几点：

　　（1）坚持可持续发展，保护生态环境，合理利用旅游资源，防止过度开发和破坏。

　　（2）提高旅游产品质量和服务水平，满足市场需求，增强旅游业的竞争力。

　　（3）推动地方经济发展，增加就业机会，促进社会和谐稳定。

　　（4）保持当地文化的独特性和传承性，保护和弘扬地方文化特色。

　　（5）加强旅游宣传和营销，扩大旅游市场，提高旅游品牌形象和知名度。

　　通过以上措施，可以实现旅游资源的综合效益最大化，推动旅游业健康、持续发展。

5. 合理组合、综合开发原则

　　旅游资源开发要把观光旅游、度假旅游、商务旅游、会展旅游，以及开拓短程、中程、远程旅游相组合；围绕旅游资源的文化脉络、时代特色等，进行系列与综合的开发，形成文化脉络清晰、历史特色鲜明的综合体。

6. 游客参与原则

　　游客参与原则，要求在旅游资源开发过程中创造更多的空间和机会，便于游客自由活动。我们可以采用深入、延伸或扩大视野等方法，将各种旅游服务设施设置于旅游资源所处的大环境中，使游客在整个游览娱乐活动过程中有广阔的自主活动空间、主动接触大自然的机会及充分展示自我意识的环境，真正使游客体验人与环境协调统一、和睦相处、融为一体的感受。

四、旅游资源开发的主要内容

　　旅游资源开发是一项综合性和全面性的工作，除对旅游吸引物进行选择、改善外，还要对旅游基础设施等相关项目进行开发。具体开发内容可以归纳为 4 个部分。

1. 旅游景区景点建设

旅游景点是旅游区划中的最小单位，一个旅游区的吸引力和旅游效益的取得主要取决于景点的开发程度和管理水平。这方面的工作不仅包括新景区、新景点的开辟，如前些年对张家界天门山的开发，更多的是对原有景区、景点的更新和再开发。

景区景点的建设还要注意硬件和软件的建设：硬件建设就是注意对旅游资源的自然景色、主题、人造景观、与环境的协调等方面的建设和事项；软件建设就是管理人员有较高的专业技术水平，相关服务人员有较高的职业道德，能为游客提供优质的服务。只有将景区景点建设好了，才能对旅游业的发展起到促进作用。

2. 旅游地的可进入性建设

旅游业的发展受可进入性强弱的制约。可进入性就是指旅游资源和外界的联系程度与内部的交通便利程度。便利的交通条件对旅游资源的开发具有重要的作用，即便旅游资源的条件再好，吸引力再强，没有便利的交通条件，它的优势条件也是难以实现的，由此可见可进入性建设的重要性。解决和提高可进入性问题，不仅包括必要的交通设施的建设，如道路、车站、机场、码头等，还要有必要的营运安排，即既要有保证可进入性的硬件条件，又要有相应的软件基础。以道路交通为例，就是既要有方便的道路网络，还要有运输公司的客运班次及正常运营，以保证游客进出的方便。

3. 旅游地相关设施建设

旅游地的成功开发需要对旅游所需要的相关设施进行开发和建设，以完善旅游地的旅游环境。旅游地的相关设施包含的内容比较广泛，包括旅游的食、住、行、游、购、娱等各个方面。如交通、水、电、通信等基础设施，宾馆、酒店、活动中心、停车场、卫生间、标志牌等公共设施。这些设施如果不完整或是不合理，将对景区的质量大打折扣，相反，如果这些设施建设完好优质，将大大促进当地旅游业的发展，同时，对当地经济和社会生活提供较大的帮助。

4. 旅游服务建设

旅游业是一门服务性很强的产业，所以，在旅游资源开发中必须对旅游服务水平予以重视。旅游服务内容可以归纳为旅行社提供的导游和翻译服务、交通部门的客运服务、住宿业和餐饮业的食宿服务、商业部门的购物服务及各种问询服务等。

提供这些服务的人员主要是旅游相关部门的从业人员及当地居民，他们的服务水平取决于各自的思想意识和素质。要想让游客对该旅游资源留下良好的印象，形成强大的吸引力，提高服务人员的素质和水平也是必不可少的。因此就要对相关的旅游服务人员进行培训和教育，以提高他们的服务水平和质量，最终实现旅游业的健康可持续发展。

 知识链接

台儿庄古城：景区插上智慧的翅膀

物联网、云计算这些先进的信息技术运用到景区中，你是否想象过？

整个景区卖出去多少票、游客在景区什么位置，这些都可通过一部手机实时观看，每个初见这场景的人都惊叹于科技的神奇——这只是台儿庄古城智慧景区的一隅，头顶精品旅游智慧景区的招牌，这里俨然已成为枣庄市智能社会治理的一面镜子。

1. "天下第一庄"

台儿庄形成于汉，发展于元，繁荣于明清，曾是古运河岸边最繁华之处，乾隆皇帝曾赐其"天下第一庄"的殊荣。

2008年4月，台儿庄古城启动建设，2016年5月实现全城开放。

台儿庄古城重建遵循"留古、复古、扬古、用古"的原则，将保存下来的大战遗址、古城墙、古码头、古民居、古街巷、古商埠、古庙宇、古会馆等历史遗产进行修复，恢复"百庙、百馆、百业、百艺"，被评为"古城保护历史上开创性工程"，"走出了古城保护的中国之路"。

台儿庄古城指挥中心负责人杨国栋说："景区基于'以游客为中心、以市场为导向'的理念，2018年投资4 000余万元，打造了一套包含网络系统、指挥调度中心等23个子系统、智能高效的信息技术支撑平台，既实现为景区内部管理提供支撑和服务，实现对景区集中化管理，又可以为游客提供一站式、全方位的服务。"

"一部手机管古城、一部手机游台儿庄"成为台儿庄古城旅游新生态最直观的描述，这也全面提升了景区"精心化服务、精细化管理、精准化营销"水平，为景区建设插上了一双智慧的翅膀。

自该智慧系统投入使用以来，台儿庄古城景区也屡获嘉奖，包括2019年，成功入选2019年全省重点文化产业项目；2020年，入围年度市级文化产业发展专项资金支持项目；2021年，第一届中国新型智慧城市创新大赛智佳奖；2022年，成功入选"十佳智慧景区"等。

2. 一部手机管古城

一部手机实现综合管理，体现了台儿庄古城智慧景区"游客为本，服务至诚"的行动宗旨。

杨国栋介绍道，"管理者借助平台，即可通过手机对景区实时情况进行查看与调度，随时查看景区的购票情况、客流情况、游客实时分布情况等信息。"

举例来说，通过景区及周边的监控系统、无人机巡航技术，可以随时掌握景区的一手情况，如果发现或遇到需要帮助的游客，便可通过遍布景区的景区广播系统、单兵对讲系统进行现场指挥，第一时间为游客提供帮助。

同时，智慧管理系统还可以接收游客的意见建议或投诉，方便对经营活动进行及时管理。

智慧系统还会按照时间点，对游客的轨迹、票务、酒店、餐饮、购物等信息，进行搜集与分析，生成报告，为宣传、经营活动提供数据支撑，实现一部手机管古城的功能。

作为智慧城市建设的一部分，智慧景区项目大大提升景区的智慧化水平，在降低安全、运营成本的同时，有效提升了旅游服务质量、提升了景区与游客安全保障的水平、提升了营销管理效率。

3. 一部手机游古城

整套智慧系统是否方便、有效，最终要看游客的体验度。

作为使用平台，将游客出行的吃、住、行、游、购、娱等要素，整合到智慧旅游平台，通过智慧平台，游客通过手机就可以解决出游前遇到的各类问题，如景区信息查询、票务信息咨询、门票线上预订、酒店预订、旅游攻略、美食推荐、天气预报等。

出行中，游客可以得到景区流量提醒、交通导航、智慧停车、智慧厕所、智慧讲解、商家推荐、商家促销活动、应急服务等信息。

返程后，游客可以通过平台向景区留言，还可以分享游记。

总而言之，系统可为游客提供一站式的智慧化旅游服务。

"对于游客来说方便购票、入园，景区可以通过客流管控，让游客游玩更舒适一些。"杨国栋补充道。

另外，智慧旅游平台不仅仅联通景区与游客，同时还预留充足接口，能够联通交通、气象、公安、文化等诸多行业部门，全面整合旅游要素资源，实现旅游信息资源的共享和互联互通。

2022 年 11 月，平台正制定《〈智慧景区建设规范〉团体标准》，并已成功申报 13 项软件著作权专利，力求打造可复制推广的智慧旅游产品，创造新的品牌价值，创造新的盈利增长点，实现古城旅游健康持续发展。

杨国栋说，"下一步，景区将围绕服务游客升级，将景区内的商户、酒店等商家纳入景区的服务体系，保证服务质量的同时，通过诸如会员系统向游客提供更多更大的优惠，降低游客的出游成本，不断提升游客体验度。"

（来源：人民网—山东频道）

单元五　旅游资源的保护

旅游资源是旅游业的基础。随着旅游业的蓬勃发展，人们在逐渐认识到旅游业发展带来巨大经济效益的同时，也认识到旅游资源保护工作的重要性。如果旅游资源不能得到好的保护，旅游资源就会在开发利用过程中受到不同程度的影响甚至破坏，其质量和品位也会弱化或降低，旅游业就不能健康地发展。因此，在对旅游资源进行开发的同时，要将旅游资源的保护放在重要位置，促进旅游业的可持续发展。

知识拓展：如何处理好传统保护与发展的关系

一、旅游资源遭受损害和破坏的原因

要对旅游资源进行保护，首先要明确旅游资源遭受损害和破坏的原因。可以将破坏旅游资源的因素归纳为两类：一类是自然环境运动变化所带来的损害和破坏；另一类是人类活动带来的损害和破坏。

（一）自然作用带来的损害和破坏

世界万物都是运动的，都在不断地发生变化，大自然也是一样。自然旅游资源是地理环境的重要组成部分，它们的存在和发展都受到自然环境运动变化的影响。

各种自然环境的突变或是缓慢地变化也对旅游资源产生了或重或轻的影响，如地震、火山爆发、海啸、飓风等。2008 年的汶川大地震，使四川的旅游景区受到了不同程度的破坏，其中都江堰景区，二王庙垮塌、伏龙观变形、能俯瞰整个都江堰水利工程的最佳景点秦堰楼只剩残垣断壁等。

大自然的风化作用也是破坏旅游资源的重要原因。以陕西云冈石窟为代表的我国著名石窟，长期以来一直面临着自然风化作用的侵害。由于长期的风雨剥蚀和后山石壁的渗水浸泡，云冈石窟的大部分洞窟外檐裂塌，很多雕像被风化，有些已经断失头臂，有些则面目模糊。在其中 53 个洞窟中，目前只有少数不多的洞窟能供人观赏，其余大多数洞窟皆因损坏严重而无法开放。

（二）人类活动带来的损害和破坏

人类活动对旅游资源的破坏类型很多，具体可以分为以下几项。

1. 经济活动对旅游资源的损害和破坏

改革开放以来，全国各地普遍片面地追求经济的增长，使各种资源（也包括旅游资源）遭到了严重的破坏。工业发展产生的"废水、废气、废渣"会对旅游资源产生破坏。生产建设的发展，使各行业在用地、用水等方面的矛盾突出，不可避免地对旅游资源产生破坏。旅游活动的大规模开展和开发也对旅游资源产生了一定的损害与破坏。海南的三亚是我国最好的冬季避寒胜地，但由于人们为满足经济的需要和扩大旅游需求，在旅游景区内开山炸石，使奇山异石遭到破坏，有的景点甚至炸得"体无完肤"，使旅游资源遭到了严重的破坏。

2. 城市化发展对旅游资源的损害和破坏

社会的发展使城市化程度越来越高。城市化建设如果缺少一定的规划或规划不合理，就必然对旅游资源和环境产生损害与破坏。如一些城市在"旧城改造"的旗帜下，片面追求基础设施和住宅的统一建设，使历史文化遗产和历史环境遭到严重的破坏。如遵义会议旧址周边地区高楼林立，严重破坏了旧址的整体环境。

3. 工程建设对旅游资源的损害和破坏

工程建设是人类社会在发展过程中为满足生存和发展而进行的人工建设，但也在一定程度上对旅游资源造成了破坏，有些甚至是致命的。长江三峡是个典型的例子，它是我国十大风景区之一，以壮观的景色闻名于世。用辩证的观点来看，三峡工程的建设，既具有很大的防洪、发电和航运等综合效益，同时，也存在一定的问题弊端，如对库区文物的影响，譬如"牛肝马肺峡""兵书宝剑峡""三苏祠""张飞庙"等都将被湖水淹没。虽然已经对大量的文物进行了保护和发掘，然而不可能保住所有的遗迹，有些文物处在淹没线之下，很难再被重新发掘出来。

4. 旅游资源开发对旅游资源的损害和破坏

旅游资源在开发过程中，若没有进行必要的可行性分析或做出科学的规划设计，盲目开发和实施，势必会在一定程度上对旅游资源造成损害乃至破坏。如前面提到的海南三亚的旅游资源开发就是例子。

5. 旅游活动对旅游资源的损害和破坏

在某种程度上，旅游活动本身也是对旅游资源的一种损害和破坏。例如，四川九寨沟，以茂密的森林，清澈的湖水和神秘的藏族、羌族风情而名扬海内外，但是随着游客的增加，景区内的垃圾明显增多，甚至有游客将杂物扔进景区，在一定程度上破坏了景区的美感，影响游客的旅游体验。还有的游客文化素质低下，缺乏保护意识和审美意识，经常在景区景点的墙壁、树木上刻字留名，如"××到此一游"等，严重破坏景区的质量和环境。再有，游客的数量超过景区的环境承受能力，导致对旅游资源的破坏。如北京故宫，由于一直都是旅游热点，导致大量中外游客涌入，使故宫的砖铺地面、石条台阶、门槛、御花园的鹅卵石小径受到严重损害。

6. 管理不善、不法行为对旅游资源的损害和破坏

景区景点的管理方法不善和各种非法行为，也在一定程度上对旅游资源造成了损害和破坏。例如，有人为了获取私利，偷猎珍稀动物、滥伐珍贵林木、盗取国家重要文物、挖掘古墓等，都是对旅游资源的损害和破坏。

二、旅游资源保护工作的原则和措施

对旅游资源的保护可分为主动保护、被动保护两种。主动保护和被动保护之间的关系就是"治"与"防"的关系。具体原则就是应当是以"防"为主，以"治"为辅，"防""治"结合，运用法律、行政、经济和技术等方面的手段，注意加强对旅游资源的保护和管理。

（1）对于因自然作用而可能带来的危害，主要应该采取必要的技术措施加以预防。例如，将秦俑坑和半坡遗址这样的古迹建为室内展览馆以减小自然风化作用的影响，对容易遭受鸟类危害的古建筑在有关部位架设鸟的隔离网罩等，都是主动防护的成功尝试。

（2）对于各种经济活动可能带来的危害，主要应该采取法律和行政措施加以预防与保护。要对破坏环境的个别企业和单位进行必要的惩罚与处置，并积极对所产生的破坏进行修复。

（3）对于城市发展可能对旅游资源带来的危害，主要采取技术和行政措施加以预防。城市化发展主要是对文化遗产方面的破坏，如前面提到的遵义会议旧址周边建设新楼等，这就要求城市化发展过程中，要通过政府制订城市规划方案，并利用城市规划专家对城市的规划做指点。

（4）对工程建设可能对旅游资源带来的危害，主要是通过技术措施加以保护。可以对景点进行搬迁或重建，也可以修建围护加以保护，如长江三峡大坝在修建过程中，对周边景区做了很好的保护工作，2003年6月工程结束后，张飞庙被淹，所以对它进行搬迁，以保存遗迹；2006年长江水位涨到156米，导致屈原祠的山门被淹，对其进行了重建；2009年整个三峡工程竣工后，水位提高到175米，不少的石刻要进行搬迁，石宝寨的山门将被淹1.5米，经专家论证对照，采用"揭坡围提"就地保护方案，将形成石宝寨所在的玉印山围成了一座四面环水的孤峰，更加别致传奇。

（5）对旅游者活动对旅游资源造成的危害，首先要加强本地的旅游规划工作，充分估计接待能力和对旅游资源的破坏性影响。一旦出现"人满为患"这种接待能力饱和或超负荷接待的情况，便要采取提高价格、设法将游客引流分散往其他参观点、控制来访游客进入数量等措施，因为在这种情况下旅游资源遭受破坏的威胁最大。另外，对于重要的文物建筑及珍贵动植物等要架设隔离设置，避免游客触摸攀爬，对违反有关规定者要予以制止，并视情节严重程度予以批评、罚款等法律责任处理。

（6）对于旅游者以外的其他人为因素造成的危害，除要加强对旅游资源的宣传保护、提高人们的素质外，还应制定相应的法律法规加以约束。

我国自改革开放以来，也先后颁布了《中华人民共和国环境保护法》《中华人民共和国文物保护法》《中华人民共和国森林法》《中华人民共和国草原法》《中华人民共和国渔业法》《中华人民共和国自然保护区条例》等。这些法律法规的颁布与实施对我国旅游资源的建设性破坏具有极强的针对性，它们虽然还处于不断完善的过程中，但是对我国旅游资源的保护起到了至关重要的作用。

模块小结

　　旅游资源具有观赏性和可认识性、可开发性和不可再生性、地域性和整体性、多样性和异质性、经济性和社会性。旅游资源可在做好详细调查及科学评价的基础上进行开发。旅游资源的开发与保护是相辅相成的，有机联系在一起的矛盾体。本模块的知识结构如图 4-1 所示。

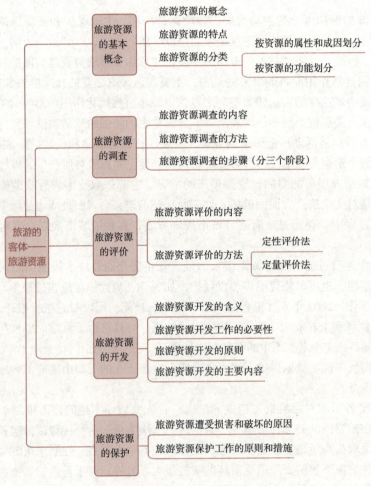

图 4-1　知识结构

思考与实践

　　1. 5·12 汶川地震遗留下来的废墟、遗物或遗迹，是不是属于旅游资源的范畴？有没有旅游开发的价值？

　　2. 根据所学的关于旅游资源的基本知识，对自己家乡的旅游资源进行调查和评价，并谈谈自己对家乡旅游资源开发与保护的构想。

模块五　旅游的媒介——旅游业

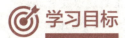

学习目标

➤ 知识目标

1. 掌握旅游业的定义，熟悉旅游业的构成、特点及在国民经济中的作用。

2. 了解旅行社的定义、分类，熟悉其主要业务及开展业务的方式，掌握旅行社从业人员的相关要求。

3. 了解饭店的演进史、类型、星级，熟悉现代饭店的发展趋势。

4. 了解旅游交通的功能与作用，掌握现代旅游交通体系。

5. 熟悉旅游景区的定义、特点、类型及等级评定。

6. 了解旅游商品的定义、特点、类型及作用，熟悉旅游商品的开发。

➤ 能力目标

1. 能够根据旅游业各个部门的发展情况，分析其在旅游业发展中所起的作用。

2. 能够根据旅游业的构成，分析某地旅游业的发展情况。

3. 能够根据各地旅游商品的特点，分析其开发思路。

➤ 素养目标

1. 培养学生关注行业热点的习惯，提高职业素养。

2. 培养学生独立思考问题、分析问题的能力。

3. 树立可持续发展观，培养尊重历史的观念，提高人文素养。

案例导学

帐篷营地带来美好"钱景"

蓝天白云，空气清新；奇花异草，竞相绽放；森林密布，古树参天。一顶顶帐篷里，不时传出轻柔的音乐，躺在帐篷里看星星、坐在天幕下喝咖啡……波密县扎木镇岗巴村云杉·喜德林卡帐篷营地，人来人往，笑声不断。

自乡村振兴工作开展以来，扎木镇岗巴村党支部高度重视村集体产业发展，深入调研、集思广益，认真谋划乡村旅游发展新思路，在丹卡、敏冲两个自然村建设云杉·喜德林卡帐篷营地,打造高原帐篷营地品牌,探索村集体经济发展新模式。

扎木镇岗巴村云杉·喜德林卡帐篷营地以党建为统领,按照"党建＋群众"的"绿色农业"发展致富模式,采取"支部＋联户＋群众"的管理模式,确保帐篷营地有效运营。同时强化党组织服务功能,积极调整产业结构,充分发挥党员模范带头作用和群众主体作用,鼓励村里的致富能人积极参与,产生连带效应,建立起群众与村集体连心、共责、联利的发展共同体。

岗巴村依托得天独厚的自然优势,靠生态安居,以生态致富。村民自发筹资23万元建设林卡帐篷营地,占地面积10 466平方米,有帐篷16顶,建设网红打卡桥3座。同时,林卡帐篷营地配套磨面机、工布响箭、篝火晚会、原生态赏鱼喂鱼、水上划艇以及自助烧烤等特色体验活动,使具有民族特色的露营设施与优美的自然环境完美结合,吸引了更多游客前来。2023年第二季度,林卡帐篷营地运营收入28万元、利润15.8万元,带动群众300多人增收。

思　考: 帐篷营地有哪些发展前景? 一个好的帐篷营地应该具备什么样的条件?

单元一　旅游业基础知识

一、旅游业的定义

旅游业是以旅游资源为凭借,以旅游设施为物质条件,为旅游者提供各种商品和劳务服务的一系列相互关联的行业。旅游业是文化性的经济事业,是实现现代旅游活动的媒介、手段和条件,其中旅行社、旅游饭店和旅游交通,被称为现代旅游业的三大支柱。旅游业也可以定义为以旅游资源为依托,以旅游设施为条件,以出售劳务为特征的经济产业部门。

二、旅游业的构成

旅游业的五大部门构成是一种基于旅游目的地划分的旅游业构成划分方法。根据这种划分方法,旅游业由五个主要部门组成,包括旅行社业、住宿业、交通运输业、游览场所经营部门和旅游管理组织。

(1)旅行社业:负责策划、组织、销售旅游产品,为旅游者提供旅行、游览服务。

(2)住宿业:提供各种住宿设施和服务,包括旅馆、酒店、公寓等。

(3)交通运输业:为旅游者提供出行服务,包括航空、铁路、公路、水路等运输方式。

(4)游览场所经营部门:包括各类景区、景点、博物馆等,提供游览、观光等服务。

(5)旅游管理组织:负责旅游目的地的管理和协调工作,包括旅游行政管理部门、旅游协会等。

这五个部门在旅游目的地的发展中起着至关重要的作用,它们共同为旅游者提供全方位的服务,促进旅游目的地的发展。这种划分方法旨在强调这五个部门之间的共同目标和紧密联系,以及它们在旅游业发展中的重要性。

三、旅游业的特点

（1）综合性。旅游业是一种综合性产业，它涉及许多其他产业，如交通、住宿、餐饮、旅游景点等。这些产业相互依存、相互促进，共同为旅游者提供全方位的服务。

（2）敏感性。旅游业对外部环境变化较为敏感，如政治稳定、经济形势、自然环境等，这些因素都会对旅游业的发展产生影响。例如，2020 年上半年，中国国内游客约为 12 亿人次，同比下降 62%；而出境游客仅为 50 万人次，同比跌幅达 78%。

（3）劳动密集性。旅游业是一种劳动密集型产业，需要大量的服务人员和导游等人员的支持。

（4）产业性。旅游业是一种产业，具有产业的基本特征和规律，其发展需要依托产业链的完善和协同发展。

（5）文化性。旅游业是文化性产业，通过旅游，人们可以了解当地的历史、文化、风俗习惯等，促进文化交流和传承。

（6）服务性。旅游业是一种服务性行业，主要为游客提供各种服务，如住宿、餐饮、交通、导游等。

（7）涉外性。旅游业是涉外性较强的行业，通过旅游活动的开展，可以促进国与国间的交流和合作，增强国家形象。

（8）季节性。旅游业的季节性是指旅游客流在时间维度的变化与波动，这与学界常说的淡旺季需求差异概念是一脉相承的。季节性旅游主要表现为游客流量在时间上的不均匀分布，呈现出明显的峰谷交替现象。在我国，多数旅游目的地的客流集中在 4 月至 10 月的旅游旺季，而 11 月至次年 3 月这段时间属于旅游淡季。

（9）目标多样性。一般的产业目标指向非常清楚，那就是利润最大化。但是旅游业的目标却并非如此单一，它除要获得经济利益外，还要满足旅游者对旅游活动的需求，促进社会和谐发展和公益游憩福利。

（10）明显的层次性。旅游业的一些生产商直接向旅游者提供产品和服务，而另一些供应商却通过中间渠道间接向旅游者提供产品和服务。

总的来说，旅游业的上述特点使其成为一个复杂而有趣的行业，它对于经济的发展和文化交流都有着重要的作用。

四、旅游业在国民经济中的作用

旅游业在国民经济中扮演着重要的角色，具体表现在以下几个方面：

（1）经济增长。旅游业的发展可以促进经济的增长。旅游业是一个快速发展的行业，游客的增加和旅游消费的升级，可以带来更多的收入和利润，从而促进经济的发展。据统计，旅游业每增加 1 元收入，可带动相关产业增加 4 元收入。

（2）就业创造。旅游业是一个劳动密集型行业，需要大量的服务员、导游、酒店员工等从业人员。因此，旅游业的发展可以创造大量的就业机会，缓解就业压力，提高就业率。据统计，旅游业每增加 1 个就业机会，可带动相关产业增加 5 个就业机会。

（3）国际化推动。旅游业是国际交流的重要桥梁，可以促进不同国家和地区之间的文化交流和经济合作。旅游业的发展可以推动国际化进程，增强国际影响力和竞争力。

（4）文化交流。旅游业可以促进不同国家和地区之间的文化交流。游客在旅游过程中可以了解当地的文化、历史和风土人情，旅游产业的发展也可以推动文化的传承和弘扬。

（5）消费升级。旅游业的发展可以带动消费升级，提高人们的消费水平和消费质量。旅游消费不仅满足人们的基本需求，还可以提高人们的生活品质，增加幸福感。

 知识链接

《西藏和平解放与繁荣发展》白皮书：乡村旅游带动农牧民就业8.6万人（次）

2021年5月21日，国务院新闻办公室发表《西藏和平解放与繁荣发展》白皮书。白皮书指出，西藏发展特色产业，找准发展路子。其中，重点发展旅游业，创新升级"藏文化体验游"，打造"最美318线"，推出"冬游西藏"等。截至2020年，西藏农牧民通过直接或间接方式参与乡村旅游就业8.6万人（次），年人均增收4300余元。发展文化产业，扶持传统文化的市场化开发，唐卡、塑像及传统手工技艺等供需两旺，已形成颇具规模的新兴产业。建成各级各类文化产业示范园区（基地），产值超过60亿元，年均增长率15%。

白皮书在"各项事业加快发展"部分指出，2020年，西藏旅游业仍保持高速增长态势，接待国内外游客3505余万人次。

白皮书在"脱贫攻坚全面胜利"部分指出，西藏着力发展高原生物、旅游文化、绿色工业等产业。着力推广新型村规民约，提升公共文化服务水平，传承发展优秀传统文化，加强乡村文化队伍建设等，培育文明乡风、良好家风、淳朴民风。着力把农牧区建设成为生态宜居、环境优美、人与自然和谐共生的美丽乡村。

白皮书在"优秀传统文化得到保护和发展"部分指出，几十年来，西藏多次组织大规模、有系统的文化遗产普查、搜集、整理和研究工作。国家持续投入巨额资金对布达拉宫、罗布林卡、大昭寺等文物古迹进行维修保护，仅1989年至1995年，国家就投入2亿多元对布达拉宫进行维修及广场扩建。2018年年底，启动了周期10年、投资3亿元的布达拉宫文物（古籍文献）保护利用项目。2006年以来，中央财政累计投入2.09亿元，用于西藏国家级非遗代表性项目的保护、国家级代表性传承人的抢救性记录、非遗传承人群培训，以及扶持传承人开展传习活动、非遗保护利用项目基地建设等。该部分还指出，近年来，西藏增设"西藏百万农奴解放纪念日"，以及日喀则珠峰文化节、山南雅砻文化节、林芝桃花节等各种文化旅游节，丰富了广大人民群众的精神生活，展示了新时代西藏人民的精神风貌。

（来源：《中国旅游报》）

单元二　旅行社

一、旅行社的定义

我国的《旅行社条例》对旅行社进行了界定。旅行社，是指从事招徕、组织、接待旅游者等活动，为旅游者提供相关旅游服务，开展国内旅游业务、入境旅游业务或出境旅游业务的企业法人。

二、旅行社的分类

提供与旅游有关的服务是旅行社企业的基本职能。由于世界各国国情不同，旅游业发展目标和水平不同，使旅行社分类存在着不同的划分标准和类别。

（一）欧美国家旅行社的分类

欧美国家按照旅行社的业务类型将其划分为旅游批发经营商和旅游零售商两类。

（1）旅游批发经营商是指根据自己对市场需求的了解和预测，大批量地订购各类不同的旅游产品，如交通运输公司、饭店、旅游景点等产品和服务，然后对这些单项产品进行设计组合并融入自身的服务内容，使之成为能满足旅游者整体性需要的包价旅游产品的旅行商。旅游批发经营商又可分为旅游批发商和旅游经营商两类。旅游批发经营商的规模一般都比较大，因而数量相对较少。在组团来华旅游的欧美旅行社中，绝大多数都是旅游批发经营商。

（2）旅游零售商是指主要经营零售业务的旅行社。旅行代理商是其典型代表，当然也包括其他有关的代理预订机构。一般来说，旅行代理商的角色是代表顾客向旅游批发经营商及各有关吃、住、行、宿、游、娱等方面的旅游企业购买其产品；反之，也可以说旅行代理商的业务是代理上述旅游企业向顾客销售其各自的产品。

以上只是对以欧美国家为代表的世界上多数国家中旅行社类型的基本划分。实际上，有不少旅行社既经营批发业务，也从事零售业务。托马斯·库克公司便是其中的典型代表。

（二）我国旅行社的分类

1. 按业务范围划分

中国对旅行社的分类方法与欧美国家不同，《旅行社条例》取消了旅行社的类别划分，只保留旅行社的业务划分。当旅行社设立时，申请经营国内旅游业务和入境旅游业务的，应当向所在地省、自治区、直辖市旅游行政管理部门或者其委托的设区的市级旅游行政管理部门提出申请，并提交符合本条例规定的相关证明文件。旅行社在取得经营许可证后就可以经营国内旅游业务和入境旅游业务，旅行社取得经营许可满两年，且未因侵害旅游者合法权益受到行政机关罚款以上处罚的，可以申请经营出境旅游业务。

《旅行社条例实施细则》中规定，国内旅游业务是指旅行社招徕、组织和接待中国内地居民在境内旅游的业务。入境旅游业务，是指旅行社招徕、组织、接待外国旅游者来我国旅游，香港特别行政区、澳门特别行政区旅游者来内地旅游，台湾地区居民来大陆旅游，以及招徕、组织、接待在中国内地的外国人，在内地的香港特别行政区、澳门特别行政区居民和在大陆的台湾地区居民在境内旅游的业务。出境旅游业务是指旅行社招徕、组织、接待中国内地居民出国旅游，赴香港特别行政区、澳门特别行政区和台湾地区旅游，以及招徕、组织、接待在中国内地的外国人、在内地的香港特别行政区、澳门特别行政区居民和在大陆的台湾地区居民出境旅游的业务。

2. 按经营方式划分

按经营方式，旅行社可以划分为传统旅行社和在线旅行社。

（1）传统旅行社。传统旅行社是指传统的实体门店型旅行社，通常有实际的办公场所和专业的旅游顾问团队。客户可以亲自前往旅行社办理旅游业务，与旅游顾问面对面沟通。

（2）在线旅行社。在线旅行社是指通过互联网平台提供旅游产品和服务的旅行社，客户可以在网上进行旅游预订和交流。在线旅行社对旅游业起到了巨大的推动作用，具体表现在以下几个方面：

1）提供便捷的旅游信息和预订服务。在线旅行社通过互联网平台提供全面、实时的旅游信息，包括目的地介绍、景点推荐、交通路线、酒店预订等。这使得消费者可以方便地获取所需的旅游信息，并进行在线预订，节省了时间和精力。

2）拓宽旅游选择和个性化定制。在线旅行社提供丰富多样的旅游产品和服务选择，满足不同消费者的需求。消费者可以根据自己的兴趣、预算和时间来定制旅游行程，选择合适的景点、交通和住宿，获得更加个性化的旅游体验。

3）提供安全和可靠的交易平台。在线旅行社通常提供安全可靠的支付系统和保障措施，确保消费者的交易安全和合法权益。消费者可以通过在线平台安全地预订和支付旅游产品，避免了传统旅行社中可能存在的不透明和风险。

4）提供全天候的客户支持。在线旅行社通常提供全天候的客户支持服务，通过在线聊天、电话或电子邮件等方式解答消费者的疑问和问题。这种及时的客户支持可以提高消费者的满意度，解决问题，确保旅行的顺利进行。

5）促进旅游业的数字化转型。在线旅行社的出现推动了旅游业的数字化转型，使旅游企业可以更好地利用互联网技术和数据分析来提升运营效率和客户体验。同时，也为旅游业的创新和发展提供了更多的机会与可能性。

总的来说，在线旅行社对推动旅游业的发展和提升消费者的旅游体验起到了重要的作用。

 知识链接

人民财评：多管齐下推动在线旅游市场高质量发展

春暖花开，通过在线旅游平台订好机票和门票，在饱览大好春光中亲近自然、放松身心；周末临时起意，通过旅游 App 查找城市周边热门景点、做好游玩攻略，来一场"说走就走的旅行"；心心念念一个旅游目的地但抽不开身？一些景区发展线上数字化体验产品，打造沉浸式旅游体验新场景，用户足不出户也能"身临其境"……近年来，我国在线旅游市场快速增长，既方便了广大人民群众出游，也促进了旅游消费，为旅游行业打开了更大的发展空间。

知识拓展：
《意见》全文

在线旅游经营服务是旅游产业链的关键环节，是满足广大人民群众出游需求、促进旅游消费、带动旅游产业发展的重要力量。随着在线旅游市场快速复苏，在线旅游经营者数量不断增多的同时，酒店民宿"超售""不合理低价游"超范围经营出境游、"野景区"安全风险提示不到位等损害旅游者合法权益的行为再次出现。在此背景下，《文化和旅游部关于推动在线旅游市场高质量发展的意见》（以下简称《意见》）印发，有助于进一步发挥在线旅游平台经营者整合旅游要素资源的积极作用，保障旅游者合法权益，推动旅游业高质量发展。

　　在线旅游，品质尤须在线。旅游业作为服务行业，服务质量是生命线，是企业经营的立身之本。通过在线旅游平台查看同一家酒店的同样房型，老用户要比新用户看到的价格贵；以不实价格、不实宣传诱导游客，强迫或变相强迫游客购物；超出合理经营需要收集旅游者个人信息，造成个人隐私泄露……种种无视产品和服务质量的行为，不仅让游客的出游体验大打折扣，更污染了行业风气、破坏了正常的行业秩序。《意见》为相关企业的行为划出底线，对企业利用信息不对称损害消费者权益的行为进行规范，对于促进在线旅游服务平台及整个在线旅游行业的健康可持续发展具有重要作用。

　　规范发展，监管不能缺位。一方面，在线旅游平台经营者应强化对平台内经营者的资质审核，对经营主体、行政许可资质等信息进行真实性核验；加强信息内容审核，确保平台信息内容安全。按照"平台管供应商"的原则压实平台企业责任，做到守土有责、守土负责、守土尽责，才能及时消除发展过程中的风险隐患，促进各类旅游经营者共享发展红利。另一方面，拓宽"政府管平台"的实现路径，加强市场监管巡查、强化执法监督检查，强化信用监管的震慑作用，完善文化和旅游市场政务服务"好差评"系统等数字化监管方式，能够不断提升监管效能，以监管之力夯实行业发展之基。

　　还要看到，推动在线旅游市场高质量发展非一朝一夕之功，需着眼长远、立足长效、凝聚政策合力。在营造良好的市场环境、依法规范市场秩序的同时，用好财政奖补、项目投资、消费促进、政务服务等纾困扶持措施手段，创新旅游金融服务方式，有助于提升行业企业发展能力和信心。同时，坚持创新引领，推动经营者深度应用5G、人工智能、大数据、云计算、区块链等新技术，提升行业数字化水平，以产品和内容为载体开展业态创新融合，使在线旅游逐步迈入高质量发展之路。

　　数据显示，2021年我国在线旅游交易额超1.4万亿元，旅游预订线上化率持续增长。如今，旅游日益成为人们生活中必不可少的一部分，以数字化、网络化、智能化为特征的智慧旅游不断为旅游业高质量发展注入新动能。抓住智慧旅游发展机遇，加强管理、推动在线旅游市场高质量发展，一定能更好满足人民群众多样化个性化的旅游服务需求。

（来源：人民网 – 观点频道）

三、旅行社的主要业务

　　旅行社一共有以下9种主要业务：

　　（1）旅游路线设计与规划。根据客户需求和预算，设计并规划旅游路线，包括景点、交通、住宿和餐饮等。考虑旅游目的地的特点和各项需求，确保旅行的顺利和愉快。

　　（2）机票及交通票务代理。代理航空公司的机票销售业务，提供机票预订和销售服务。可代理火车票、长途汽车票等交通票务，为客户提供便捷的交通工具安排。

（3）酒店预订服务。与各地酒店合作，提供酒店房间的预订和安排服务。根据客户需求和预算，提供不同档次的酒店选择。

（4）景点门票预订。代理各大景点的门票预订和销售，为客户提供便捷的景点门票购买服务。提供景点介绍、开放时间等相关信息，帮助客户做出合理的选择。

（5）签证及保险代理。提供入境签证代办服务，协助客户办理各国入境签证手续。代理旅游保险的销售，为客户提供旅行期间的安全保障。

（6）导游及车辆安排。根据客户需求，安排专业导游提供讲解服务，帮助客户更好地了解旅游目的地。提供合适的交通工具，如大巴、小巴等，确保客户的出行安全和舒适。

（7）特色旅游产品开发。开发具有特色的旅游产品，满足客户对不同主题旅游的需求。提供个性化的旅游方案，包括自由行、深度游、主题游等。

（8）会议及展览服务。举办各类会议、展览活动，提供会议场地、设备和餐饮等安排服务。协助客户组织会议和展览，确保活动的顺利进行。

（9）售后服务。提供游后咨询服务，解答客户的疑问和问题。处理客户投诉，收集客户反馈，不断改进服务质量。

四、旅行社开展业务的方式

旅行社的业务，根据旅游者的组织形式不同，可分为组织接待团体旅游和安排接待散客旅游两种形式；根据旅游产品所包含的内容不同，可分为全包价旅游、部分包价旅游及提供单项旅游服务等几方面业务内容。

（一）团体旅游业务

1. 团体旅游

按照国际惯例，所谓团体旅游指参加旅游的旅游者至少为 15 人的旅游团。一般而言，团体旅游都选择包价形式的旅游产品。

2. 包价旅游

包价旅游的概念始于综合包价旅游，即我国旅行社业内人士所称的全包价旅游。

（1）综合包价旅游的概念。综合包价旅游是指旅行社经过事先计划、组织和编排活动项目，向旅游大众推出的包揽一切有关服务工作的旅游形式。一般规定旅游的日程、目的地、交通、住宿、饮食、游览的具体地点及服务等级和各处旅游活动的安排，并以总价格的形式一次性地收取费用。在西方国家中，人们称这种综合包价旅游为"Package Tour"或"Inclusive Tour"。前者最初主要指有关旅游活动项目方面的集合包揽；后者则强调费用方面的全包价格。但目前这两种说法已经通用，不再有实际意义上的区别。

（2）综合包价旅游的由来。早在托马斯·库克首次组织团体出国旅游的活动中，便已蕴涵了包价旅游的初步概念。但是实际真正第一次提出包价旅游这一概念的是英国的"劳动者旅行协会"。1922 年 5 月，该协会组织旅行团去法国诺曼底旅游时，明确提出的名称便是"包价度假"（All-in-Holiday），即价格中包括了行、宿、食、游有关的一切费用，历时一周者每人收费 5 英镑，历时两周者每人收费 8 英镑。

（3）综合包价旅游的内容。20 世纪 60 年代中期大众旅游兴起以来，综合包价旅游迅速发展普及。目前，我国旅行社接待的入境旅游及所组织的我国居民出境旅游，大都是综合包价旅游。我国从事国内旅游业务的旅行社在组织人们外出旅游时也都采用了包价的形式。综合包价旅游的服务项目通常包括依照规定等级提供饭店客房、一日三餐和饮食、固定的市内游览用车、翻译导游服务、交通集散地接送服务、每人 20 kg 的行李托运服务，以及游览场所门票和文娱活动入场券等。

（4）综合包价旅游普及的原因。综合包价旅游之所以能够迅速普及和发展，从旅游者需求方面来看，主要有两个原因：第一，它们所提供的全程活动安排使旅游者感到安全，可以免除旅游者的一切后顾之忧；第二，由于组织这种旅游的旅行社是成批购买旅游床位、交通客票及其他旅游供应产品，因而在价格上享有优惠折扣。旅游者自己安排的旅游无论如何赶不上旅行社提供的包价低。从旅行社供给方面来看，则主要是由于包价旅游产品便于实行批量生产，可以提高工作效率，从而有利于旅行社扩大经营。

（5）综合包价旅游的发展。随着时间的推移和市场需求的变化，包价旅游的概念和旅行社组织包价旅游的做法也有了新的发展。目前，在包价的内容方面，实际上并非所有的包价旅游都将旅行全程的食、宿、行、游等包括在内。例如，有的包价旅游只包括交通和食宿，有的在每日餐食中只包其中的一餐，另外，也有只包交通的情况等。这是我国旅行社业内人士所称的小包价旅游。目前，这种小包价旅游在我国包括的主要服务项目有从国内出发到目的地的交通；在目的地的住宿；在目的地期间的早餐。而导游、风味餐、节目欣赏和参观游览等项目，旅游者可根据时间、兴趣和经济情况自由选择。

总之，根据需要及包价产品对市场的吸引力，包价产品的内容可以灵活设计。但下列内容一般均不在包价范围之列：旅游证件的登记费和手续费；意外事故保险费；机场税；行李保险费；行李超重费；计划外的旅游项目和私人花费。

（二）散客旅游业务

散客是相对于团体而言的，主要是指个人、家庭及 15 人以下的自行结伴旅游者。散客旅游者通常只委托旅行社购买单项旅游产品或旅游线路产品中的部分项目。但实际上，有些旅游散客也委托旅行社为其专门组织一套综合旅游产品。例如，有的散客也要求有关旅行社为其安排一整套全程旅游；有的则根据自己的意愿和兴趣，提出自己的旅游线路、活动项目及食宿交通的方式和等级，要求旅行社据此协助安排；有的则要求旅行社提供部分服务，例如，要求提供交通食宿安排，而不需要其他服务等。所以，在一定意义上，他们所购买的也是一种包价旅游。同一般包价旅游所不同的是，这里要求旅行社所包的是旅游活动项目内容的安排，而不是总体价格，是对于具体的项目安排的协商定价。所以，散客旅游的费用要比同样内容的团体包价旅游高。

接待散客旅游者人数的多少是一个旅游目的地的接待条件成熟程度的重要标志。因为与团体游客相比，散客数量的增长通常要求该目的地的接待条件更加完备和更加便利。近些年来，世界上散客旅游正呈现出一种逐渐扩大的发展趋势。在来华旅游的海外游客中，散客的数量也有了很大的增长。这主要是因为散客旅游在内容上选择余地较大，旅游活动比较自由，不像随团体旅游那样受固定安排的限制，能满足旅游者的个性化需求。特别是在旧地重游或掌握了旅游目的地基本信息的情况下，人们更乐于自由自在地独自旅游。总之，散客旅游的兴起是旅游者心理需求个性化、国际旅游者旅游经验意趣丰富和信息与科技的推动等因素综合作用的结果。

五、旅行社从业人员

旅行社从业人员（如导游和领队）是旅行社的重要组成部分。导游人员是指依照《导游人员管理条例》的规定取得导游证，接受旅行社委派，为旅游者提供向导、讲解及相关旅游服务的人员。出境旅游领队是指符合法定执业条件、接受组团社委派，全权代表组团社带领旅游团队出境旅游，监督境外接待旅行社和地陪导游等执行旅游计划，并为旅游者提供出入境等全程陪同服务的旅行社工作人员，也简称领队。同时，《旅游法》规定，有必要的经营管理人员和导游是设立旅行社的必备条件之一。

1. 导游人员的素质要求

根据《导游服务规范》（GB/T 15971—2023），导游人员的素质要求主要包括以下几个方面：

（1）政治素质。导游员应热爱祖国，遵纪守法，恪守职业道德，自觉维护国家利益、民族尊严和旅游者与旅行社的合法权益，自觉抵制团队运作过程中的违法行为。

（2）思想素质。导游员应有优秀的道德品质和高尚的情操，讲文明，遵守社会公德，尽职敬业，为旅游者提供热情周到的服务，完成旅游接待计划所规定的各项任务，按照旅游合同的约定兑现旅游服务。

（3）技能素质。

1）语言能力。导游员应具备过硬的语言表达能力、娴熟的导游讲解技巧和强烈的礼貌语言使用意识。

2）接待操作能力。导游员应符合法定的上岗资质，并具备独立工作能力、组织协调能力、人际交往能力和应急问题处理能力。

3）知识要求。导游员应掌握法律法规常识、旅行常识、政治经济和社会知识、旅游地历史、地理、文化和民俗知识及心理学与美学知识。

（4）心理素质。导游员应心胸开阔、善解人意、耐心细致，并具有良好的观察能力和感知能力、调整旅游者情绪的能力、自我心理平衡能力、承受能力和沉着冷静与有条不紊地处事能力。

（5）身体素质。导游员应具有健康的体魄和充沛的体力。

（6）职业形象。

1）仪容仪表。导游员应仪表端庄，并按照旅行社的要求着装。服装要求整洁、大方、得体。

2）导游员应表情稳重自然、态度和蔼诚恳、富有亲和力，言行有度，举止符合礼仪规范。

（7）继续教育。导游员应参加继续教育培训学习（尤其是相关应急预案培训），不断提高自己的业务知识和操作技能。

（8）职业等级。导游员的职业等级是导游服务能力的标记，导游员应通过不断的学习考核和实操锻炼，获得更高的职业等级。

总之，导游人员需要具备多方面的素质和能力，才能胜任导游工作，为游客提供优质的服务。

2. 导游人员的资格准入

根据《导游人员管理条例》，国家实行全国统一的导游人员资格考试制度。具有高级中学、中等专业学校或者以上学历，身体健康，具有适应导游需要的基本知识和语言表达能力的中华人民共和国公民，可以参加导游人员资格考试；经考试合格的，由国务院旅游行政部门或者国务院旅游行政部门委托省、自治区、直辖市人民政府旅游行政部门颁发导游人员资格证书。在中华人民共和国境内从事导游活动，必须取得导游证。取得导游人员资格证书的，经与旅行社订立劳动合同或者在相关旅游行业组织注册，方可持所订立的劳动合同或登记证明材料，向省、自治区、直辖市人民政府旅游行政部门申请领取导游证。

导游人员进行导游活动时，应当佩戴导游证。导游证的有效期限为3年。导游证持有人需要在有效期满后继续从事导游活动的，应当在有效期限届满3个月前，向省、自治区、直辖市人民政府旅游行政部门申请办理换发导游证手续。

国家对导游人员实行等级考核制度。根据《导游等级划分与评定》（GB/T 34313—2017），导游可分为初级导游、中级导游、高级导游和特级导游四个级别。各级导游的知识、能力要求依次递进，高级别的涵盖低级别的要求。导游等级考核评定遵循"自愿申报、逐级晋升、动态管理"的原则。导游等级考核评定工作，按照申请、资格审核、考试或考核、公示告知、发证的程序进行。

（1）初级导游。

1）知识要求。

①应掌握旅游政策与法律法规，熟悉相关的政策与法律法规。

②应掌握旅游和旅游业的基本知识。

③应掌握重点旅游景区（点）和线路的相关知识。

④应熟悉主要客源国（地区）的基本知识。

⑤中文导游应掌握汉语语言文学基础知识，外语导游应掌握外国语语言文学基础知识。

2）能力要求。

①应能够按照《导游服务规范》（GB/T 15971—2023）和《导游领队引导文明旅游规范》（LB/T 039—2015）提供规范服务。

②应有良好的沟通与协调能力。

③应有运用相关知识提供导游讲解服务的能力。

④应具有旅途常见疾病或事故的救生常识，熟悉救援程序，能按照应急预案的要求处理相关问题。

3）其他要求。应有高中及以上学历，并通过全国导游人员资格考试。

（2）中级导游。

1）知识要求。

①应掌握与旅游服务相关的政策和法律法规。

②应掌握与导游讲解相关的专题知识。

③中文导游应掌握汉语语言文学知识，外语导游应掌握外国语语言文学知识。

2）能力要求。

①应有娴熟的导游技能。

②应有提供初步的个性化服务的能力。

③应有初步的专题讲解的能力。

④应有初步的创作导游词的能力。

⑤应具有制定旅行应急预案并处理相关问题的能力。

3）其他要求。

①应有大学专科及以上学历，并通过全国中级导游等级考试。

②应取得初级导游等级满2年。

③申请评定前 2 年内带团应不少于 30 次或 120 天。

④申请评定前 2 年内旅游者反映良好，应无重大服务质量投诉。

（3）高级导游。

1）知识要求。

①应全面掌握与旅游服务相关的政策和法律法规。

②应精通与导游讲解相关的专题知识。

③中文导游应全面掌握与汉语语言文学相关的知识，外语导游应全面掌握与外国语语言文学相关的知识。

2）能力要求。

①应有提供个性化、创新性服务的能力。

②应有融会贯通深入讲解专题的能力。

③应有较强的导游词创作能力。

④应有妥善处理旅游中各种突发事件的能力。

3）其他要求。

①应有大学专科及以上学历，并通过全国高级导游等级考试。

②应取得中级导游等级满 2 年。

③申请评定前 2 年内带团应不少于 90 天。

④申请评定前 2 年内旅游者反映良好，应无重大服务质量投诉。

（4）特级导游。

1）知识要求。

①应有深厚的旅游知识和广博的文化知识，对旅游领域的某方面有深入的研究和独到的见解。

②中文导游应精通汉语语言文学知识，外语导游应精通跨文化交流、外语翻译等方面的知识。

2）能力要求。

①应有高超的导游艺术、独特的导游风格。

②宜有创作富有思想性和艺术性导游词的能力。

③应有一定的导游相关工作的研究能力。

3）其他要求。

①应有大学本科及以上学历，通过全国特级导游考核评定。

②应取得高级导游等级满 3 年。

③申请评定前 3 年内带团应不少于 90 天。

④申请评定前 3 年内旅游者和社会反映良好，应无服务质量投诉。

⑤宜有一定的导游相关工作的研究成果。

3. 导游人才培养

导游人才培养是我国旅游业发展的重要组成部分。随着旅游市场的不断扩大和旅游业的迅速回暖，导游人才的需求量也在不断增加。

为了培养更多的优秀导游人才，我国政府和旅游业界采取了多种措施。其中，国家金牌导游人才培养项目是其中重要的一项。该项目旨在通过加大对一线优秀导游的培养与支持，鼓励入选对象开展业务研究和实践，以点带

知识拓展：
导游也是一道美丽
的风景

面、示范引领，为提高导游队伍专业素养，提升旅游服务质量发挥积极作用。

许多旅游院校和培训机构也积极开展导游人才培养工作。这些机构通过开设导游专业课程、组织导游参加培训和实践活动等方式，为培养优秀的导游人才提供支持和帮助。一些旅游企业也积极投入导游人才培养事业，通过与学校合作、提供实习机会等方式，为导游人才提供更多的实践机会和职业发展机会。

除此之外，导游人才培养还需要注重职业道德和社会责任的培养。导游是旅游业的形象代表，其言行举止不仅关系到自身的形象，也关系到旅游业的形象。因此，导游人才的培养必须注重职业道德和社会责任的培养，使其能够在工作中发挥良好的示范和引导作用。

总之，导游人才培养是中国旅游业发展的重要保障。通过政府、学校、企业和社会的共同努力，相信能够培养出更多的优秀导游人才，为中国旅游业的繁荣和发展做出更大的贡献。

知识链接

山西省严格规范旅行社经营管理和导游执业行为

随着 2023 年暑期旅游旺季的到来，为进一步规范山西文旅市场秩序，提升旅游服务质量，打造高品质旅游服务，树立山西旅游良好形象，省文旅厅发布了《关于进一步规范旅行社经营管理和导游执业行为的通知》（以下简称《通知》）。

规范旅行社经营管理方面，《通知》要求，各市文化和旅游局要加强对旅行社的管理。旅行社为旅游者提供服务的，应当与旅游者签订旅游合同，并对合同具体内容作出真实、准确、完整说明；旅行社需要对旅游业务作出委托的，应当委托给具有相应资质的旅行社，征得旅游者的同意，并与接受委托的旅行社就接待旅游者的事宜签订委托合同，确定接待旅游者的各项服务安排及其标准，约定双方的权利、义务；旅行社临时聘用在旅游行业组织注册的导游为旅游者提供服务的，应当依照旅游和劳动相关法律、法规的规定足额支付导游服务费用，旅行社临时聘用的导游与其他单位不具有劳动关系或者人事关系的，旅行社应当与其订立劳动合同；旅行社对可能危及旅游者人身、财产安全的事项，应当向旅游者作出真实的说明和明确的警示，并采取防止危害发生的必要措施。要督促旅行社严格落实"一团一报"制度，遵守出入境团队旅游管理政策，对不按照要求填报的，按照相关规定予以处罚。要加大对旅行社的检查力度，严厉查处"不合理低价游"、指定具体购物场所、欺骗或变相强迫购物等各类旅游市场违法违规行为，严格落实旅行社用车"五不租"制度，切实维护旅游市场秩序。

规范导游执业行为方面，《通知》要求，各市文化和旅游局要规范导游执业行为，加强导游管理，提升导游综合素质与服务质量。导游人员进行导游活动，必须经旅行社委派，导游人员不得私自承揽或以其他任何方式直接承揽导游业务，进行导游活动；导游的经常执业地区应当与其订立劳动合同的旅行社（含旅行社分社）或注册的旅游行业组织所在地的省级行政区域一致；导游人员进行导游活动时，应当向旅游者讲解旅游地点的人文和自然情况；导游不得安排旅游者参观或者参与涉及色情、赌博、毒品等违反我国法律法规和社会公德的项目或活动；不得擅自变更旅游行程或者拒绝履行旅游合同；不得以隐瞒事实、提供虚假情况等方式，诱骗旅游者违背自己的真实意愿，参加购物活动或者另行付费旅游项目；不得向旅游者兜售物品，索要小费。

《通知》还就重视旅行社和导游培训工作，加强人才队伍建设，做好旅行社、导游法律法规、安全生产、信用管理、文明引导等内容的培训，提高旅行社、导游法律意识和服务水平等内容作出要求。

（来源：《山西日报》）

单元三　旅游饭店

一、饭店的演进

"Hotel"一词源于法语，由法语词"hotelgarni"演化得来，意思是"配备家具的大厦"，或指"招待客人的乡间别墅"。现代饭店的雏形是中世纪流行的欧洲客栈，1760年出现在伦敦，30年后出现在美国。

旅游饭店（Tourist Hotel）是指以间（套）夜为单位出租客房，以提供住宿服务为主，并提供商务、会议、休闲、度假等相应服务的住宿设施，按不同习惯也可能被称为宾馆、酒店、旅馆、旅社、宾舍、度假村、俱乐部、大厦、中心等。

旅游饭店是旅游业的重要支柱之一，是发展旅游业的物质条件。其发展过程大体分为以下四个阶段。

1. 客栈时期

客栈何时开始出现已无证可考。但在一定程度上，客栈的产生同游牧生活的消亡有关，人们出行不再自带行囊，就在游途中及目的地寻找住处。随着贸易的兴旺和商业活动范围的扩大，古罗马统治者下令沿交通要道设置驿站，免费提供简单的食宿。但随着市场规模的扩大和需求层次的提高，这种官方的驿站越来越难以满足需要，于是商业性的客栈便应运而生并逐渐发展起来，客栈不仅为过往旅客提供住宿，还成为人们互相交往和交流信息的场所。在西方，客栈真正流行起来是在12世纪以后，盛行于12—18世纪。在中国，客栈的历史也很悠久，而且很普遍。

视频：打尖是什么意思

客栈大都分布于交通干道沿线，设施简易，仅提供住宿，主要服务于平民百姓和一般商旅人等，满足旅客生活的基本需要。

2. 大饭店时期

18世纪中叶，欧洲工业革命的爆发，上层社会商务活动和交流日益频繁，客栈显然难以满足这部分人的需要。18世纪末，在欧洲一些国家和地区的大都市里开始兴建高级大饭店。大饭店不仅是为旅游者提供服务的场所，也是一个地区重要的社交中心。大饭店都是建在繁华的大都市，规模宏大，设施豪华，装饰讲究，提供多种服务，主要服务于王室贵族和社会名流，大饭店设施的使用是一种身份、地位的炫耀，满足的是心理需要。

大饭店时期，服务有了创新，饭店管理职能初步形成。经营饭店的瑞士人恺撒·里兹（César Ritz）提出了"客人永远是对的"经营格言，至今仍是饭店服务的准则。

3. 商业饭店时期

商业饭店时期大约从 20 世纪初到 20 世纪 50 年代。随着西方资本主义的发展，旅游者的人数不断增加，而交通工具的更新与发展为人们出行提供了更多的机会和可能，但却受到住宿业的极大制约。一方面是设施豪华的大饭店；另一方面是设施简陋的客栈，两者都不太适合商务旅游市场，于是，介于两者之间的商业饭店应运而生。

美国人埃尔斯沃思·斯塔特勒（Ellsworth Statler）是商业饭店的倡导者和开创者。提出了"顾客至上，服务第一"的理念，提出"饭店从根本上来说，只销售一样东西，这就是服务"。

商业饭店服务对象主要是商务旅行者。服务设施与服务项目讲求清洁、舒适、方便、安全，而不刻意追求豪华奢侈；价格合理，物有所值；经营管理注重科学化、标准化，强调成本控制。商业饭店是饭店发展史上最为重要的阶段，奠定了现代饭店业的基础。

4. 现代新型饭店时期

20 世纪 50 年代以来，世界经济迅速复苏和振兴，人们收入水平不断提高。由于民航的发展和汽车的普及，形成了大众化的国际和国内旅游热潮，饭店业需求猛增，竞争激烈。随着国际旅游业的发展，一些有实力的饭店公司以直接经营、租赁经营、代管经营和特许经营等形式，外延扩张进行国内及跨国的连锁经营，逐渐形成了一个个统一名称、统一标志、统一标准、统一预订等具有规模经济的现代饭店连锁系统，成为现代以至未来饭店业的主宰。

现代新型饭店面向全社会各阶层旅游者，其功能趋于多样化、全面性；服务趋于规范化、个性化；经营管理趋于科学化、专业化；分布趋于国际化。

二、旅游饭店的类型

饭店作为一种统称，其形式种类十分丰富，可以从不同角度对其进行分类。根据接待对象可将饭店划分为商务型饭店、度假型饭店、长住型饭店、会议型饭店等；根据地理位置可将饭店划分为城市饭店、城郊饭店、乡村饭店、景区饭店、海滨饭店、公路饭店、机场饭店等；根据客房数量可将饭店划分为 600 间客房以上的大型饭店、300~600 间客房的中型饭店、300 间客房以下的小型饭店；根据经营方式可将饭店划分为独立经营饭店、集团经营饭店、联合经营饭店；根据价格形式可将饭店划分为欧式计价饭店、美式计价饭店、修正美式计价饭店、欧陆式计价饭店、床位与早餐式计价饭店等；根据档次或等级可将饭店划分为经济型饭店和星级饭店。下面介绍几种常见的饭店类型。

1. 汽车旅馆

Motel（汽车旅馆）一词是由美国加利福尼亚州圣路易斯奥比斯波的一位老板于 1925 年创造的。随着交通业的发展，小汽车在一些发达国家已非常普遍，如美国，平均 1～2 人就拥有一辆小汽车。这些人常常自己驾车外出旅游，他们对旅馆的要求不高，只需具备基本的食宿条件和停车场。这样，大量的汽车旅馆便应运而生。它们主要分布在公路沿线、汽车出租率较高的地方或交通中心，其设计多采用规范标准。除接待自驾游旅游者外，还接待大量的货运卡车司机和消费水平较低的普通旅游者。

2. 商务型酒店

商务型酒店主要接待商务旅游者，多建于大、中城市的中心地区。它们的适应性比较强，在旅游饭店业中占有较大比例，其设施豪华，档次较高，从事商务活动的设备一应俱全，如多功能会议厅、商务套房、办公设备等。商务型旅游饭店的康乐设施完备，供客人健身、美容、娱乐等；商场、商务中心、保健医疗、外币兑换等功能也很齐全。这类饭店的服务质量较高。

3. 会议型酒店

会议型酒店是一种以接待会议为主要功能的酒店。会议型酒店通常拥有先进的会议设施和设备，能够提供专业的会议服务和支持。会议型酒店提供多种不同类型和规模的会议室与场所，以满足不同类型的会议需求。同时，会议型酒店还提供住宿、餐饮、商务服务等综合服务，以满足与会人员的各种需求。

会议型酒店在我国国际会议 30 年的发展历史中起着重要的作用。根据国际会议产业标准，一个产业能够成为产业需具备 5 个条件，而我国会议型酒店具备了这 5 个条件，分别是专业会议室、专业会议组织者、相关产业链完整、具有国际化市场和完善的行业标准。

4. 度假旅游饭店

度假旅游饭店主要接待游乐、度假、疗养的旅游者，多建于海滨、湖畔、山区、温泉、森林、海岛、风景名胜等地。它们远离城市中心，交通便利。这类饭店的选址和所提供的服务项目是否吸引人是成败的关键。网球、高尔夫、垂钓、游泳、滑雪等娱乐健身项目比较受客人的欢迎。度假旅游饭店经营的难点在于季节性和时间性，但是只要采取适当的和灵活的经营方式就能消除这些不利因素。

5. 青年旅舍

青年旅舍（Youth Hostel）是一种设备简单，收费低廉，服务自助，旅游信息丰富，以青年学生为主要接待对象（但不排除其他客人），适合青年人旅游、住宿和交友的小型旅馆。

1912 年，世界上第一个青年旅舍在德国南部阿尔特那的一个废弃的古堡中诞生。1932 年，国际青年旅舍联盟（International Youth Hostel Federation，IYHF）在阿姆斯特丹成立。目前，在英国设有国际青年旅舍联合会，只要成为其会员，有资格享受该协会遍布全球 5 000 多家青年旅舍的服务与设施，并可享受在各国机场换汇免手续费及购买折扣车票等多种优惠。国际青年旅舍联盟是联合国教科文组织成员，也是世界旅游组织成员。

为了进一步开发国际青年旅游市场，吸引更多的国外青年人来我国旅游、学习和交流，1998 年夏，广东省旅游局率先将青年旅舍的概念引入我国，在广东建立了第一批青年旅舍。1999 年 9 月，中国第一家青年旅舍协会——广东省青年旅舍协会（YHA CHINA GD）正式成立。2006 年 7 月，前广东省旅游局率领代表团赴瑞士会议旅游名城达沃斯，参加了 IYHF 第 46 届国际大会，我国关于成立正式会员的申请，获得大会全票通过。2010 年 5 月，第 48 届国际青年旅舍联盟大会在深圳召开，这是百年历史的青年旅舍第一次在我国召开这样的大会。

6. 旅游民宿

民宿，是指利用当地民居等相关闲置资源，经营用客房不超过 4 层、建筑面积不超过 800 平方米，主人参与接待，为游客提供体验当地自然、文化与生产生活方式的小型住宿设施。

根据所处地域的不同，民宿可分为城镇民宿和乡村民宿。城镇民宿是指位于城镇内部的民宿，它们通常位于历史建筑或特色建筑内，为旅客提供独特的住宿体验；乡村民宿是指位于乡村内部的民宿，它们通常位于农村或山区，为旅客提供乡村生活的体验。

民宿通常是小型的住宿设施，不同于传统的饭店旅馆。它们可能没有高级奢华的设施，但是其独特的特点在于主人参与接待，能够使旅客感受到当地的风情和民宿主人的热情与服务。另外，民宿还能使旅客体验有别于以往的生活，了解当地的文化和生活方式。

根据公开信息，我国的民宿数量近年来持续增长。截至 2022 年年底，我国民宿数量已经超过 20 万家，其中在线民宿房源数量约 300 万套。另外，在 2019 年，我国民宿房源总量已经超过 16.98 万家，到 2020 年，国内民宿房源总数达到 300 万套，总量增长率在 25% 左右，2021 年国家"十四五"规划首次将民宿产业纳入国家整体发展布局，明确提出"壮大休闲农业、乡村旅游、民宿经济等特色产业"，标志着民宿业进入新的发展阶段。

三、现代饭店的发展趋势

随着现代经济和科技的发展，饭店业的竞争日益激烈，呈现出新的发展态势。目前，世界饭店业呈现以下五大发展趋势。

1. 服务个性化

旅游饭店业将从标准化服务向个性化服务发展，但并不是说饭店业将要放弃标准化。标准化是饭店优质服务必不可少的基础，但标准化服务不是优质服务的最高境界；真正的优质服务是在标准化服务基础上的个性化服务，这才是完全意义上的优质服务。

2. 多元化发展

旅游饭店业面对的顾客将呈现更加多元化趋势，包括顾客构成多元化、顾客地域多元化和顾客需求多元化。与此同时，文旅产业的融合、互联网新技术的出现、其他行业的跨界合作，都将使酒店业变得更加多元化。

3. 经营管理集团化

旅游饭店的集团化发展是当前全球旅游业中的一个重要趋势。集团化经营有助于旅游饭店形成规模优势，扩大市场份额，提高品牌影响力，并增强抗风险能力。

4. 广泛应用高新技术

过去 20 年以现代信息技术为代表的高新技术的持续发展对饭店业产生了深远影响，饭店业的繁荣发展和竞争力的提高，将更大程度地依赖于高新技术的应用，21 世纪高新技术将在饭店业的管理、服务、营销等方面发挥更大的作用。

5. 创建"绿色饭店"

目前，饭店业作为第三产业的重要组成部分，在全球性的绿色浪潮推动下，饭店经营中的环保意识逐渐成为广大从业人员和消费者的共识。创建"绿色饭店"，走可持续发展之路已成为旅游饭店业发展的必然选择。以环境保护和节约资源为核心的"绿色管理"，也成为全球饭店业共同关注的大事情。

单元四　旅游交通

一、旅游交通的功能与作用

交通运输对旅游业的发展具有十分重要的意义。旅游的发展与交通运输的发展两者之间是相互制约并相互促进的。现代旅游之所以会有今天这样的规模，其活动范围之所以会扩大到世界各地，一个重要原因是现代交通运输的发展。旅游交通的功能与作用表现在以下几个方面。

1. 旅游交通是旅游者完成旅游的先决条件

旅游者在外出旅游时，首先要解决从居住地到目的地的空间位移问题，通过采用适当的方式抵达旅游地点。同时，采用不同旅行方式所耗费的时间不同，这是游客需要考虑和解决的问题。旅游者可用于闲暇的时间总是有限的，如果克服空间距离所占用的时间超过一定的限度，旅游者则会改变对旅游目的地的选择，甚至会取消旅游计划。大众旅游是以现代交通业的发达为基础产生的。大众旅游区别于古代科考、商业、游学、现代探险旅游，它需要安全、快捷、大载量的现代运输工具作为支撑。所以，从需求层面上看，旅游交通是旅游者完成旅游活动的先决条件。

2. 旅游交通是发展旅游业的命脉

旅游业是依赖旅游者来访而生存和发展的产业。只有旅游者能够光临，旅游业的各类设施和服务才能真正发挥作用，才能实现它们的使用价值和价值；只有在旅游目的地的可进入性高，使旅游者能够大量地、经常地前来访问的情况下，该地的旅游业才会有不断扩大的可能。所以，可进入性程度是旅游业发展的重要条件；景区内交通的快捷方便可提高景区的吸引力和档次。

3. 旅游交通是旅游收入和旅游创汇的重要来源

在旅行游览活动中，饮食、住宿和交通三项费用是旅游者最基本的旅游消费，旅游收入主要来源于此。旅游交通是旅游者在旅游活动过程中使用最为频繁的服务，交通费用产生的收入在旅游业总收入中占有相当的比重，成为旅游业收入的重要组成部分。

4. 旅游交通在旅游经历中是不可忽视的重要内容

旅游讲究"旅速游缓"，但也不得不考虑相当比例时间的"旅途"的质量。故旅游交通比普通交通讲究。如星级游船、进口车、双卧车。另外，旅游地的运输（载人）工具比普通交通工具丰富（高空索道、缆车、索桥、滑道、骑马、坐轿、森林火车），总之，旅游交通是旅游经历中的重要部分，应精心安排。

二、现代旅游交通体系

（一）主要交通旅游方式

根据交通线路和交通工具的不同，主要旅游交通方式可分为公路、铁路、航空、水运四种。

1. 公路——汽车

公路旅游交通是最普遍、最重要的短途运输方式，该方式所占比重达 66% ～ 69%。乘汽车外出旅游包括自驾车和旅游公共汽车两种。汽车作为旅游交通工具具有灵活性大、速度快、能深入到旅游点内部、可以随时停留、任意选择旅游点等优点；公路建设也具有投资较火车少、施工期短、见效快等特点。

自驾车的字面含义为：驾车者为自己，车辆主要有轿车、越野车、房车、摩托车和自行车等，以私有为主，也可以采用借用、租赁及其他方式；驾车的目的具有多样性和随意性，最终决定权在于车主或出行团队。可见，旅游是自驾车的活动内容之一，当自驾车作为旅游手段时会有以下变化，驾车者可以是车主或其同行者，驾车出行以休闲旅游为主要目的，非工作、运输等原因；自驾车旅游带有私有出游性质，非公众旅游。自驾游的兴起，符合年轻一代的心理，他们不愿意受拘束，追求人格的独立和心性的自由，而自驾游正恰恰填补了这种需求。

公共客运汽车在提供旅游服务，特别是近距离旅游服务方面有着重要的作用。因为汽车客运的经营成本较低，其价格也较为低廉，因此，对中、低档旅游消费者很有吸引力。公路旅游交通的不足之处就是运输量小，速度不如火车、飞机快；消耗能量较大，特别是小汽车容纳的人数不多，相对来说费用较高；造成环境污染比较严重，致使街道拥挤，安全性能较差。

2. 铁路——火车

自新中国成立以来，我国铁路一直保持着较快发展的势头，是国内旅游者选用的主要交通方式。铁路旅游交通具有客运量大、票价低、受气候变化影响小、安全正点、环境污染小等优点，但也具有造价高、修筑工期长、受地区经济和地理条件限制等缺点。

 知识链接

中国铁路六次大提速

中国铁路六次大提速是中国铁路的重大事件之一。

第一次大提速：1997 年 4 月 1 日，京广、京沪、京哈三大干线全面提速。以沈阳、北京、上海、广州、武汉等大城市为中心，开行了最高时速达 140 千米、平均旅行时速 90 千米的列车，全国旅客列车平均旅行速度提升到 54.9 千米 / 小时。

第二次大提速：1998 年 10 月 1 日，直通快速旅客列车在京广、京沪、京哈三大干线的提速区段最高时速可达到 140～160 千米。全路旅客列车平均速度提升到 55.16 千米 / 小时。

第三次大提速：2000 年 10 月 21 日，铁路旅客列车最高时速达 140～160 千米。全国铁路旅客列车平均旅行速度提升到 61.63 千米 / 小时。

第四次大提速：2001 年 10 月 21 日，铁路旅客列车最高时速达 160～200 千米。全国铁路旅客列车平均旅行速度提升到 63.3 千米 / 小时。

第五次大提速：2004 年 4 月 18 日，京秦、京沪、京九、京广、京哈、胶济等干线提速目标全面实现。全国铁路旅客列车平均旅行速度提升到 65.03 千米 / 小时。

第六次大提速：2007 年 4 月 18 日，"和谐号" CRH 动车组投入运行，最高时速达 250～350 千米。全国铁路旅客列车平均旅行速度提升到 77.75 千米 / 小时。

3. 航空——飞机

飞机的优越之处在于迅速、方便、能跨越各种自然障碍、较为舒适等，因此，在洲际旅游和国际旅游中起主要作用，尤其适用于远程旅行。但是票价高，空港占地面积大，用地条件高，飞机起落噪声污染严重，机场要建在远离市中心的地区，航空运输存在着最小飞行距离的限制（空中直接距离 200 千米定为开办航线的最小经济半径），易受天气条件制约。

航空客运主要可分为定期航班服务和包机服务两种。定期航班服务是指在既定的国内或国际航线上按照既定的时间表提供客运服务，不论乘客多少，飞机必须按公布的航班日期和时间起飞（除了意外情况发生）。而包机业务不必按固定的时间表起飞，一般没有固定的经营航线，对预订量不足的航班，包机公司可以取消，已预订的乘客可以转让给其他包机公司或者联合经营。包机票价一般较低，因而对旅游者有较大吸引力。

4. 水运——轮船

在旅游发展史上，舟船在古代旅行、近代旅游和现代旅游初期，曾占有十分重要的地位。

轮船客运业务主要可划分为4种，即远程定期班轮服务、海上短程渡轮服务、游船服务和内河客运服务。其优点是运量大、耗能低、投资少；缺点是行驶速度慢，受季节、气候、水深、风浪及泥沙等自然因素的影响较大，所以准时性、连续性、灵活性较差。

但是随着汽车和飞机的兴起，轮船作为远距离的旅游交通工具，逐渐失去了其重要性，不过作为度假形式的水运交通又开始发展起来。游船虽然速度慢、时间长，但比较舒服，游船像一个漂浮的大旅馆，很适合年老者和有充裕时间的游客旅行，既可登岸观光游览，又可随时回船休息，不用搬运行李和找旅馆。许多船上设有健身房、舞厅和卡拉 OK 房，文娱活动丰富多彩。像我国长沙三峡胜景，只有乘船才能领悟。所以，轮船又被称为"漂浮的旅游胜地"。

（二）其他交通旅游方式

除了上述四大主要交通工具外，还有其他交通工具和设施在旅游活动中起辅助作用。

1. 观光游览车

观光游览车是一种专为旅游景区设立的区域性电动车，主要用于公园、大型游乐园、封闭社区、校园、花园式酒店、度假村、别墅区、城市步行街、港口等区域开发的自驾游、区域巡逻、代步专用的环保型电动乘用车辆。它是一种绿色环保的交通工具，可以为游客提供观光、游览、代步等多种服务。

观光游览车具有以下特点：

（1）环保节能。观光游览车采用蓄电池作为能量来源，不会排放废气和污染物质，具有环保节能的特点。

（2）操作简单。观光游览车的驾驶操作相对简单，一般只需要掌握前进、后退、停车等基本操作即可。

（3）平稳舒适。观光游览车的悬挂系统经过精心设计和调整，可以提供平稳舒适的乘坐体验。

（4）多功能性强。观光游览车可以配备多种设备，如舒适的座椅、空调、电视、音响等，以满足游客的不同需求。

（5）安全可靠。观光游览车的设计和制造都符合相关安全标准，可以保证游客的安全。

另外，根据不同景区的需求和特点，观光游览车还具有不同的用途和特点。例如，有些观光游览车可以提供餐饮、导游等服务，以满足游客的不同需求。另外，观光游览车的外观设计也可以根据不同的主题和需求进行喷涂和定制，以增加其吸引力。

2. 竹筏

竹筏是一种传统的旅游交通工具，尤其是在我国。竹筏通常是由竹子制成的小船，配以船桨，用于在水面上航行。竹筏不仅是一种交通工具，也是一种旅游项目，可以让人体验到当地的文化和风景。

3. 沙漠冲锋舟

沙漠冲锋舟是一种适用于沙漠环境的交通工具，可以在沙漠的沙丘上快速移动。它通常由一对橡胶轮胎和一条牵引杆组成，可以承载多个人在沙漠中快速穿行。

4. 雪橇

雪橇是一种适用于雪地的旅游交通工具，可以在雪地上滑行。根据不同的地形和用途，雪橇有不同的设计和材质，如双橇和单橇、木制和金属制等。

5. 热气球

热气球是一个比空气轻，上半部是一个大气球状，下半部是吊篮的飞行器。气球的内部加热空气，这样相对于外部冷空气，内部空气具有更低的密度，作为浮力来使整体发生位移；吊篮可以携带乘客和热源（大多是明火）。现代运动气球通常由尼龙织物制成，开口处用耐火材料制成。

热气球最早在 18 世纪被法国人发明，并在之后的几个世纪中不断改进和完善。1783 年 11 月 21 日，法国的 Montgolfier 兄弟制作了第一个载人热气球，并在巴黎进行了首次公开演示。随后，热气球在航空体育、摄影、旅游等领域得到了广泛的应用。

观光热气球可以让乘客能够从高空俯瞰周围的景色，让人们能够从新的角度欣赏自然和人文景观，其设计和操作都符合航空法规，拥有一系列安全设备和措施，以确保乘客的安全。观光热气球可以在各种不同的场地起飞和降落，例如，山区、平原、城市等，这使得它成为一种非常灵活和适应性强的旅游项目。观光热气球通常配有专业的吊篮和座椅，这使乘客可以更加舒适地观赏景色，同时，还有专业的驾驶员和导游陪同，提供更好的旅游体验。

6. 水上飞机

水上飞机是一种适用于水面的交通工具，可以在水面起降，用于海上旅游和观赏等。水上飞机通常可分为单翼和双翼两种，可以承载多个人在水面上飞行。

三、我国旅游交通发展存在的问题及发展方向

（一）我国旅游交通发展存在的问题

1. 安全问题

近年来，旅游交通事故频发，如 2018 年四川九寨沟景区发生山洪泥石流灾害，造成包括游客在内的 20 余人遇难，10 余人失联。另外，一些景区的索道、缆车等交通设施存在安全隐患，如 2019 年桂林阳朔西街索道事故，造成 1 死 8 伤的严重后果。

2. 环境污染

旅游交通工具，尤其是汽车，排放的废气对环境造成了严重污染。例如，北京等城市的旅游旺季常常出现雾霾等天气，导致游客的旅游体验下降。另外，旅游交通的过度发展也会对景区环境产生负面影响，如丽江古城等景区的商业化、城市化倾向，破坏了景区的自然风貌。

3. 旅游体验

旅游交通的拥堵和不合理安排可能会降低游客的旅游体验。例如，2019 年国庆黄金周期间，由于大量游客涌入，造成北京故宫、长城等景区人满为患，游客等待时间过长，旅游体验大打折扣。

4. 区域发展不平衡

在一些偏远或欠发达地区，旅游交通设施不完善，导致游客难以进入，限制了旅游业的发展。例如，西藏等西部地区的交通基础设施相对薄弱，旅游交通发展滞后，影响了游客的进入和旅游业的进一步发展。

（二）我国旅游交通发展的方向

（1）安全性提升。旅游交通应该更加安全可靠，减少交通事故的发生。可以通过加强交

通安全管理和维护、提高交通工具的安全性能等方式来实现。

（2）绿色出行推广。旅游交通应该更加环保，鼓励游客选择绿色出行方式，如骑行、徒步等，减少对环境的污染。同时，可以推广环保旅游方式，如生态旅游、低碳旅游等。

（3）智能化发展。旅游交通可以通过引入智能化技术，实现交通流量优化、安全监控等功能，提高旅游交通的效率和便利性。

（4）个性化服务提升。旅游交通可以根据不同游客的需求和偏好，提供更加个性化和精细化的服务，如定制旅行计划、专属导游等。

（5）区域合作加强。旅游交通应该加强区域合作，建立完善的旅游交通网络，促进各地区旅游业的均衡发展。可以通过跨区域交通合作、交通枢纽建设等方式来实现。

 知识链接

长沙立体综合交通不断突破，旅游大交通格局逐步完善

近年来，长沙市立体交通已形成了以国际化航线、高速化铁路、现代化公路为主要骨架，以黄花机场、长沙南站为区域枢纽的综合交通运输体系，具备了良好的旅游交通基础设施条件。

1. 铁路 + 航空

2012 年，京广高铁全线贯通，这条纵贯我国南北的大动脉，给长沙带来了无穷想象；2014 年京广、沪昆两条高铁大动脉在长沙交会，长沙一跃成为我国中部最重要的高铁黄金枢纽城市，放大了区位优势；2017 年，贯穿长沙、株洲、湘潭的长株潭城际铁路全线通车运营，三城开启"同城"模式，加速推进长株潭都市圈发展；2022 年，渝厦高铁益长段开通，长沙高铁网络迎来"三核"驱动时代，"米"字形交会加快实现。未来，随着长沙高铁西站建设的加速推进，长沙高铁西站将与长沙高铁南站彼此呼应，如同城市发展的"两翼"，加速长沙与全国各地的交流往来，助力长沙打造成内陆地区开放高地。

从"单跑道单航站楼"到"双跑道双航站楼"再到冲刺"三跑道三航站楼"，长沙黄花机场承载着湖南人的"蓝天梦"。2014 年，长沙至法兰克福航线开通，这是湖南首条洲际航线，开启了长沙拥抱世界的新篇章。如今，长沙黄花机场实现五大洲直航，客运吞吐量稳居全国前列，进入全国大型繁忙机场行列，长沙 4 小时航空经济圈不断拓展，为国内外游客到达长沙提供方便快捷方式。

2. 高速公路 + 国省干线 + 农村公路

截至 2021 年年底，全市公路总里程达 16 255 千米，其中高速公路通车里程 724 千米，国省干线公路 2 109 千米，农村公路 13 422 千米，已实现各区县（市）30 分钟内上高速的目标，基本实现以长沙为中心通达全省其他市（州）的 4 小时公路交通圈。

过去十年，长沙市大力推动国省干线建设，建成了诸如望城区双桂至上水库公路、荷文公路（浏阳市胡耀邦故居及陈列馆红色旅游公路）、长沙县春华镇大鲁线、宁乡市横黄公路、望城区望城乔口－新宁路等一大批美丽公路，可为旅游景区提供服务的国省干线总计建成 541.8 千米，总投资超 100 亿元，服务 A 级以上景区 53 个。推动景区旅游线路更加顺畅，有效拉动了沿线产业发展和乡村全面振兴。

过去十年，长沙新改建农村公路近 15 000 千米，带动投资近 100 亿元，实现了所有乡

镇通三级路、所有建制村通客班车、25户及100人以上自然村通硬化路，农村公路硬化率达到80%以上，为乡村旅游发展提供交通支撑。2022年以来，为助力全市旅游发展大会召开，市交通运输局会同相关区县（市）加强农村公路提档升级，全年投入资金11亿，着力打造美丽农村路。宁乡市横黄公路入选全省"十大最美农村路"，浏阳市耀邦故居及陈列馆红色旅游路入选"湖南省最具人气路"。同时，上述线路还分别入选了交通部"最美农村路"、6月"乡风文明路"、7月"红色旅游路"主题全国前10名，望城区团头湖环湖公路已申报交通运输部12月主题。"最美农村路"不仅实现了公路与沿线自然景观的高度融合，同时，也将旅游资源产业串联起来，打造成了服务地方乡村振兴，改善乡村面貌的旅游路、富民路、幸福路。

3.水上旅游交通

长沙市水上旅游已初具规模，主要依托湘江、浏阳河水上资源布设。橘子洲西旅游客运码头和潇湘大道新民路口旅游客运停靠点分别于2015年5月和10月建成投入运营；陶公庙旅游码头和三馆一厅旅游码头于2017年10月1日投入试运营；湘江渔人码头、巴溪洲等游艇码头相继建成。目前，旅游码头共9处，其中除橘子洲西、新民路口、陶公庙、三馆一厅4处旅游码头外，还包括巴溪洲左汊游艇、巴溪洲右汊游艇、渔人码头（上）、渔人码头（下）和金融中心（凤巢）5处游艇码头。

已开通浏阳河陶公庙至湘江橘子洲江河之旅一日游交通观光游航线、陶公庙至三馆一厅往返航线、橘子洲至三馆一厅往返航线、橘子洲环绕航线、新民路口至橘子洲航线等，为市民和游客亲水、休闲、观光、游览提供了新的服务模式和休憩平台，提供了安全、快捷、方便出行方式，接待游客约为30万人次/年。

4.公共交通

长沙市轨道交通实现主城区"六区一县"地铁全覆盖，服务景区/景点约27个，其中A级景区14个。内五区常规公交线路数量达291条，基本覆盖全市所有文旅设施。全市既有的71处A级景区有52处设置了公交线路以及直达公交站点，整体设置率约为73.2%；城区内A级景区公交线路及站点设置率100%；4A级以上景区公交设置率85.7%。已开通试运行4条旅游专线，分别为省博线、橘洲线、洋湖线、开慧红色旅游快速公交专线。运营车辆以中型客车为主，保障了舒适乘坐体验，且配有电子屏播放景区宣传片提前带游客了解景区特色，规划游玩项目。另外，还建设了橘子洲公交首末站、天马公交站场（岳麓山风景区）、世界之窗公交站场、南湖公交首末站、华谊兄弟公交站场、湘绣城公交站场、莲花公交场站、跳马公交站场、黄兴故居公交站场等一批城市公交站场，加强了对旅游景区的服务支撑。

另外，长沙城乡客运基本实现公交化运营，建设了大围山客运站、丁字客运站、铜官客运站、浏阳市苍坊旅游区公交首末站、雨花区石燕湖公交首末站等项目，为外围乡镇文旅服务也提供了公交便利。

5.智慧交通

智慧交通助力旅游发展，创新"互联网+旅游+交通"实践。推进交旅融合，加强交旅相关信息基础设施建设，完善智慧旅游交通、智慧景区配套建设，基于"我的长沙"城市移动综合服务平台和长沙市"智慧文旅"平台、湖南省交通旅游服务大数据应用试点工程，实现"一部手机游长沙、享长沙、品长沙"。优先落实5A和4A景区建设智慧景区，覆盖5G网络，探索5G应用，普及在线预约、云上直播、电子地图、语音导览、一键定位、在线客服等智慧服务。推动旅游咨询、旅游厕所、旅游交通、应急管理等公共服务设施智慧化，鼓励各类 A 级景区、文博场馆、星级乡村旅游景点、乡村热门景点等加速智慧化建设，编制"长沙数字文旅地图"，推动全市涉旅数据上云。鼓励和指导景区加大线上营销力度，推广在线预约，结合旅游交通承载力，加强高峰期流量控制和疏导分流。加强旅游、交通安全监测和线上投诉处理，全面提升交旅融合发展的游览环境和通行环境。加强文旅产业大数据、旅游交通大数据采集分析工作，为交旅政策设计提供更精准参考，为长沙市交旅平台建设提供数据支撑。

以湖南省交通旅游服务大数据应用试点工程为契机，结合长沙市交通旅游融合发展的诉求，搭建长沙市交通旅游大数据服务和管理体系，建设覆盖全面的信息监测体系、方便实用的交通信息服务体系，促进交通旅游"线、点"无缝融合，实现"旅行前""旅行中""旅行后"服务闭环和管理闭环。通过分类处置、部门联动、大数据分析等，为游客容量控制与分流引流提供了强有力的基础支撑。

下一步，市交通运输局将以构建立体化网络、人性化设施、特色化服务、信息化平台"四位一体"的旅游交通运输体系为目标，以"一城、一带、三廊、九区"总体旅游格局为指引，完善并优化提升地处廊带的景区、景点旅游交通，构建集旅途畅通、景色优美、配套齐全和智能引导等功能于一体的畅行慢旅旅游交通干线通道，全面提升长沙市旅游交通品质，实现交通与旅游深度融合，促进长沙市旅游高质量、可持续发展，支撑长沙市创建"国际旅游中心城市"。

（来源：人民网—湖南频道）

单元五　旅游景区

一、旅游景区的定义

按《旅游区（点）质量等级的划分与评定》（GB/T 17775—2003），旅游景区（Tourist Attraction）是以旅游及其相关活动为主要功能或主要功能之一的空间或地域。本标准中旅游景区是指具有参观游览、休闲度假、康乐健身等功能，具备相应旅游服务设施并提供相应旅游服务的独立管理区。该管理区应有统一的经营管理机构和明确的地域范围。其包括风景区、文博院馆、寺庙观堂、旅游度假区、自然保护区、主题公园、森林公园、地质公园、游乐园、动物园、植物园及工业、农业、经贸、科教、军事、体育、文化艺术等各类旅游景区。

二、旅游景区的特点

1. 完整性

旅游景区应该保持其自然和文化遗产的完整性与原真性。这意味着景区的环境和文化应该得到保护，避免过度开发和破坏。景区的各种设施和服务也应该与当地的自然和文化相协调，以提供完整的旅游体验。

2. 地域性

旅游景区具有地域性，表现在不同的地区有不同的自然景观和文化遗产。这种地域性也反映了不同地区的文化和传统。因此，旅游景区应该突出其地域特色和文化魅力，以吸引更多的游客。

3. 专用性

旅游景区通常是专门为旅游而开发的，其设施和服务都是为游客提供旅游服务的。例如，景区内的住宿、餐饮、娱乐、导游服务等都是为游客提供专门的服务。

4. 可控性

旅游景区应该对游客的数量、行为和管理进行有效的控制。例如，限制游客数量、管理游客行为、保护景区环境等，以确保游客的行为不会对景区造成损害。

5. 长久性

旅游景区应该进行长期规划和管理，以保持其持续发展和长期价值。这包括景区的维护和修复、文化遗产的保护、生态环境的维护等方面，以确保景区的持久性和可持续发展。

三、我国旅游景区的类型

1. 自然类旅游景区

自然类旅游景区以自然景观为主，包括山川湖泊、森林草原、江河瀑布、海洋沙漠等自然风光。它们以自然之美和生态保护为主题，使游客在自然环境中感受大自然的神奇和美丽。例如，我国的九寨沟、张家界、黄山等都是著名的自然类旅游景区。

2. 人文类旅游景区

人文类旅游景区以人文景观为主，包括历史古迹、文化遗址、博物馆、宗教寺庙、园林等。它们以历史文化为主题，使游客了解和体验人类文明的发展与不同地域的文化特色。例如，我国的故宫、长城、秦始皇兵马俑、苏州园林等都是人文类旅游景区的代表。

3. 主题公园类旅游景区

主题公园类旅游景区是以特定主题为核心，通过人造景观、表演、游戏等方式，为游客提供一种特别的娱乐体验。现代主题公园的主题多种多样，如以本民族文化为主题的、以地方历史文化为主题的、以异域文化为主题的、以异地自然景观为主题的、以童话幻想为主题的、以科学技术和宇宙为主题的、以历史人物为主题的、以文学名著和电影场景为主题的。世界各地的迪士尼乐园、环球影城等都是主题类旅游景区的代表。

 知识链接

北京环球影城主题公园：打造环球主题视觉盛宴

熠熠生辉的"星光大道"，引人入胜的"好莱坞街景"，电影大师史诗级的"极致灯光秀"，与"驯龙高手"的梦幻接触……2023 年 9 月 20 日，北京环球影城主题公园开园。

北京环球影城主题公园是世界第五个、亚洲第三个，也是全球最大、最智能、最高端的环球影城主题公园。

好莱坞大道景区作为游客进园的必经之路，依托其美轮美奂的主题元素，必成为名副其实的网红打卡地。

这里不仅有象征环球影城荣誉的好莱坞大道，还是游客最佳的购物天堂，在这里既可以捕获到呆萌的玩偶，穿上哈利·波特的法袍就可以 COSPLAY 智慧搞怪的巫师，同时商店内各种主题风格商品琳琅满目，让人应接不暇。

白天，游客既可以徜徉星光大道赏好莱坞街景、览环球山水的惬意，也可纵享张艺谋和斯皮尔伯格电影中灾难场景的刺激；既可在中国剧院与"驯龙高手"切磋，也可尝遍各色美食。待到傍晚，华灯初上，灯影幢幢，五彩斑斓，棕榈树高耸星辰、挺拔婆娑，膜结构大棚飞架南北，更增几分绚烂色彩。

而梦的铸造过程充满艰辛与挑战。作为主题园区的第一站，北京环球影城标段六技术先进，工艺考究，工程本身涵盖建筑施工行业的各专业领域，建筑单体多，结构多样，工艺烦琐、交叉施工、区域布景比例大、工序协调面广、演艺设备联合调试复杂，项目技术标准严格，在满足国标及北京地方相关标准的同时，还需满足美国、FM 等国际标准。

北京环球影城标段六总承包方中冶建研院相关负责人介绍，在不到三年的时间里，项目团队完成 5 898 张项目图纸的变更，保障了北京环球影城的梦幻之旅。

2020 年 12 月 30 日，北京环球影城标段六项目召开竣工验收会议，通过区质监站会同建设、设计、监理、勘察、总包的五方主体竣工验收。

主题公园最大的特点就是尽可能让游客进行体验和互动，游乐设备、声光电等高科技的元素应用较多，北京环球影城作为世界顶级主题公园，对声光电系统集成呈现效果更为严苛。

中冶建研院承建的灾难特效剧场"灯光、摄像、开拍"是园区十大核心单体之一，特效剧院单体设计错综复杂，专业交叉施工众多，如何完美落地美方概念设计意图，成为各方必须共同面对的课题。

机电设备设施层峦叠嶂、排列紧凑，施工空间狭小给施工增加了难度，同时，由于原设计图纸缺失、设计变更高达 1 100 余项，给设计团队及总包进一步深化图纸带来巨大压力。在主体结构验收完成后，单体内各个空间新增各种支撑钢结构 252 吨，构件达 1 276 件，施工任务加重。中冶建研院项目管理团队相关负责人介绍，根据不同阶段的矛盾，适时调整组织架构及劳动力配置，在非常时期行"非常"之举，采用 BIM 进行设计施工协调和冲突检测等一系列举措，兑现合同节点承诺，实现了节点的胜利，项目团队于 2020 年 8 月 20 日完成演艺区域的自施工作，为移交特效剧院打下坚定基础。

在特效剧院里，由传奇导演史蒂文·斯皮尔伯格与张艺谋强档合作主持的"灯光、摄影、开拍"，是全国首座室内燃放真火，见证飓风袭击港口的震撼灾难场景的游乐设施，只为带给游客震撼的惊险体验。由于该特效剧院中火焰表演是中国第一个在室内燃放真火表演的项目，要求的规范标准极其严苛，其中燃气探测系统、氧气探测系统、CO 探测系统共同对燃放主火进行监测，必须达到随时可以关闭燃气切断阀，风量、照度、消防设施同步联动、疏散距离、柴发、电动排烟窗、消防水炮、双鉴式探测器、管路吸式探测器、防爆间、自动补风门等各种消防设施在满足相关规范的同时，还必须满足消防性能化设计的专家意见。"项目团队针对该剧场消防性能化设计，前后经过三次专家论证，历尽坎坷，最终取得消防验收圆满成功。"项目团队负责人说。

北京环球影城项目每个里程碑节点的如期完成都离不开所有项目团队夜以继日的辛勤耕耘。据悉，在全体项目部员工的努力下，北京环球影城项目取得了丰硕的成果，斩获中国钢结构金奖、全国优秀焊接工程、北京市结构长城杯金奖、北京市绿色安全文明工地等各类奖项。

（来源：《科技日报》）

4. 社会类旅游景区

社会类旅游景区以社会风貌为主要景观，包括城市风貌、乡村风光、民俗文化等。它们以社会文化和乡土风情为主题，使游客了解和体验不同地域的乡土文化与风土人情。例如，我国的丽江古城、大理古城、凤凰古城等都是社会类旅游景区。

四、我国旅游景区的等级评定

按《旅游区（点）质量等级的划分与评定》（GB/T 17775—2003），旅游景区质量等级划分为五级，从高到低依次为 AAAAA、AAAA、AAA、AA、A 级旅游景区。旅游景区质量等级的标牌、证书由全国旅游景区质量等级评定机构统一规定。

等级评定主要从旅游交通、游览、旅游安全、卫生、邮电服务、旅游购物、经营管理、资源和环境的保护、旅游资源吸引力、市场吸引力、年接待海内外旅游者人次、游客抽样调查满意率等方面进行评定。下面以 AAAAA 级旅游景区为例进行说明。

（1）旅游交通。

1）可进入性好。交通设施完善，进出便捷。或具有一级公路或高等级航道、航线直达；或具有旅游专线交通工具。

2）有与景观环境相协调的专用停车场或船舶码头。管理完善，布局合理，容量能充分满足游客接待量要求。场地平整坚实、绿化美观或水域畅通、清洁。标志规范、醒目、美观。

3）区内游览（参观）路线或航道布局合理、顺畅，与观赏内容联结度高，兴奋感强。路面特色突出，或航道水体清澈。

4）区内应使用清洁能源的交通工具。

（2）游览。

1）游客中心位置合理，规模适度，设施齐全，功能体现充分。咨询服务人员配备齐全，业务熟练，服务热情。

2）各种引导标识（包括导游全景图、导览图、标识牌、景物介绍牌等）造型特色突出，艺术感和文化气息浓厚，能烘托总体环境。标识牌和景物介绍牌设置合理。

3）公众信息资料（如研究论著、科普读物、综合画册、音像制品、导游图和导游材料等）特色突出，品种齐全，内容丰富，文字优美，制作精美，适时更新。

4）导游员（讲解员）持证上岗，人数及语种能满足游客需要。普通话达标率100%。导游员（讲解员）均应具备大专以上文化程度，其中本科以上不少于30%。

5）导游（讲解）词科学、准确、有文采。导游服务具有针对性，强调个性化，服务质量达到相关国家标准的要求。

6）公共信息图形符号的设置合理，设计精美，特色突出，有艺术感和文化气息，符合《公共信息图形符号 第1部分：通用符号》（GB/T 10001.1—2023）的规定。

7）游客公共休息设施布局合理，数量充足，设计精美，特色突出，有艺术感和文化气息。

知识拓展：
《旅游区（点）质量等级的划分与评定》

（3）旅游安全。

1）认真执行公安、交通、劳动、质量监督、旅游等有关部门制定和颁布的安全法规，建立完善的安全保卫制度，工作全面落实。

2）消防、防盗、救护等设备齐全、完好、有效，交通、机电、游览、娱乐等设备完好，运行正常，无安全隐患。游乐园达到相关国家标准规定的安全和服务标准。危险地段标志明显，防护设施齐备、有效，特殊地段有专人看守。

3）建立紧急救援机制，设立医务室，并配备专职医务人员。设有突发事件处理预案，应急处理能力强，事故处理及时、妥当，档案记录准确、齐全。

（4）卫生。

1）环境整洁，无污水、污物，无乱建、乱堆、乱放现象，建筑物及各种设施设备无剥落、无污垢，空气清新、无异味。

2）各类场所全部达到国家标准规定的要求，餐饮场所达到国家标准规定的要求，游泳场所达到国家标准规定的要求。

3）公共厕所布局合理，数量能满足需要，标识醒目美观，建筑造型景观化。所有厕所具备水冲、盥洗、通风设备，并保持完好或使用免水冲生态厕所。厕所设专人服务，洁具洁净、无污垢、无堵塞。室内整洁，有文化气息。

4）垃圾箱布局合理，标识明显，造型美观独特，与环境相协调。垃圾箱分类设置，垃圾清扫及时，日产日清。

5）食品卫生符合国家规定，餐饮服务配备消毒设施，不应使用对环境造成污染的一次性餐具。

（5）邮电服务。

1）提供邮政及邮政纪念服务。通信设施布局合理。出入口及游人集中场所设有公用电话，具备国际、国内直拨功能。

2）公用电话亭与环境相协调，标志美观醒目。

3）通信方便，线路畅通，服务亲切，收费合理。

4）能接收手提电话信号。

（6）旅游购物。

1）购物场所布局合理，建筑造型、色彩、材质有特色，与环境协调。

2）对购物场所进行集中管理，环境整洁，秩序良好，无围追兜售、强买强卖现象。

3）对商品从业人员有统一管理措施和手段。

4）旅游商品种类丰富，本地区及本旅游区特色突出。

（7）经营管理。

1）管理体制健全，经营机制有效。

2）旅游质量、旅游安全、旅游统计等各项经营管理制度健全有效，贯彻措施得力，定期监督检查，有完整的书面记录和总结。

3）管理人员配备合理，中高级以上管理人员均具备大学以上文化程度。

4）具有独特的产品形象、良好的质量形象、鲜明的视觉形象和文明的员工形象，确立自身的品牌标志，并全面、恰当地使用。

5）有正式批准的旅游总体规划，开发建设项目符合规划要求。

6）培训机构制度明确，人员、经费落实，业务培训全面，效果良好，上岗人员培训合格率达100%。

　　7）投诉制度健全，人员落实、设备专用，投诉处理及时、妥善，档案记录完整。

　　8）为特定人群（老年人、儿童、残疾人等）配备旅游工具、用品，提供特殊服务。

　　（8）资源和环境的保护。

　　1）空气质量达到《环境空气质量标准》（GB 3095—2012）的一级标准。

　　2）噪声质量达到《声环境质量标准》（GB 3096—2008）的一类标准。

　　3）地面水环境质量达到《地表水环境质量标准》（GB 3838—2002）的规定。

　　4）污水排放达到《污水综合排放标准》（GB 8978—1996）的规定。

　　5）自然景观和文物古迹保护手段科学，措施先进，能有效预防自然和人为破坏，保持自然景观和文物古迹的真实性与完整性。

　　6）科学管理游客容量。

　　7）建筑布局合理，建筑物体量、高度、色彩、造型与景观相协调。出入口主体建筑格调突出，并烘托景观及环境。周边建筑物与景观格调协调，或具有一定的缓冲区域。

　　8）环境氛围优良。绿化覆盖率高，植物与景观配置得当，景观与环境美化措施多样，效果好。

　　9）区内各项设施设备符合国家关于环境保护的要求，不造成环境污染和其他公害，不破坏旅游资源和游览气氛。

　　（9）旅游资源吸引力。

　　1）观赏游憩价值极高。

　　2）同时具有极高历史价值、文化价值、科学价值，或其中一类价值具有世界意义。

　　3）有大量珍贵物种，或景观异常奇特，或有世界级资源实体。

　　4）资源实体体量巨大，或资源类型多，或资源实体疏密度极优。

　　5）资源实体完整无缺，保持原来形态与结构。

　　（10）市场吸引力。

　　1）世界知名。

　　2）美誉度极高。

　　3）市场辐射力很强。

　　4）主题鲜明，特色突出，独创性强。

　　（11）年接待海内外旅游者60万人次以上，其中海外旅游者5万人次以上。

　　（12）游客抽样调查满意率很高。

　　根据旅游景区质量等级划分条件确定旅游景区质量等级，按照《服务质量与环境质量评分细则》《景观质量评分细则》的评价得分，并结合《游客意见评分细则》的得分综合进行。经评定合格的各质量等级旅游景区，由全国旅游景区质量等级评定机构向社会统一公告。

单元六　旅游商品

　　购物需求是旅游者的基本需求之一，因此，旅游业不仅包括旅行社、旅游饭店、旅游交通，还应包括旅游商品的生产和销售部门。

一、旅游商品的定义

从广义上来看，凡是旅游者在旅游途中所购买的商品，皆可称为旅游商品；而狭义的旅游商品则是指专为满足旅游者的需求而生产的各类旅游购物品。旅游购物品不同于旅游产品。从旅游者角度来说，旅游产品就是消费者支付一定费用后所完成的一次旅游经历；从供给方角度来说，旅游产品是为满足旅游者的需要而提供的各种旅游活动接待条件和相关服务的总和。旅游者的旅游活动包括食、住、行、游、购、娱 6 个方面，因此，旅游产品是一个综合概念。旅游购物品只是旅游产品的一个组成部分，或者说，旅游购物只是旅游活动的一个要素。这里以旅游购物的角度介绍旅游商品。

二、旅游商品的特点

旅游商品既具有一般商品的特点，但又不同于一般商品，其特点主要表现在以下几个方面。

1. 纪念性

纪念性是旅游者针对旅游商品的最基本要求。旅游者在异国他乡旅游，往往怀有猎奇心理，每到一地或结束旅游时，总希望购买一些能反映旅游地文化古迹、风土人情的纪念品，或留作自用，可以睹物思情唤起自己的美好回忆；或馈赠亲友，使其仿佛身临其境。例如，到北京的旅游者，一般喜欢买以长城为内容的文化衫、微缩模型等。

2. 艺术性

旅游商品是指旅游地区具有独特性和艺术性的商品，包括手工艺品、纪念品、特色食品等。这些商品通常反映了当地的文化、历史和风俗习惯，因此具有很高的艺术价值。

（1）旅游商品的艺术性体现在其设计和制作上。许多旅游商品都具有独特的设计风格和精美的制作工艺，如手工刺绣、木雕、陶瓷等，这些商品通常由当地的艺术家和手工艺人精心制作，具有很高的艺术价值。

（2）旅游商品的艺术性也体现在其文化内涵上。每个旅游商品都有其背后的文化背景和历史故事，如传统服饰、民间舞蹈、神话传说等。这些文化元素使旅游商品不仅是一种物品，更是一种文化和艺术的载体。

（3）旅游商品的艺术性也体现在其包装上。许多旅游商品都具有精美的包装设计，如传统的包装材料、图案和色彩等。这些包装设计不仅美观大方，还能够反映出当地的文化特色和艺术风格。

总之，旅游商品的艺术性体现在多个方面，包括设计、制作、文化内涵和包装等。这些艺术元素使旅游商品不仅是一种商品，更是一种艺术品，能够给人们带来美的享受和文化的启示。

3. 地域性

旅游商品反映着当地的文化、历史和自然特色。例如，云南的普洱茶、江苏的苏州刺绣、浙江的龙井茶等，都是当地特色鲜明的旅游商品。

4. 便携性

旅游商品的便携性是指旅游商品通常小巧玲珑，便于携带。这是由于旅游者在旅行过程中需要频繁地移动和转换旅游地点，因此购买的旅游商品需要方便携带。例如，一些地方特色的糕点、小玩具等都可以轻松地放在背包或手提袋中，方便携带。

5. 礼品性

旅游商品的礼品性是指旅游商品具有作为礼品赠送给亲朋好友或纪念特殊事件的作用。

在旅游过程中，游客往往会购买一些具有当地特色或有一定纪念意义的商品，作为礼品赠送给亲朋好友，分享自己的旅游经历和感受。

三、旅游商品的类型

旅游商品可分为多种类型，以下是一些常见的旅游商品类型。

1. 纪念品

纪念品是在旅游过程中最常见的商品类型，通常是一些与旅游地点相关的小型物品，如钥匙扣、冰箱贴纪念品、明信片、T恤衫等。这些商品通常以旅游地点的名字、景点、特色建筑等为主题，供游客购买留作纪念。

2. 地方特产

每个地区都有自己独特的特产，如食品、手工艺品等。这些商品通常与当地的文化、传统和特色紧密相连，游客可以购买作为旅行的纪念品，也可以带回家与家人朋友分享。

3. 服装和配饰

一些旅游景点或城市可能有特别的服装或配饰，如T恤、帽子、围巾等，游客可以购买作为时尚装扮或纪念。

4. 旅行用品

旅行用品包括行李箱、背包、旅行袋、折叠椅等，这些商品可以提供方便和舒适的旅行体验。

5. 地图和导游书籍

游客可以购买地图和导游书籍，以便更好地了解旅行目的地的历史、文化和景点。

6. 数字产品

随着科技的发展，一些旅游景点开始推出数字产品，如虚拟导览、手机应用程序等，游客可以通过这些产品获取更多的旅行信息和体验。

四、旅游商品的作用

旅游商品在旅游活动中扮演着重要的角色，它具有以下几个方面的作用：

（1）旅游商品可以满足游客在旅游过程中的物质需求。例如，当地特产、纪念品等都可以作为游客带回家的礼物，或者作为游客自己的留念。

（2）旅游商品可以促进地方经济的发展。旅游商品的销售收入是旅游外汇收入的重要来源，因此，发展旅游商品可以增加外汇收入，促进国家经济的发展。

（3）旅游商品可以挖掘和保护传统手工艺。如果旅游商品具有地方特色，那么它们可以吸引游客购买，从而帮助当地传统手工艺的传播和保护。

（4）旅游商品可以传播旅游目的地形象。旅游商品是旅游目的地的文化内涵和各种信息的载体，通过旅游商品，游客可以了解旅游目的地的风土人情、文化历史等信息，进而传播旅游目的地形象。

五、旅游商品的开发

开发旅游商品对于满足旅游者的需求，提高旅游业经济效益，都具有十分重要的意义。在开发旅游商品的过程中，应当注意以下几点：

（1）要充分反映一个国家或地区的民族文化特色。充分反映一个国家或地区的民族文化特色是旅游商品生命力之所在。旅游商品的文化特征越鲜明，文化品格越高，地域特征越明显，它的价值就越高，就越受旅游者欢迎。

（2）要做到多元化、多品种、多规格，切忌单调。旅游商品应该根据市场需求和消费者需求，提供多元化的品种和规格，满足不同游客的需求和喜好。例如，可以设计不同类型的旅游商品，如纪念品、特色小吃、手工艺品、文化创意产品等，每种商品又有多种不同的规格和款式，以满足不同游客的需求。

（3）要提高旅游商品的质量和档次。旅游商品应该注重商品的质量和可靠性，确保商品的制作工艺、材料品质、包装质量等都能够达到一定的标准。这样可以提高游客的购买体验和使用体验，提高商品的口碑和信誉度。

（4）要树立品牌意识。旅游商品应该建立品牌形象，提高品牌的认知度和忠诚度。品牌应该具有较高的知名度和美誉度，能够吸引消费者的注意力和信任度。通过建立品牌，可以提高商品的附加值和市场竞争力，为旅游经济的发展做出贡献。

（5）要注重科技创新与融合发展。旅游商品开发注重科技创新与融合发展，可以在提升游客体验、提高产品附加值、促进产业融合、增强品牌影响力、推动可持续发展等方面产生积极影响。

1）满足消费者需求。现代旅游者对旅游商品的需求不仅停留在物质层面，更注重体验和情感层面的满足。科技创新可以使旅游商品更加智能化、个性化、情感化，满足消费者的多元化需求。例如，通过 AR/VR 技术，可以将旅游商品与虚拟场景相结合，为游客提供沉浸式的体验。

2）提升产品附加值。通过科技创新，可以将现代科技元素融入旅游商品中，提升产品的科技含量和附加值。例如，将智能芯片、传感器等科技元素融入旅游商品中，实现商品的功能升级和个性化定制，从而提高产品的价值和竞争力。

3）促进产业融合。旅游商品的开发可以与旅游业、文化创意产业、科技产业等进行深度融合，形成多元化、立体化的旅游产业链。通过科技创新，可以将不同产业领域的技术和资源进行整合，推动旅游商品的多元化创新，从而促进旅游业的转型升级和高质量发展。

4）增强品牌影响力。科技创新可以使旅游商品具有更多的独特性和辨识度，从而在市场上形成差异化竞争优势。通过将科技元素与品牌形象相结合，可以增强品牌的影响力和美誉度，吸引更多消费者的关注和购买。

5）推动可持续发展。科技创新可以促进旅游业的绿色发展和可持续发展。例如，通过智能化的旅游商品设计，可以减少对环境的污染和破坏；通过运用新能源技术，可以实现旅游商品的低碳、环保、可持续的生产和流通。

知识链接

科技赋能 陕西旅游商品走进现代生活

2021 年，陕西省旅游协会旅游商品与装备分会推荐的"MotoEye—AR 增强现实个人装备"和"创意多功能镇北台煤化艺术品"分别荣获"中国特色旅游商品大赛"和"中国旅游商品大赛"金奖。这两件旅游商品因为科技创新，受到了评委的好评。

有业内专家表示，依托数字技术，采集、分析旅游市场需求，根据其需求及其变化进行文旅业态更新与服务升级，是实现文旅产业高品质发展的突破口。旅游商品要利用好科技手段，充分挖掘传统文化、城市资源。

1. 科技创新

陕西省旅游协会旅游商品与装备分会秘书长侯浩表示，2021 年协会推荐参赛的获奖作品彰显了陕西浓郁的地域特色，凸显科技创新，体现了科技与健康生活、文化＋旅游创意元素。"把新科技、新技术、新工艺、新材料应用到旅游商品开发中，既实现了科技成果的转化，也促进了旅游商品的开发，微创意、微科技商品层出不穷。"

以"MotoEye—AR 增强现实个人装备"为例，它是中国首个装备 HUD 硬件及增强现实、远程对讲等硬件的摩托车智能头盔。西安维度世界科技有限公司相关负责人谢辉介绍，该产品集导航仪、运动相机及对讲机等多种功能于一体，让用户在骑行时既可以看到虚拟图像，也可以看到外界实景，更有语音控制、轨迹记录等多个功能。用科技的力量来提高骑行中的安全性，让骑行更有乐趣。"随着消费升级，消费者的需求更加多样，旅游商品的创意性、实用性、物美价廉成为核心竞争力。"

谢辉表示，公司在产品研发中，有明确的科技研发和针对性。针对摩托车使用者的使用特点和使用需求，考虑到消费者改装头盔的成本和对改装后头盔的复杂外设，抓住目前市场上没有针对摩托车应用的 HUD 设备这一市场空缺，以科技为抓手进行创新设计。该产品 2021 年 6 月上线，销售价为 3 188 元。

侯浩介绍，2021 年"中国特色旅游商品大赛"和"中国旅游商品大赛"两项大赛，陕西省参赛商品品类及获奖总数均名列全国前列。下一步，陕西将对科技应用产品予以专项资金支持，加强科技与文博产品的结合，让科技融入生活。

2. 融合发展

煤炭也能成为艺术品？"创意多功能镇北台煤化艺术品"以一块黑色煤和新型活性炭为原料，还原了万里长城第一台——镇北台的原始风貌，并可做香薰、笔筒、砚台等，为能源产业和旅游产业的融合发展提供了新的思路。

"'创意多功能镇北台煤化艺术品'是榆林 2018 年提出发展煤化艺术品后的第一个成型产品，完全符合'促进煤化工产业高端化、多元化、低碳化发展'的要求。"榆林传媒中心文创研发部主任刘瑞平说。煤、精煤、新型活性炭等原料，经雕刻、打磨、加工成了造型各异的艺术品，煤的厚重颜色配以精致的做工，使得这些艺术品看起来深沉、厚重又朴实。"下一步，我们将持续推进'煤化文创商品'产业化发展，打造煤雕、炭雕、煤画、煤镁工艺品等丰富多元的文化和旅游产品矩阵，从而让能源产业反哺文化和旅游产业。"

中国科学院过程工程研究所研究员、先进能源技术课题组负责人崔彦斌表示，经过压模、成型、喷砂、雕塑、上色等多道工序制成的新型活性炭多功能产品，在最大限度保留活性炭活性的基础上，又被赋予了艺术价值。新型活性炭可以持续主动吸附空气中各种有毒气体，可以杀菌，净化室内空气，美化居住环境。崔彦斌建议成立榆林国际煤化艺术品研发中心，拓展活性炭应用领域和规模，实现煤化艺术品的实用化。

延安大学鲁迅艺术学院讲师陈楠表示，"90 后""00 后"作为当前中国市场上的消费新生代，展现出强劲的消费能力和新的消费特点，应顺应当下年轻人的"盲盒"需求，打造适配的煤化艺术品。"榆林煤炭资源丰富，又有独具特色的陕北文化，具有煤与艺术结合的天然优势。煤炭工业的发展是中国时代的缩影，煤作为极具有象征意义的媒介不失为一种独特的载体，在提高附加值的同时将其融入当代艺术设计中，赋予多种可视化表达，使作品更具东方神韵与时代内涵。"

（来源：《中国旅游报》）

模块小结

旅行社、旅游饭店和旅游交通，被称为现代旅游业的三大支柱。旅行社是发展旅游业和接待旅游者的中介组织；旅游饭店是旅游业发展的物质基础；旅游交通是促使旅游者实现空间位移的物质生产部门，承担着旅游者的运送任务。旅游景区是旅游业的重要组成部分，是旅游资源的精华，是旅游产品的核心内容。旅游商品的生产和销售部门也是旅游业的重要组成部分。本模块的知识结构如图 5-1 所示。

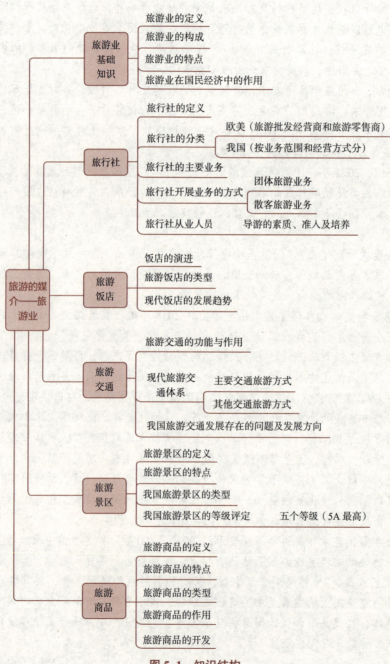

图 5-1　知识结构

思考与实践

1. 现代社会网络逐渐普及，越来越多的旅游者通过网络给自己预订机票、酒店和门票等，几乎是把旅行社等旅游中介机构"晾在一边"。在不久的将来，旅行社会不会被网络所取代？如果不会，旅行社应如何应对网络时代的到来？请对以上问题进行讨论。

2. 对你大学所在的城市进行实地调查，分别了解旅行社、旅游饭店、旅游交通、旅游景区及旅游商品的发展现状与存在的问题，并整理成调查报告。

模块六 旅游市场

🎯 学习目标

➤ 知识目标

1. 了解旅游市场的概念，熟悉其形成条件、特点及功能。
2. 了解旅游市场划分的方法。
3. 掌握我国三大旅游市场的发展现状。
4. 掌握旅游市场营销的基本内涵。

➤ 能力目标

1. 能够对旅游市场的形成条件、特点及功能等进行深入分析。
2. 能够对三大旅游市场进行调研与分析。
3. 能够应用旅游市场营销的知识，进行实际分析。

➤ 素养目标

1. 培养学生善于进行市场调研，并具有理论联系实际的能力。
2. 培养学生作为旅游从业人员应具备的市场及营销意识。

案例导学

旅游市场高开稳走

2023 年"五一"国际劳动节假期，文化和旅游行业复苏势头强劲，市场平稳有序。经文化和旅游部数据中心测算，全国国内旅游出游合计 2.74 亿人次，同比增长 70.83%，按可比口径恢复至 2019 年同期的 119.09%；实现国内旅游收入 1 480.56 亿元，同比增长 128.9%，按可比口径恢复至 2019 年同期的 100.66%。

"'五一'国际劳动节假日旅游市场继续春节以来高开稳走、加速回暖的态势，出游人次和旅游收入按可比口径均超 2019 年同期，旅游业迎来了从市场复苏到高质量发展的转折点。"中国旅游研究院院长戴斌说。假日期间，全国 1.28 万家 A 级旅游景区正常开放，占 A 级旅游景区总数的 86%，大部分地区旅游景区应开尽开。

"五一"国际劳动节旅游市场复苏，是累积许久的旅游需求集中释放的结果。经济的整体性好转、收入状况的改善，进一步提振了消费信心，为人们把出游热情转化为"说走就走"的行动提供了支持。

"市场的加速回暖，也是各地出台发展旅游产业务实举措的结果。"戴斌表示。各地纷纷把旅游作为扩大内需、提振消费的主战场，丰富产品、提升服务、吸引客流。各地结合"5·19 中国旅游日"主题月活动，推出文化和旅游系列惠民活动，实行景区门票优惠，发放文化和旅游消费券。同时，各地积极营造主客共享的美好生活新空间，提升游客满意度和获得感。山东淄博推出烧烤专列、免费停车等措施迎接游客到访；北京八达岭长城景区采取提前开园、常态化开放夜长城等举措，迎接客流高峰；福建武夷山在各景点加派专人疏导秩序，加强观光车调度管理，优化游客出行体验……

"这个假期，游客走得更远了，停得也更久了。"戴斌表示。据统计，假日期间，游客平均出游半径为 180.82 千米，同比增长 81.59%；跨省游客比例达 24.5%，较 2022 年同期提高 15.5%；83.47% 的游客出游距离在 100 千米以上，占比较 2022 年同期提高 9.73%。假日期间一日游游客占比较 2022 年同期下降 6%，停留 2 天以上的游客占比则提升了 9.55%。"这个假期的消费特点，首先体现在长线出行需求的强烈释放。"携程研究院战略研究中心主任彭涵表示，长线出游会带动"吃、住、行、游、购、娱"一整条产业链的复苏繁荣，诸多产业将因此受益。

热门城市和小众目的地在这个假期双双迎来客流高峰。飞猪旅行网数据显示，北京、上海、杭州、成都、广州、西安等是最热门目的地；而在众多线下演艺、节庆活动、地方特色体验的带动下，连云港、徐州、泰安、上饶、嘉兴等跻身最热新兴目的地。同程旅行网数据显示，"五一"假期"小众"相关旅游搜索热度环比上涨 172%，酒店预订热度增长最快的是新近走红的山东淄博。另外，延边、秦皇岛等城市酒店预订热度增长也在 10 倍以上，国内三线及以下城市酒店预订量较 2019 年同期增长超过 150%。

同程研究院高级研究员张明阳表示，从整体市场规模上看，数量众多的小城市为"五一"国际劳动节假期旅游消费市场贡献了更多增量。

能激发个人兴趣或体验的"旅游+X"受到年轻消费者的喜爱。飞猪数据显示，"五一"国际劳动节假期，包含演出、电竞、餐饮等体验元素在内的"酒店+X"套餐类商品受到青睐，预订量同比增长超 2 倍；包含汉服、旅拍、展览等体验元素在内的"景区+X"商品预订量同比增长超 10 倍。

戴斌认为，"五一"国际劳动节旅游市场的表现将进一步稳定出游预期，提振消费信心，2023 年旅游市场将持续向好，呈现逐季加速回暖的趋势。他表示，实现旅游业高质量发展还需要注意两点，一是进一步优化市场环境，加强市场治理；二是推动产业转型，转变发展方式。

思　考：什么是旅游市场？旅游市场形成的条件有哪些？

单元一　旅游市场概述

一、旅游市场的概念

理解旅游市场的概念之前，要明确"市场"的含义。根据我国出版的《简明社会科学词典》和近年来西方国家出版的《管理词典》的收列，市场通常有以下几种释义：

（1）市场是商品买卖的场所。

（2）市场是商品交换关系的总和，是不同的生产资料所有者之间经济关系的体现。它反映社会生产和社会需求之间、商品可供量与有支付能力的需求之间、生产者和消费者之间及国民经济各部门之间的关系。

（3）市场是一定时间、一定地点及在一定的人群或企业之间决定商品交易数量与性质的条件。这种条件包括可供商品量（或可供的服务能力）、对可供商品的需求、价格及有政府或其他组织机构的参与管理。

（4）市场是指某一特定产品的经常购买者或潜在购买者。

（5）市场是指具有某些相同特点、被认为是某些特定产品的潜在购买者的人群或企业。

总之，市场是社会生产力发展到一定阶段的产物，它随着商品经济的发展而发展。因此，在国际上基本被公认的市场的概念为：市场是指某一特定产品的经常和潜在的购买者。它是在商品生产和商品交换中产生和形成的商品及劳务，进行买卖的任何场所及商品和劳务交换所联结起来的人与人之间各种经济关系的总和。

旅游市场作为市场的一部分，是旅游产品交换的场所，是随着旅游活动的发展而形成和发展起来的。

旅游市场的概念有狭义和广义之分。狭义的旅游市场取上述第（4）、（5）种释义，是指一定时期内，某一地区中存在着对旅游产品具有支付能力的现实和潜在购买者，也即旅游客源市场；广义的旅游市场是指旅游者和旅游经营者之间围绕旅游商品交换所产生的各种现象与关系的总和。旅游市场存在的基本条件是有旅游消费者和旅游经营者、有可供观赏的旅游资源、有可供利用的旅游设施、有可供享受的各种服务，以及具备旅游消费者和旅游经营者双方都能接受的价格。由此可见，旅游市场是由旅游需求市场和旅游供给市场所构成的。

二、旅游市场形成的条件

旅游市场的形成必须具备以下四个要素。

1. 人口

人口是旅游市场形成的基本要素。它指的是具有一定旅游需求和购买能力的人群。人口要素是旅游市场形成的必要条件，因为没有人就无法形成旅游市场。一个地区的人口越多，现实和潜在的消费需求就越大，现实和潜在的旅游者就越多。

2. 旅游意愿

旅游意愿是消费者购买旅游产品的动力。旅游意愿可以来自消费者对旅游需求的内在动力，也可以来自外部因素的影响，如旅游宣传、促销活动等。消费者的旅游意愿必须足够强烈，才能促使他们采取行动，购买旅游产品。

3. 购买能力

消费者需要具备购买旅游产品的能力，包括经济能力和时间等。购买能力是旅游市场形成的另一个必要条件。如果消费者没有足够的经济能力或时间，他们就无法购买旅游产品。

4. 旅游权利

消费者需要具有购买旅游产品的权利。这意味着他们可以自由选择旅游产品并有能力进行购买。旅游权利是旅游市场形成的另一个必要条件，如果消费者没有购买旅游产品的权利，那么旅游市场就无法形成。例如，对于国际旅游，往往由于国家之间烦琐的事务关系，或者旅游目的国或旅游客源国一方的政策限制，如不发给旅游签证或限制出境等，即使人们有旅游意愿、有足够的经济能力和时间，但由于旅游权利受阻，也无法形成国际旅游市场。

当以上四个要素都具备时，旅游市场便得以形成。其中，人口是基础要素，没有人口就没有旅游市场；旅游意愿是动力要素，推动消费者购买旅游产品；购买能力是实现要素，使消费者有能力购买旅游产品；旅游权利是保障要素，确保消费者可以自由选择和购买旅游产品。这四个要素相互依存、缺一不可，共同构成了旅游市场的形成基础。

三、旅游市场的特点

1. 旅游市场的多样性

旅游市场的多样性是指旅游市场中存在各种不同的旅游需求和旅游供应。这种多样性源于不同人群的旅游需求、旅游偏好和旅游行为的差异。例如，有些人喜欢背包旅行，有些人喜欢跟团旅行；有些人喜欢在城市中游览，有些人喜欢在自然景区中探险；有些人对文化旅游感兴趣，有些人对休闲度假感兴趣。因此，旅游市场是一个多元化的市场，需要提供多种不同的旅游产品和服务来满足不同的市场需求。

2. 旅游市场的季节性

旅游市场的季节性是指旅游市场在一年中会出现明显的季节性波动。这种季节性波动主要是由于节假日、气候和社会活动等因素的影响。例如，在寒假和暑假期间，家庭旅游市场会出现高峰；在春季和秋季，休闲度假市场比较活跃；在夏季，海滨度假市场比较受欢迎；在冬季，冰雪旅游市场比较受欢迎。因此，旅游企业需要根据季节性波动来制定相应的营销策略和产品策略。

知识拓展：充分利用推介会为窗口补齐山东冬季旅游市场短板

3. 旅游市场的波动性

旅游市场的波动性是指旅游市场受到各种因素的影响而出现不稳定的波动。这些因素包括经济、政治、社会和自然等。例如，经济衰退和金融危机会对旅游市场造成冲击；政治动荡和社会不稳定会影响旅游安全与旅游信心；自然灾害和环境变化会影响旅游资源和旅游活动。因此，旅游企业需要密切关注市场动态和变化趋势，及时调整经营策略和产品策略。

4. 旅游市场的竞争性

旅游市场的竞争性是指旅游企业之间为了争夺市场份额而进行的竞争。这种竞争不仅包括价格竞争，还包括服务质量、品牌形象、产品创新等方面的竞争。例如，在酒店行业中，不同酒店品牌之间的竞争不仅在于价格，更在于服务质量、设施设备、环境氛围等方面。因此，旅游企业需要注重提高服务质量和管理水平，增强品牌形象和产品创新能力，提高市场竞争力。

5. 旅游市场的全球性

旅游市场的全球性是指旅游市场已经超越了国界和地域的限制，成为全球性的市场。这种全球性主要得益于全球化的发展和信息技术的发展。全球化使不同国家和地区之间的旅游交流更加便利和广泛，信息技术的发展使旅游信息的传播更加快速和便捷。因此，旅游企业需要注重全球性的市场趋势和变化，开发国际市场，提高国际化水平。

四、旅游市场的功能

1. 旅游产品的交换功能

旅游市场是旅游产品和服务的交换场所。在这里，旅游者与旅游企业进行旅游产品的买卖，实现旅游产品的价值。通过市场交换，旅游需求得到满足，旅游产品得到实现。

2. 旅游资源的配置功能

旅游市场是旅游资源的配置场所。在旅游市场中，旅游企业根据市场需求和竞争情况，调整旅游产品和服务，满足旅游者的需求。同时，旅游市场通过价格、竞争等机制，引导旅游资源的配置，实现旅游资源的最大化利用。

3. 旅游信息的传递功能

旅游市场是旅游信息的传递场所。在这里，旅游者可以了解到各种旅游信息，包括旅游产品、服务、价格、质量等信息。同时，旅游企业也可以通过市场获取市场需求、竞争情况等信息，以便更好地制定经营策略和产品策略。

4. 旅游经济的调节功能

旅游市场是旅游经济的调节场所。通过市场机制，旅游市场可以实现供需平衡，调节旅游经济的运行。例如，当旅游需求大于旅游供给时，旅游价格会上涨，引导旅游企业增加产品供给；当旅游供给大于旅游需求时，旅游价格会下降，引导旅游企业减少产品供给。

总之，旅游市场是旅游经济运行的核心，具有交换、配置、传递、调节等功能，对于促进旅游业的发展和推动地方经济的发展都具有重要的作用。

 知识链接

文化和旅游市场活力尽显

2019 年春节假期，全国旅游接待总人数和旅游收入实现双增长，增长速度均超过 7%，分别达到 4.15 亿人次、5 139 亿元；短视频、网络直播助力"吃、住、行、游、购、娱"等传统业态发展；互联网上网服务行业深入开展转型升级，呈现出良好发展态势；"文明旅游为中国加分"活动深入人心，中国出境游游客越来越受欢迎；中国电子竞技行业在国际上崭露头角，收获多项国际大奖……

2018 年，文化和旅游市场呈现出一片向好之势，各领域亮点频现，市场环境和消费环境得到明显改善，广大人民群众的获得感、幸福感和安全感进一步增强，这得益于文化和旅游融合发展大背景下，相关重要政策的不断出台，市场监管手段的丰富创新和相关标准实施力度的持续加大。

1. 完善政策法规 强化标准引领

市场的繁荣有序离不开政策支撑。2018 年，文化和旅游部市场管理司不断完善政策法规，研究起草了《关于实施旅游服务质量提升计划的指导意见》《边境旅游管理办法（送审稿）》，推进《旅行社条例》修订工作。这些政策给出了提升旅游服务质量的指导意见，规范了在线旅游经营，为边境旅游制定了管理办法，有力保障了文化和旅游市场健康发展。

在完善政策法规的同时，文化和旅游部市场管理司还不断强化标准引领，推动出台了《互联网上网服务营业场所服务等级评定》国家标准，正在修订《旅游饭店星级的划分与评定》国家标准，制定《旅游民宿设施与服务规范》国家标准，拟定《文明旅游示范单位标准》和《文明旅游示范区标准》两项行业标准，编制出版《旅游民宿基本要求与评价》与《文化主题旅游饭店基本要求与评价》两个行业标准的释义。

另外，基础研究也得到加强，重要工作和成果包括开展全国星级饭店统计调查工作，发布季度、年度统计公报；加强"密室逃脱"、沉浸式娱乐等新业态调研，研究相关政策措施；开展在线旅游、旅游服务质量提升、假日旅游、旅游安全、旅游保险、边境旅游、文明旅游等课题研究，进行"中国出境游客文明形象"问卷调查，为文化和旅游市场监管提供智力支撑。

2. 创新监管手段 治理市场秩序顽疾

对于市场中存在的不规范行为，如何有效监管一直是一个难题。

2018年，文化和旅游部市场管理司修订出台了《全国文化市场黑名单管理办法》，制定出台了《旅游市场黑名单管理办法（试行）》，并签署了文化市场领域、旅游领域严重失信联合惩戒备忘录，逐渐形成了"黑名单＋备忘录"的信用监管格局。

智能监管也是市场监管的一个重要方向。据了解，2018年，"全国旅游监管服务平台"全面启用，旅游系统积极开展平台应用管理培训，采取一省一策、现场对接等方式，加快平台功能完善、信息填报和数据归集，市场智能化监管水平明显提高。

与此同时，文化和旅游部市场管理司还加强了对文化产品的内容审核；印发《关于加强模仿秀营业性演出管理的通知》，加强对特型演员利用党和国家领导人形象牟利以及"山寨"演员的监管；指导相关行业组织发布《网络表演（直播）内容"百不宜"》，开展"直播＋传统文化""直播＋非遗""直播＋扶贫"等内容建设，引导网络表演平台培育积极向上的内容品牌；对市场受欢迎度排名靠前、用户数较多的760余款重点网络文化产品开展动态监测。

文化和旅游市场中存在的顽疾也得到了有效处理。例如，针对文化行业天价片酬、"阴阳合同"偷逃税款等问题，建立营业性演出审批结果的抄送机制，配合演出市场的税收征管；积极应对"媒体曝光饭店卫生问题"舆情，召开全国加强旅游住宿业行业监管电视电话会，部署开展星级饭店专项整治工作；积极排查A级旅游景区内旅游演艺相关情况；在全国范围开展出境游旅行社清理检查工作，落实退出机制。

3. 深化"放管服"改革 推动行业转型升级

文化和旅游市场的审批服务也在不断优化中。旅行社、游艺娱乐场所等9项行政审批事项被列入国务院"证照分离"改革事项并向全国推开，旅行社经营出境（出国和赴港澳）旅游业务审批规范要求也得以进一步完善。

在扩大对外开放方面，将文化和旅游领域的开放政策全面纳入国家外商投资准入负面清单管理，允许在自贸试验区设立中方控股的合资文艺表演团体，将外商在自贸试验区投资设立的演出经纪机构服务范围扩大至全国，将上网服务场所向外资开放政策由自贸试验区扩大至全国，开展外商投资旅行社经营出境游业务试点。另外，还出台了《文化和旅游部关于实施自由贸易试验区文化市场管理政策的通知》，推动文化和旅游领域扩大市场开放政策在自贸试验区、海南等地落地实施。

随着改革的深入进行，文化行业和旅游业的转型升级工作也取得成效。歌舞娱乐行业的"夕阳红"和游戏游艺行业的"健康娱乐全民赛"等阳光娱乐品牌活动深受百姓欢迎，农村、乡镇上网服务场所与电商合作有了新进展，京东网络服务站多地开花；"重识游戏——首届功能与艺术游戏大展"成功举办，"功能游戏"概念被广泛接受；旅游民宿发展快速，初步形成以星级饭店为基础，旅游民宿、文化主题旅游饭店、绿色旅游饭店、精品旅游饭店为补充的多元化旅游住宿体系。

（来源：文化和旅游部国际交流与合作局）

单元二　旅游市场的划分

一、旅游市场划分的概念及意义

（一）旅游市场划分的概念

"市场划分"是20世纪50年代中期美国的市场学家温德尔斯密提出的。他认为：市场划分就是根据消费者需求之间的差异性，将一个整体市场划分为两个或更多的消费群体，从而确定企业目标市场的活动过程。

所谓旅游市场划分，就是根据旅游者需求之间的差异性，将一个整体旅游市场划分为两个或更多的旅游消费群体，从而确定旅游企业目标市场的活动过程。所划分出来的每个旅游消费群体也就是一个市场部分，通常称之为细分市场。

需要注意的是，旅游市场划分过程并非将旅游市场划分得支离破碎，而是一个先分后合的过程。从纷繁复杂的消费者个体中找到相同的特征，加以归类，予以相应的营销措施，从而使旅游市场营销有限的生产力面对整体市场得以充分地发挥。另外，旅游市场划分的最终目的是使旅游企业现有的生产能力和产品供应特征能够最大限度地满足消费者的需求，以此吸引更多的旅游者，维持和扩大旅游企业在旅游市场的占有率。

（二）旅游市场划分的意义

在市场发展越来越成熟、越来越复杂的情况下，对旅游市场进行划分有它的必要性。旅游市场划分的意义有很多，一般来说，主要体现在以下三个方面。

1. 有助于选定目标市场

旅游目的地和旅游企业并不创造细分市场，而是辨别细分市场并确定以哪些细分市场作为目标市场。对市场进行划分，便可以分析各细分市场的需求特点、购买能力及满足程度，从而依据自己的旅游供给或经营实力有效地选定适合自己经营的目标市场。

2. 有助于有针对性地开发产品

旅游目的地和旅游企业在选定目标市场后，便可以根据目标受众的需求及特点，有针对性地对自己的产品或服务进行设计、定价和传送。这样，不仅不会因盲目开发产品造成失误和浪费，反而还会增加旅游者的满意度。

3. 有助于有针对性地开展促销

销售是企业盈利的基础，能够加大销售量的促销手段无疑是旅游目的地和旅游企业要充分考虑的。如何能用最少的促销费得到最大的促销成果便是这些旅游企业最关注的课题。目标市场确定后，旅游企业便可以有针对性地搞促销。这样，不仅可以避免盲目促销而造成浪费，还能节约销售成本，加大促销成效。

二、旅游市场的划分标准

可用于旅游市场划分的标准有很多。不同的旅游目的地，特别是不同的旅游企业，应根据自己的情况和需要，选择对经营有实际意义的划分标准。另外，同一旅游企业所采用的市场划分标准随着时间和市场条件的变化也可能发生变化。综合国内外的有关研究和经营实践，以下是几种常见的划分方法。

（一）按地理因素划分

旅游目的地接待的旅游者来自世界各地，故地理因素是划分旅游市场的主要标准之一。地理因素可包括地区、气候、空间位置等。

1. 按地区划分

依据这一标准，世界旅游组织将世界国际旅游市场划分为 6 大市场，即欧洲市场、美洲市场、东亚及太平洋市场、非洲市场、中东市场和南亚市场。而我国的旅游市场可分为国内旅游市场和国际旅游市场。

这种划分方法有助于了解客源市场的分布情况，进而有针对性地分析潜在旅游者对旅游产品的不同需求，对价格、广告宣传的不同反应，来设计自己的旅游产品。

2. 按气候划分

根据潜在客源地区与旅游目的地之间自然环境的差异，尤其是气候环境的差异来划分旅游市场，也是极其有意义的。气候对生物和水体的状态影响最大、最直接，且气候类型分布的规律较明显。因此，以气候为主导因素的自然旅游资源往往是很有利的旅游吸引物，尤其对于度假旅游来说，是最重要的吸引物。地处热带的旅游者往往对寒冷地带的冰雪风光感兴趣，而那些地处寒冷地带的旅游者则有可能将享受宜人的气候和充足阳光作为自己的旅游目的。如果旅行社按这一方法划分旅游市场，可能会得到意想不到的惊喜。

3. 按空间位置划分

各地旅游者的旅游需求特征不仅与自身所在的地理环境与目的地地理环境的差异大小有关，还与所在地相对目的地的空间位置有关。旅游者所在地与目的地之间的空间位置的差异，从旅行时间上和费用上都会成为旅游的障碍性因素。

根据空间位置变量可以将旅游市场划分为远程旅游市场、中程旅游市场和近程旅游市场。远程旅游市场的旅游者数量虽然相对较少，但游客的生活条件多属中上层，在目的地一般停留时间较长，消费水平高，其旅游支出往往高于近程旅游者。随着现代交通工具的发展，远程旅游者有较大的发展趋势。近程旅游市场，尤其是相邻地区的旅游市场，不仅因为距离近、消耗小，而且也因为生活方式容易接近而受游客的青睐。对于旅游目的地而言，其客源挖掘潜力大，应是开拓国际旅游市场的重点对象。

（二）按人口统计因素划分

之所以按人口统计因素（如年龄、性别、收入、人种、民族、职业、受教育程度、宗教等）划分旅游市场，是因为这些因素与旅游者的偏好和需求息息相关。

1. 按年龄划分

旅游市场根据游客年龄不同可分为儿童旅游市场、青年旅游市场、中年旅游市场、老年旅游市场。儿童由于年龄小，喜欢参加夏（冬）令研学游、拓展训练等团体项目的旅游活动；青年旅游市场虽然整体上消费水平较低，但由于大部分青年都具有强烈的旅游愿望，如果客观条件基本成熟，绝大部分青年人都会成为旅游者，属于经济旅游群体，因此，青年旅游市场是一个不可忽视的旅游市场。中年旅游市场的旅游者人数最多、潜力最大，并且以会议、商务旅游居多，他们的消费水平普遍较高，在外停留时间较长，是最有经济效益的旅游市场。老年旅游市场的主体包括在职和已退休人员，他们经济地位较高，闲暇时间较多，观光游览的兴趣较浓，对旅游目的地产品的质量特别重视，对住房条件、饭菜质量及交通是否便利、旅游过程是否舒适安全十分关注，对价格高低不太在乎，消费水平较高；另外，随着世界人口老龄化趋势的发展，如何进一步开发老年人旅游市场则成为世界旅游业广泛关注的课题。

2. 按性别划分

旅游市场根据性别不同可分为男性旅游市场和女性旅游市场。一般来说，男性游客独立性较强，更倾向于知识性、运动性、刺激性较强的旅游活动，公务、体育旅游者较多，喜欢康乐消费等；而女性游客更注重旅游目的地的选择，喜欢结伴出游，注重自尊、人身与财产安全因素，喜欢购物，对价格比较敏感。

近年来，随着女性社会地位的提高，无论从工作需要、心理需求、经济能力等方面都为女性旅游市场注入了极大的活力，使女性游客数量迅速增长。这也是女性旅游市场备受旅游企业关注的重要原因。

3. 按收入划分

按人们收入状况可以将旅游市场划分为豪华型、普通型、经济型市场。

（1）豪华型旅游市场。根据调查，高收入群体（如高管、企业家、专业人士等）在旅游上的花费往往较高。例如，一家五星级酒店的住宿费用可能高达每晚数千元人民币，而且他们更倾向于选择高端的旅游路线，如欧洲、北美、日本等地的豪华旅游线路。另外，一些高端旅游产品，如私人飞机租赁、游艇租赁等，也主要面向这个市场。

（2）普通型旅游市场。中等收入群体（如白领、工薪阶层等）是普通型旅游市场的主要客户。他们在旅游上的花费相对较低，一般会选择住宿价格适中的酒店，旅游路线也比较多样化，如国内的一线城市、东南亚、日韩等地区的旅游线路。另外，这个市场对旅游体验和服务质量也有一定的要求，但不会像豪华型市场那样过分追求高端。

（3）经济型旅游市场。低收入群体（如学生、工薪阶层等）是经济型旅游市场的主要客户。他们在旅游上的花费较低，一般会选择住宿价格更为经济实惠的酒店，旅游路线也更加注重性价比，如国内的二、三线城市、东南亚等地区的旅游线路。另外，这个市场对价格和服务体验的平衡更为关注，对服务质量的要求相对较低。

4. 按人种划分

按人种划分旅游市场，可以将旅游市场划分为白种人旅游市场、黑种人旅游市场、黄种人旅游市场。

（1）白种人旅游市场。白种人旅游市场通常包括欧洲、北美洲、南美洲、大洋洲等地区的游客。他们通常具有较高的文化素养和旅游经验，对历史文化遗产、文化体验、自然风光等旅游产品比较感兴趣。例如，欧洲游客喜欢到世界各地参观博物馆、历史古迹、艺术展览等，北美洲和南美洲的游客则更喜欢到海滨城市和主题公园等地方度假。

（2）黑种人旅游市场。黑种人旅游市场通常包括非洲、加勒比海、南太平洋等地区的游客。他们通常对热带海滩、文化遗产、音乐和舞蹈等旅游产品比较感兴趣。例如，加勒比海地区的游客喜欢到海滨城市和主题公园等地方度假，非洲游客则喜欢到非洲大陆的其他国家参观动物迁徙、自然风光等旅游产品。

（3）黄种人旅游市场。黄种人旅游市场通常包括亚洲、太平洋地区、拉美裔等地区的游客。他们通常对文化、美食、自然风光等旅游产品比较感兴趣。例如，中国游客喜欢到海外购买奢侈品、参观历史文化古迹，日本和韩国游客则喜欢到世界各地参观文化遗产与自然风光等旅游产品。

5. 按民族划分

按民族划分，我国的旅游市场可根据不同民族的特点和旅游需求进行分类。

（1）汉族旅游市场。汉族是我国的主体民族，旅游市场中的汉族游客数量也是最多的。汉族游客的旅游需求和偏好一般比较多样化，对文化、美食、自然风光等旅游产品都有一定的兴趣。

（2）少数民族旅游市场。我国有 55 个少数民族，每个民族都有其独特的文化、风俗和传统。少数民族旅游市场以体验不同民族的文化和生活方式为主要旅游需求，例如，苗族、藏族、维吾尔族等少数民族的民俗文化村、民族风情园等。

6. 按职业划分

按职业可将旅游市场划分为管理人员、专业技术人员、普通职员、学生、农民等旅游市场。

（1）管理人员。由于工作压力较大，他们通常更倾向于选择能够放松身心、减轻压力的旅游方式，如度假酒店、SPA 等。另外，他们也更注重旅游的安全性和品质，往往会选择高端、高品质的旅游产品。

（2）专业技术人员。由于具有专业的技术知识和技能，他们更注重旅游的体验和收获。例如，工程师可能会对自然风光、建筑结构等产生浓厚的兴趣，医生则可能会选择到健康疗养胜地去放松身心。

（3）普通职员。这类人群的旅游需求较为多样化，既包括放松身心、缓解工作压力的休闲旅游，也包括探索未知、丰富人生经验的深度旅游。他们更注重旅游的实用性和性价比，通常会选择中低端的旅游产品。

（4）学生。学生群体通常会选择价格较为实惠的旅游方式，如背包旅行、穷游等。他们注重在旅游过程中的体验和感受，喜欢尝试新鲜事物，如参加当地的民俗活动、品尝当地的美食等。

（5）农民。由于经济条件的限制，农民通常会选择价格较为低的旅游方式，如农家乐、乡村旅游等。他们更注重旅游过程中的农业体验和乡村风情，如参观农家乐、体验农耕活动等。

7. 按受教育程度划分

不同受教育程度的消费者在旅游需求和偏好方面也存在差异。例如，受教育程度较高的消费者可能更倾向于文化旅游和深度旅游，如博物馆、艺术展览等；受教育程度较低的消费者可能更倾向于大众旅游和休闲旅游，如海滩、游乐场等。在我国，文化旅游市场也呈现出快速增长的趋势，很多旅游企业针对受教育程度较高的消费者推出了特色文化旅游产品和服务。

8. 按宗教划分

不同宗教信仰的消费者在旅游需求和偏好方面也存在差异。例如，信仰佛教的消费者可能更倾向于前往佛教圣地旅游，如峨眉山、普陀山等；信仰基督教的消费者可能更倾向于前往教堂和教徒聚居地旅游，如耶路撒冷等。

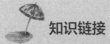

知识链接

大学生旅游：既爱"走马打卡"也爱"沉浸体验"

　　夏日将至，即将大学毕业的洪舒云早早把毕业旅行安排上日程，热衷于打卡历史古迹的她将毕业旅行的地点定在了古都洛阳。她计划穿上古代服饰，在古都的大街小巷来一场"沉浸式体验"。

　　与洪舒云不同，就读于山东一所高校的黄璐潞更在意"效率"，抱着"来都来了，不能留下遗憾"的想法，她曾把一趟北京之行安排得满满当当，"三天三夜，圆明园、颐和园、南锣鼓巷、故宫博物院……一个都不落下。"

　　近年，有关大学生旅游的话题频频登上热搜。"五一"国际劳动节小长假即将来临，各地学生又将掀起一轮新的出游热。中国青年报·中青校媒面向全国高校大学生发起问卷调查，共回收来自150所高校的有效问卷2 087份。调查结果显示，82.7%受访大学生安排了2023年的出游计划。

　　1."走马打卡""沉浸体验"皆成行

　　一些受访学生将年度的出行计划安排在了"五一"国际劳动节小长假。中青校媒调查发现，46.1%受访大学生平均每次的旅行时间在三到四天，39.5%的受访大学生选择一天以内，或者一到两天的短期旅行。另有14.4%的受访大学生选择五到六天，或者一周以上的旅行。另外，不少受访大学生倾向于短途跨省游和省内游的形式，占受访总人数的62.9%和49.8%。

　　黄璐潞便是省内游的参与者，在听说"青春没有售价，泰山就在脚下"这句流行语后，她来了一场说走就走的泰山行。不过"抬头是腔，回头是脸"的密集人流，还是超出了黄璐潞的预料。泰山7 000多级的台阶让黄璐潞"叫苦连天"，只好一边感慨泰山景色壮美，一边总结经验，"爬山真的苦，泰山会平等地'惩罚'每个嘴硬的大学生，旅游还是要量力而行。"

　　同样体验了"倍速旅行"的，还有来自云南一所高校的段海霞。从早上6点到晚上10点，极速旅行的18个小时里，她通过高铁、地铁、轮船、公交、索道、步行共计6种出行方式，打卡了香港的9个知名景点，其间还品尝了河粉、豆冰、粉冰、菠萝包、港式奶茶等特色美食。

　　中青校媒调查发现，50.6%受访大学生表示喜欢"倍速旅行"，49.4%受访大学生则表示不喜欢这种模式。喜欢这种模式的受访者中，62.3%认为选择该模式是受限于出游时间和预算；54.2%受访者认为该模式可提高旅游效率；53.9%受访者则认为这可以弥补此前没有去过的遗憾；46.9%受访者认为这样可以追求刺激感和新鲜感，通过这样的方式释放压力；28.7%受访者则是受到网络媒体宣传的影响，引发效仿心理。

　　与"倍速旅行"相对应的，"沉浸式旅行"得到87.9%受访大学生的喜爱。83.6%受访者看中"沉浸式旅行"的体验感；60.3%受访者认为"沉浸式"融入了背景、文化、故事等多元化信息，学习性强；57.0%受访者则认为该模式趣味性高，互动性更强。

　　前不久，就读于吉林省某高校的吴亚坤刚结束了一场"沉浸式旅行"。因为学校在东北，每年春天都来得很晚，吴亚坤和同学相约到杭州提前感受春天。在杭州的第一天，几人从落星山走到西湖边，等爬完山、逛完西湖天已经黑了。第二天的行程则从下午开始，"就在龙井村爬茶山，待了一整个下午。"这样的慢旅行让吴亚坤觉得自己全身的每个细胞都得到了充分放松。

除旅游形式不同外，大学生的出游计划也各有特色。34.0%受访大学生详细规划，做足攻略；60.9%受访大学生会做简单的出行规划，大致构思出行攻略；还有5.1%受访大学生倾向于不规划，"来一场说走就走的旅行"。

2."美食鉴赏家""旅途摄影师"都是旅行的意义

中青校媒调查显示，77.4%受访大学生认为旅行的意义在于开阔眼界，增长阅历。

吴亚坤就是其中之一。虽然2023年还未过半，吴亚坤已经打卡了海口、三亚、杭州、沈阳、秦皇岛等城市。在她眼中，旅行是"长见识"的一种方式。"在自己的生活空间之外建立新的连接，看看其他地方是什么样的。山什么样，水什么样，房子什么样，人什么样，丰富自己的感受和体验。"

在寻求身心进步的同时，76.9%的受访大学生认为旅行是休闲娱乐、放松身心的好机会；69.8%受访大学生更在意品尝美食，一饱口福；34.2%受访大学生乐于在旅途中结识玩伴，拓宽交际面；27.1%受访大学生则将旅行看作使内心平静的一种方式。

中青校媒调查发现，受访大学生喜欢的旅游景点类型多元，77.3%受访者喜欢领略山海美景；63.5%受访者喜欢各个城市的特色街区、美食街；57.0%受访者喜欢游览名胜古迹。

结束了几次"畅快之旅"后，吴亚坤发现自己的钱包"日渐消瘦"。中青校媒调查发现，74.3%受访大学生将钱花费在当地美食上；另外，各大景区门票（43.8%），住宿酒店（37.3%），景点周边、纪念品（26.3%），服饰（19.5%），以及徒步、爬山等出行装备（9.1%）也是受访大学生旅游消费的重点领域。

在旅行中，来自福建一所高校的林燕萍没少给旅游地的美食"投资"。回忆起上一次在漳州古城，林燕萍印象最深的是当地的特色——四果汤和手枪腿。"去云洞岩爬山散心的时候，还专门带了一份云洞岩盐鸡。"

与林燕萍一样，每次到不同的城市，洪舒云都会去当地的菜市场转转，与店老板聊天，再请他们为自己推荐几种当地的地道美食。

57.6%受访大学生把自己定义为旅行中的"美食鉴赏家"。旅途摄影师（45.6%）、省钱小能手（36.7%）、休闲乐游派（35.8%）等，都是他们给出的标签。

（来源：《中国青年报》）

（三）按心理因素划分

旅游市场按心理因素划分，可以依据马斯洛需求层次模型。这个模型可将人的需求分为五个层次，从低到高分别是生理需求、安全需求、归属和爱的需求、尊重需求和自我实现需求。根据这个模型，可将旅游市场划分为不同的心理需求层次旅游市场。

1. 生理需求层次旅游市场

生理需求层次主要满足游客的基本生理需求，如吃、住、行等。因此，这个层次的旅游市场以价格低廉、经济实惠的旅游产品为主，如经济型酒店、标准餐、公共交通等。

2. 安全需求层次旅游市场

安全需求层次主要满足游客对安全和稳定的需求，例如，在旅游过程中的安全保障、旅游品质的保证等。因此，这个层次的旅游市场以高品质、高安全性的旅游产品为主，如高端酒店、高品质的旅游团、安全可靠的交通工具等。

3. 归属和爱的需求层次旅游市场

归属和爱的需求层次主要满足游客对社交和情感交流的需求，如结交新朋友、体验不同的文化、与家人或朋友共度美好时光等。因此，这个层次的旅游市场以社交性强、互动性高的旅游产品为主，如主题公园、度假村、文化节庆活动等。

4. 尊重需求层次旅游市场

尊重需求层次主要满足游客对自我价值和成就的追求，例如，通过旅游获得某种成就或荣誉等。因此，这个层次的旅游市场以挑战性高、具有一定难度的旅游产品为主，如徒步穿越、极地探险、极限运动等。

5. 自我实现需求层次旅游市场

自我实现需求层次主要满足游客对自我实现和成长的追求，例如，通过旅游体验获得深刻的感悟和启示等。因此，这个层次的旅游市场以深度体验精神层面的旅游产品为主，如禅修、灵修、心灵探索等。

（四）按行为因素划分

1. 按购买行为划分旅游市场

根据游客的购买习惯和偏好，可以划分出不同的购买行为类型。例如，有些游客更注重旅游产品的质量和体验，愿意支付更高的价格来购买高品质的旅游产品；而有些游客则更注重旅游产品的价格和性价比，会选择更加经济实惠的旅游产品。

2. 按旅游方式划分旅游市场

不同游客在旅游方式上存在差异，如自驾游、跟团游、自由行等。不同的旅游方式对应着不同的旅游需求和行为，旅游企业需要根据不同的旅游方式提供相应的旅游服务。

3. 按决策行为划分旅游市场

游客在选择旅游产品和服务时，会考虑多种因素，如价格、质量、安全、服务等方面。根据游客的决策因素和决策过程，可以划分出不同的决策行为类型。

4. 按旅游目的划分旅游市场

游客的旅游目的不同，如休闲度假、探险体验、文化交流等。旅游企业需要根据不同的旅游目的提供相应的旅游产品和服务。

5. 按社交因素划分旅游市场

游客的社交因素也会影响其旅游行为，如社交媒体、旅行社群、亲友推荐等。旅游企业可以通过社交媒体和社群营销等方式，影响游客的购买决策和旅游行为。

视频：旅游市场划分更细致，消费格局会有怎样的变化？

单元三　我国的旅游市场划分

一、我国的旅游市场概述

我国旅游市场主要可分为入境旅游市场、国内旅游市场、出境旅游市场三大部分。我国旅游发展的总体方针是"大力发展入境旅游、积极发展国内旅游、适度发展出境旅游"。

表 6-1 是我国 2010—2019 年的旅游发展情况。从表 6-1 可以看出，在国内旅游市场迅猛增长的同时，我国迅速成为世界重要客源输出国并保持世界主要旅游国的地位，并有望成为世界最大的旅游市场。

表 6-1　我国 2010—2019 年的旅游发展情况

年份	国内旅游人次 /亿人次	国内旅游收入 /亿元	入境旅游人次 /万人次	入境旅游收入 /亿美元	出境旅游人次 /万人次	旅游总收入 /万亿元
2010	21.03	12 580	13 376	458.14	5 739	1.57
2011	26.41	19 305	13 542	484.64	7 025	2.25
2012	29.57	22 706	13 241	500.28	8 318	2.59
2013	32.62	26 276	12 908	516.64	9 819	2.95
2014	36.11	30 312	12 850	1 053.80	10 728	3.73
2015	39.90	34 195	13 382	1 136.50	11 689	4.13
2016	44.35	39 390	13 844	1 200.00	12 203	4.69
2017	50.01	45 661	13 984	1 234.17	13 051	5.40
2018	55.39	51 278	14 120	1 234.17	14 972	5.97
2019	60.06	57 251	14 531	1 313.00	15 463	6.63

二、我国的入境旅游市场

（一）入境旅游市场整体情况

入境旅游市场指的是海外来华旅游市场，它包括外国旅游者、华侨市场和港澳台同胞市场。我国目前最大的入境旅游市场是港澳台市场；最大的外国旅游市场是亚洲旅游市场，第二是欧洲旅游市场，第三是美洲旅游市场，第四是大洋洲旅游市场，最后是非洲及其他旅游市场。

由表 6-1 可以看出，我国入境旅游市场持续保持 2015 年以来的恢复增长，市场结构持续优化。2019 年，我国提倡实施了一系列的通关便利政策，加之旅游产业快速发展，2019 年出入境人数创新高。据国家统计局数据显示：2019 年全年入境旅游人数 1.45 亿人次，比 2018 年同期增长 2.9%。其中，外国人 3 188 万人次，增长 4.4%；香港同胞 8 050 万人次，增长 1.4%；澳门同胞 2 679 万人次，增长 6.5%；台湾同胞 613 万人次，与 2018 年同期基本持平。2019 年入境旅游收入 1 313.00 亿美元，入境旅游收入一直平稳增加。

（二）主要客源市场

1. 港澳台市场

自 1978 年我国旅游业发展步入正轨以来，港澳台同胞一直是我国大陆旅游业的最大入境旅游客源市场。由于这三地本来就是中国的组成部分，因此，在地理上同大陆相邻；在文化传统上与大陆同根；在血缘关系上，港澳台地区的众多人士都同大陆有着十分密切的血缘关系或亲情关系；在经济上，港澳台都较发达，港台更有亚洲经济"小龙"之称。特别是随着我国改革开放的深入，港澳台地区工商界大量来大陆投资，更使这三地与大陆之间的人员往来日趋频繁。目前，每年到大陆探亲、观光、购物、商务旅游的港澳台同胞占海外入境旅游总人数的90%以上。随着对港澳台同胞入境手续的简化，这也将是一个持续平稳发展的旅游客源市场。

2. 亚洲国家市场

（1）韩国市场。自1991年我国同韩国正式建立外交关系以来，韩国便成为我国旅游业的重要入境旅游客源市场。1992年，韩国来华游客仅为11万人次，2019年则超过了400万人次。

韩国之所以能成为我国旅游业的客源市场，甚至成为重点客源市场，主要原因在于以下几个方面：

1）韩国来我国的旅行距离比较近。

2）由于历史的原因，韩国同我国在文化上比较相近。

3）两国之间经济协作与贸易往来正在迅速发展，来华访问的韩国工商界人士正在不断增加。

（2）日本市场。日本一直是我国主要的客源国，它是我国一衣带水的邻邦，有地理交通之便；在经济上，日本是世界上仅次于美国的经济大国；在文化上，日本同我国的文化交往更有着悠久的历史渊源；在旅游市场规模上，日本出国旅游的市场规模已超过年1 000万人次。这些都是日本作为我国重要客源国的基础。

日本人民的经济收入大幅度提高，可自由支配的能力增强，带薪假期和各种节假日为人们旅游提供了时间保障。每年8月是日本旅游的旺季，此期间，学校放暑假，大的公司、企业有1～2周的带薪休假。每年阴历七月十五日是盛行全日本的传统的祭祖节——盂兰盆节。新年一般从12月26日～1月6日，放假10天，是日本近年来形成的出国旅游的第二个旺季。另外，3月的春假、4月底～5月初的"黄金周"（宪法纪念日、男孩节两个法定节日）也形成了日本人出国旅游的小高潮。目前，日本是我国较大的入境客源市场，虽然到华旅游的游客只占日本出国旅游者的10%左右，但依然存在较大的潜力。

另外，东南亚国家如泰国、马来西亚、新加坡等也是我国重要的入境旅游客源国。

3. 欧美国家市场

（1）美国市场。多年来，美国一直是为世界各地旅游业瞩目的国际客源市场，无论是在出境旅游人数方面，还是在国际旅游支出方面，均名列前茅。

在来华旅游方面，我国的旅游统计资料显示，自改革开放以来，美国一直是我国旅游业最重要的客源国之一。在美国旅游者的感知中，我国是亚洲"最新的"旅游目的地。对于美国旅游者来说，我国的旅游资源，特别是悠久的历史、具有神秘色彩的东方文化、新鲜的社会环境和人民群众的生活方式及享誉世界的中餐美食，都具有很强的吸引力。

（2）加拿大市场。作为世界上主要客源国之一，在国际旅游支出方面，加拿大多年来基本保持在世界第八位，可见加拿大是一个比较稳定的国际旅游客源产生国。在来华旅游方面，加拿大来华旅游人数始终保持增长态势。但实际上，加拿大来华旅游者在该国出境旅游总量中所占的比重并不高，这反映出加拿大来华旅游市场有着巨大的发展潜力。

（3）欧洲的法国、俄罗斯、德国等国家是主要客源国。2019年，法国来华旅游人数为28.5万人次，占欧洲来华旅游人数的8.09%；俄罗斯来华旅游人数为21.77万人次，占欧洲来华旅游人数的6.15%；德国来华旅游人数为18.32万人次，占欧洲来华旅游人数的5.16%。

三、我国的国内旅游市场

（一）国内旅游市场的发展现状

进入 21 世纪以来，中国旅游业全面繁荣，已经形成了世界上规模最大的国内旅游市场，并成为亚洲第一大客源输出国，确立了世界旅游大国的地位。根据国内旅游抽样调查结果，2019 年，我国的国内旅游人数 60.06 亿人次，比 2018 年同期增长 8.4%。其中，城镇居民 44.71 亿人次，增长 8.5%；农村居民 15.35 亿人次，增长 8.1%。国内旅游收入 5.73 万亿元，比 2018 年同期增长 11.7%。其中，城镇居民花费 4.75 万亿元，增长 11.6%；农村居民花费 0.97 万亿元，增长 12.1%。我国已成为世界上国内旅游市场规模最大的国家。

2020 年，国内旅游总人次为 28.79 亿人次，呈断崖式下滑，同比下降 52.1%；2021 年旅游行业有所恢复，国内旅游总人次 32.46 亿人次，比 2020 年同期增加 3.67 亿人次，同比增长 12.8%，恢复到 2019 年的 54.0%；2022 年，人们旅游出行受限、跨省游"熔断"，国内旅游总人次为 25.30 亿，比 2021 年同期减少 7.16 亿，同比下降 22.1%，恢复到 2019 年的 42.12%。由此可见，2022 年国内旅游总人次为三年来最低。

2023 年 1 月 8 日起，中国旅游市场迅速回暖，国家和地方相关部门纷纷出台利好政策，进一步激发旅游消费活力，助力旅游市场发展。文化和旅游部办公厅于 3 月 20 日发布《关于组织开展 2023 年文化和旅游消费促进活动的通知》（以下简称《通知》）。《通知》显示，文化和旅游部产业发展司会同有关地方、支持机构，分别在劳动节、中秋和国庆、元旦、暑期，分主题举办促进活动主场活动，其他地方、支持机构结合实际同期举办分会场活动，共同推出若干消费促进活动、消费场景及惠民措施。活动涵盖演出、展览、演唱会、音乐节、非遗体验、数字文化、主题公园、景区景点等门类。各地文旅局也积极响应国家政策，不断推出新项目、新产品、新业态，开拓文旅发展新路径。同时，推出文化和旅游系列惠民活动，实行景区门票减免或打折，发放文化和旅游消费券等措施。根据国内旅游抽样调查统计结果，2023 年上半年，国内旅游总人次 23.84 亿，比 2022 年同期增加 9.29 亿，同比增长 63.9%。国内旅游市场全面复苏。

（二）国内旅游市场需求新趋势

社会的进步和经济的发展，使旅游市场需求从内容到形式都在不断发生着变化。

1. 旅游者更注重与健康、环保相结合

随着生活节奏的日益加快和生活方式的日益多样化，观光式的旅游模式将无法适应现代消费者的旅游需求，到了周末或假期，带着家人到周边一些度假村去休闲，已经逐渐成为城市居民走出钢筋水泥、融入大自然的时尚之选。而那些崇尚休闲度假的旅游者一般是每年外出旅游频率较高，以北京、上海、广州、深圳等大城市的旅游者为主，他们大多有着一定旅游经验，相比其他消费者，他们对旅游的需求更多，要求也更高，这些人将成为休闲旅游市场最有价值的客户。

2. 旅游者更追求旅游活动的文化内涵

随着人们文化素质的不断提高及教育的普及，很多旅游者将旅游与历史、民俗、科技、宗教、文学、艺术等方面知识的学习结合起来。例如，近年来颇受欢迎的生态旅游，其核心之

一就是认识自然，强调旅游者通过旅游去了解自然界中的地理知识、动植物生长知识、生态保护知识及人文知识等。另外，还有工农业旅游、科技旅游等旅游形式都是把旅游与科学知识结合起来了，市场需求也很大。

3. 旅游者更偏好于体验性、参与性强的旅游活动

老子说过，"夫得是至美至乐也，得至美而游乎至乐，谓之至人。"他将"至乐"作为游的最高境界。而"乐"正是来自参与和体验。现代旅游者对旅游的需求不再是简单的观光，而是想得到一种体验或是一种经历，强调顾客的参与。例如，在汤逊湖民族文化村有一个反映摩梭人"走婚"的节目供游客广泛参与，在活动中，参与者可能被"背新娘""唱情歌"等要求弄得狼狈不堪，但都感到无比快乐，非常放松。

4. 老年人旅游需求增长迅速

老龄化社会的来临，预示着老年旅游市场将迎来巨大的发展机遇。第一，社会整体经济收入的增长和社会保障体系的建立健全，使老龄群体的可自由支配收入不断增长；第二，社会消费观念的更新，使老年人开始注重自我的生活品质和精神世界的充实；第三，老年人有充足的闲暇时间。以上因素促成了老龄群体强烈的旅游需求。据调查显示，70%的老人有退休后旅游的倾向。而事实上，关注老龄群体的企业也获得了巨大的成功。例如，浙江的一些山区小景点，到大城市的街道和居委会促销，邀请退休人员到山村做客，过"采菊东篱下，悠然见南山"的田园生活，结果招揽了大量的老年游客。

 知识链接

国内游市场亮点迭出

2023年国内游市场一派红火，一批旅游目的地各出高招，因特色鲜明而表现分外出彩。

1. 深度体验受欢迎

徒步径山千年古道、品青山"春"宴、趣玩未来乡村定向赛……2023年4月8日，第十届长三角运动休闲体验季（浙江余杭站）暨余杭首届运动旅游休闲节在浙江杭州余杭区黄湖镇青山村开幕。来自浙江省、上海市、江苏省及安徽省的体育达人代表在这里体验休闲运动项目、品尝春日美食、深度体验当地的休闲生态。

"体验"已成为游客最为看重的内容，也是旅游业创新发展的重要关键词。到乡村旅游，要体验"伴着犬吠入眠，随着鸡鸣醒来"；参加户外主题游，要体验"白天登山，晚上观星"的乐趣；去另一座城市旅游，就要"做一天当地人"。

山东淄博烧烤走红后，带动了当地旅游业的发展，许多游客除了去景点景区，还走进当地百姓日常去的市场。例如，随着来淄博吃烧烤的外地游客越来越多，位于张店区的八大局市场迅速成为网红打卡地。这个当地居民眼中的普通便民市场，被游客称为"宝藏小吃一条街"。有外来的大学生表示："走在这个有点年头的市场里，有种历史的穿越感，不时有当地人从我身边经过，耳边传来阵阵方言交谈声。那一刻，这座城市在我眼中呈现出不一样的魅力，我觉得自己对这座城市多了一分了解和亲切感。这样的旅游更有趣。"

2. 特色活动成看点

2023年3月底，贵州省首届"美丽乡村"篮球联赛总决赛结束冠军争夺战，黔东南苗族侗族自治州代表队夺冠。这一现场气氛火热、以地方特产为奖品的赛事累计吸引超

10 万人次现场观看，总决赛全网关注量近 5 亿人次，被网友戏称为"村 BA"。

这一体育赛事带动了举办地黔东南州台江县旅游、文化、经济等的发展。台江县台盘村一位村民介绍，比赛期间，其经营的宾馆基本上每天都满房。络绎不绝的游客不仅带动了台江县周边住宿、餐饮、商超等行业发展，还促进了苗族银饰、刺绣、剪纸等当地特色产品的销售。据统计，总决赛期间，台江县累计接待游客达到 18.19 万人次，实现旅游综合收入 5 516 万元。"村 BA"一跃而成台江县乃至贵州省的文化旅游新名片。当地将趁势而上，发起成立"村 BA"联盟、推出"村 BA"之旅、打造"村 BA"篮球特色小镇等。

像这样靠着特色活动"火出圈"的还有江苏徐州沛县八堡村。2023 年春节期间，八堡村的足球比赛在当地火了，"每天都有十里八乡的村民来观赛……烤红薯等商业配套也跟过来了，停车都停不下来。"这些活动将体育与当地特色文化融合，充分调动当地群众积极性，是推动文化、体育、旅游等产业融合发展的有益尝试，也成为独具魅力的旅游吸引物。

3. 文化元素有魅力

2023 年 4 月，陕西西安大唐不夜城中的"盛唐密盒"演出走红。这一演出的故事背景出自"房谋杜断"的历史典故。"房玄龄"和"杜如晦"身着唐装，随机挑选不同游客上台答题，题目涉及传统节日、诗词歌赋、文学常识、历史典故、天文地理等各领域。"演艺＋体验"的表演形式，为观众打造沉浸式的游览氛围，深受游客欢迎，在社交媒体上引发广泛关注。"盛唐密盒"演职人员表示，希望通过有趣的表演形式，让游客了解中国文化。

作为老牌旅游城市，西安成名已久，深厚的历史文化底蕴是其最宝贵的旅游资源。近年来，西安在打好文化牌上颇下了一番功夫。例如，西安易俗社文化街区里，秦腔文化迸发出新活力，吸引许多年轻游客前往体验游览，非遗传承人也会在这里演奏埙乐。大唐不夜城深入挖掘唐文化，除观看"盛唐密盒"演出外，游客在此还可与"李白"对诗。近年来，西安旅游的发展实践充分证明了文化对旅游发展的促进作用。

中国旅游研究院近日发布的《世界旅游休闲城市发展报告》指出，伴随生活水平的提高，人们对文化、娱乐、休闲等方面有了更高的需求，游客更加重视旅游过程中的互动和参与，希望更深入地了解和体验城市文化和生活方式。从国内游客来看，文化休闲旅游占比在提升。2022 年，超过九成的受访者表示会在旅游中进行文化消费。游客最喜欢的前五项文化体验依次是看剧观展、文艺小资地打卡、文化场馆参观、演艺／赛事和民俗体验。可以说，国内游客已经从"看山看水"转向"人间烟火"。不仅如此，人文体验也是吸引外国游客来华的主要因素。

（来源：人民网—人民日报海外版）

四、我国的出境旅游市场

（一）出境旅游市场的组成

1. 出国旅游市场

出国旅游市场是指我国公民作为其他国家客源的市场。出国旅游需办理护照和签证手续。它可分为两部分：一部分是指中国公民自己支付费用，由经国家旅游行政主管部门批准特许经营中国公民自费出国旅游业务的旅行社组织的，以旅游团的方式，前往经国家批准的中国公民自费出国旅游目的地国家或地区旅游的活动；另一部分是经由其他有关部门或机构办理出国旅游手续的旅游，它包括因公和因私两种情况。我国公民自费出国的旅游目的地国家有新加坡、马来西亚、泰国、菲律宾、澳大利亚、新西兰、韩国、日本等。

2. 边境旅游市场

边境旅游市场是指我国公民作为毗邻国家特定区域客源的市场。它是指经批准的旅行社组织和接待我国公民、集体从指定的边境口岸出境进入毗邻国家，在双方政府商定的区域和期限内进行的旅游活动。原国家旅游局和对外经济贸易部于 1987 年 11 月批准了丹东市对朝鲜新义州市的"一日游"，由此拉开了中国边境旅游的序幕。

3. 港澳游市场

港澳游市场是指我国内地居民作为香港、澳门地区的市场，它是指经国家特许经营此项业务的旅行社组织内地居民以旅游团的方式前往香港、澳门地区旅游的活动。港澳游是由内地居民赴港澳探亲旅游发展而来的，始于 1983 年 11 月 15 日广东省组织的其省内居民的"赴港探亲旅游团"。

（二）出境旅游的现状

自 20 世纪 90 年代，我国出境旅游人数的规模每年都在持续增大，海外消费蕴含巨大潜力。1997 年 3 月，原国家旅游局、公安部颁布《中国公民自费出国旅游管理暂行办法》，标志着我国出境旅游市场的形成。我国持续领跑全球出境旅游市场，出境旅游者人数连续多年以两位数的速度增长，已成为全球旅游业发展持久的动力源。2000 年突破 1 000 万人次大关，2005 年又突破 3 000 万人次大关，出境旅游人数保持迅速的增长趋势，自 2013 年起，我国成为世界最大的出境旅游市场。此后，出境游一直保持居高不下的增长态势。2019 年，我国出境旅游人数约为 1.55 亿人次，比 2018 年增长了 3.3%。

目前，我国公民出境目的地已扩大到 100 多个国家和地区，尽管可供选择的目的地众多，但主要流向一直都是近距离的国家和地区，以我国港澳台地区，以及日本、韩国和东南亚等周边旅游目的地为主。

根据中国旅游研究院（文化和旅游部数据中心）发布的《中国出境旅游发展年度报告2019》统计数据，2018 年中国居民出境旅游 1.49 亿人次，主要出境旅游目的地接待中国游客市场份额前 15 位排名分别是中国香港、中国澳门、泰国、日本、越南、韩国、美国、中国台湾、新加坡、马来西亚、柬埔寨、俄罗斯、印度尼西亚、澳大利亚、菲律宾。其中，距离较远的只有一个国家——美国，其实，中国出境旅游客源的这一流向格局是由旅游（需求）活动的基本规律所决定的。

单元四　旅游市场营销

一、旅游市场营销的概念

"market"一词可以很确切地翻译为"市场"，但"marketing"一词出现过多种中文译文。自从市场营销理论引入我国以来，比较常见的译法有"市场学""市场营销学""行销学""市场推销""营销管理""销售学"等。经过多年来对营销理论和实践的研究与探索，将"marketing"译为"市场营销"和"市场营销学"，目前已经得到较为广泛和一致的认同。

旅游市场营销来源于英文"Tourism Marketing"一词。与一般市场营销一样，不能把旅游市场营销理解为推销和销售。旅游市场营销的目的是使促销成为多余之举，是力求充分地理解旅游者的需要从而使产品和服务能适合这种需要并自动销售出去。

旅游市场营销是以满足旅游需求和实现企业目标为目的，以实现旅游产品交换为核心的营销管理活动，是管理旅游需求、平衡旅游产品供求的过程，是市场营销在旅游业中的应用与发展。

现代旅游市场营销是从了解旅游者的需求为起点，到满足旅游者的需求为终结的综合管理循环活动。这一概念的基本内涵包括以下三个方面：

（1）旅游市场营销是一个综合管理循环活动，它不是一个单一的、孤立的过程，而是一个持续的、循环的管理活动。这个循环包括市场调研、目标市场选择、产品开发、定价、促销和分销、售后服务等各个环节。

（2）旅游市场营销活动的范围扩大。一方面，体现在旅游市场营销的主体包括所有旅游经济个体，上到高层管理者、下到每个员工；另一方面，旅游市场营销的客体包括对有形实物和无形服务的营销，以及旅游企业由此所发生的一切营销行为。旅游市场营销活动从单一的流通领域扩大到产前、生产、流通和售后四个领域。市场营销活动囊括了旅游企业经营管理活动的全过程。

（3）旅游市场营销以交换为中心。旅游市场营销的职能发生了改变，从旅游产品推销的单一职能变为以市场交换为中心、以旅游者的需求为导向来协调各种旅游经济活动，通过提供有形产品和无形服务使旅游者满意来实现旅游企业的经济和社会目标。

二、旅游市场营销的特点

旅游市场营销是一种以提供服务为主要产品的参与性、动态性、综合性和文化性的营销活动。

（1）服务性。旅游市场营销以提供服务为主要产品，包括旅游过程中的食、住、行、游、购、娱等各个方面。因此，旅游市场营销更注重服务品质和体验度，而非仅仅是产品本身。

（2）参与性。旅游市场营销涉及的各个环节都需要游客的参与，从产品设计到提供服务，从营销活动到旅游体验，都需要与游客进行互动。因此，旅游市场营销需要更加注重游客的参与感和体验感。

（3）动态性。旅游市场营销是一个动态的过程，需要根据市场环境和游客需求的变化进行调整与优化。这需要旅游企业具备敏锐的市场洞察力和应变能力。

（4）综合性。旅游市场营销涉及的领域非常广泛，包括市场调研、产品开发、定价、促销、分销、服务等各个方面。因此，旅游市场营销需要具备综合性的能力，能够对各个领域进行有效的整合和管理。

（5）文化性。旅游市场营销涉及的旅游产品往往具有文化内涵，如历史遗迹、民俗文化、地方特色等。因此，旅游市场营销需要更加注重文化的传承和推广。

三、旅游目标市场的选择

对旅游市场进行划分的目的是选择目标市场，以便加强促销，并提高促销效果。可将下列国家和地区作为旅游目标市场：

（1）人口规模大、经济发达、出游率高的国家和地区，通常是旅游市场的主要目标群体，因为这些地区的人们通常具备较高的购买力和旅游需求。这些地区的游客人数多，旅游市场也相对较为成熟，因此，旅游企业可以获得更多的销售机会。

（2）经济较发达、距离较近的客源输出国和地区也是旅游市场的重要目标群体。这些国家和地区的游客出游率较高，旅游需求也相对较强，同时距离较近，旅游成本较低，因此也吸引了大量的游客。

（3）客源增长快、发展潜力大的客源市场通常是旅游市场未来的主要增长点。这些市场具有较高的增长率和潜力，因此，旅游企业可以提前进入并占据市场份额，获取更多的商机。

选择目标市场时应注意以下问题：

（1）要确定重点区域。由于经济、文化、交通原因，每个客源国的出国旅游者常常是不平衡的，这就需要进一步分析，找出宣传、推销的重点地区。例如，美国有 50 个州，我国不可能将 50 个州都当作旅游宣传的目标市场。美国大多数出国旅游者来自 7 个州，首先是纽约州和加利福尼亚州，这两个州人口多，收入高；其次是佛罗里达、马里兰、伊利诺伊、新泽西和得克萨斯等州，它们的出国人数占美国全国总人口的 52%。因此，这 7 个州就是重点区域。

（2）要选择合适的目标对象。在目标市场上，即使在同一个国家，不同的消费者群体，也有不同的需求特点。因此，要根据自己旅游产品的特点和目标市场上消费者的需求特点，选择自己的目标对象，这样，才能取得良好的销售效果。例如，日本的修学旅游很盛行，出国度蜜月的新婚夫妇很多，所以把日本青年作为目标对象和推销重点是非常可行的。

四、旅游市场营销组合

旅游市场营销组合是指旅游企业针对目标市场需求，对自己可控制的各种营销因素（产品质量、包装、价格、服务、广告、渠道和企业形象等）实行优化组合和综合运用，使之协调配合，扬长避短，发挥优势，以便满足目标市场需要，更好地实现营销目标。

旅游市场营销组合受很多因素影响，其中包括以下几项：

（1）市场需求：旅游企业的营销活动需要根据市场需求定位和设计。

（2）竞争状况：旅游企业的营销活动需要针对竞争对手的策略实行相应的对策。

（3）资源条件：旅游企业可控制的资源条件（如资金、人才、技术等）决定了营销活动的可行性和效果。

（4）营销技能：旅游企业需要具备相应的营销技能，如市场调研、广告宣传、销售技巧等。

旅游市场营销组合可以根据不同目的分为不同的类型，常见的有以下几项：

（1）产品组合：旅游企业需要开发和设计多种旅游产品，如旅游线路、酒店服务、景点门票等，以满足不同客户的需求。

（2）价格组合：旅游企业需要根据市场需求和产品定位，制定合理的价格策略，包括门票价格、服务价格等。

（3）渠道组合：旅游企业需要选择合适的销售渠道和分销策略，将旅游产品推向目标市场。

（4）促销组合：旅游企业需要采用多种促销手段，如广告、促销活动、公共关系等，以提高品牌知名度、吸引客户。

旅游市场营销组合是一个动态的过程，需要根据市场环境和客户需求进行不断调整和优化。

模块小结

旅游市场是指旅游者和旅游经营者之间围绕旅游商品交换所产生的各种现象与关系的总和。旅游市场的形成需要具备一定的条件要素。旅游市场具有异地性、波动性、季节性和竞争性。旅游市场可根据不同的标准进行划分。入境旅游市场、国内旅游市场和出境旅游市场是我国旅游三大市场。旅游市场营销是以满足旅游需求和实现企业目标为目的，以实现旅游产品交换为核心的营销管理活动，是管理旅游需求、平衡旅游产品供求的过程，是市场营销在旅游业中的应用与发展。本模块的知识结构如图6-1所示。

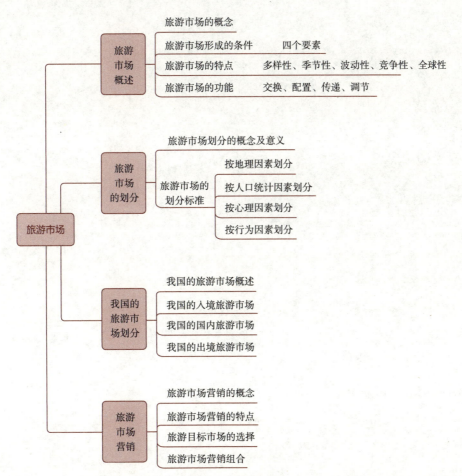

图 6-1　知识结构

思考与实践

1. 长期以来，旅游市场具有明显的季节性，"旺季很旺、淡季很淡"一直是旅游业的一块"心病"，造成了资源的大量浪费。对于这种现象，你觉得应该采取何种措施消除或减弱这种季节性？

2. 利用周末或其他假期时间，到熟悉的旅游景区做旅游市场客源构成的调查，分析旅游者职业构成、年龄构成、地域构成和出行目的构成。

3. 查找相关旅游市场营销案例，分析其营销特点及策略等。

模块七 旅游业的影响及可持续发展

 学习目标

▷ 知识目标

1. 掌握旅游业对经济、社会文化和环境的积极影响与消极影响。
2. 熟悉旅游业可持续发展的理念，掌握实现旅游业可持续发展的途径。

▷ 能力目标

1. 能够理论联系实际，分析旅游业对经济、社会文化和环境的积极影响与消极影响。
2. 能够运用旅游业可持续发展的理念，指导旅游实践。

▷ 素养目标

1. 培养学生透过现象看本质的思维能力。
2. 使学生树立正确的可持续旅游发展观。

案例导学

世界著名的旅游城市——威尼斯

据外媒报道，意大利基础设施和运输部长表示，从 2019 年 9 月开始，禁止吨位超过 1 000 吨的大型游轮驶入威尼斯主要水道。届时，大型游轮将会被安排在远离市中心的位置停泊。

其实，类似方案并非首度被提出。而在游轮入城"拉锯战"的背后，是过度膨胀的旅游业给千年古城威尼斯和威尼斯人带来的"五味杂陈"。

威尼斯以"水城"闻名全球，早就是意大利的旅游胜地，每逢旅游旺季，各类游览船只充斥河道。然而，在这座已有上千年历史的老城内部，其实水道往往非常狭窄，大型游轮只能以离岸边极近的距离从水道驶过，对船只、游客、岸上的行人及岸边建筑都十分危险。

2019 年 6 月，一艘大型游轮失控撞上码头与岸边的一艘观光船，造成至少 5 人受伤。事件引发了大批威尼斯民众上街抗议。他们表示，游轮不但会造成空气污染，而且船只掀起的海浪会破坏当地古建筑物的根基。

频频发生的游轮事故，正是威尼斯及其居民与庞大的旅游产业、蜂拥而来的全球游客之间冲突的缩影。作为著名旅游城市，威尼斯每年吸引近 3 000 万全球游客，平均每天有七八万人进城游玩，而威尼斯本地居民总共才 5 万多人。事实上，威尼斯本地人口并非从来只有这么少，1951 年威尼斯内城的居民人数还有 17.5 万人，而当时距离第二次世界大战的结束才不过短短数年。但近一二十年来，由于游客的大量涌入，威尼斯本地人越来越倾向于搬到岛外居住，甚至"逃离"故乡。据不完全统计，威尼斯每年流失近千名本地人口。

　　旅游业持续膨胀，给威尼斯的生态环境、居民生活和文物古迹保护带来巨大冲击。蜂拥而至的游客，令威尼斯街道变得拥挤不堪，公共交通系统处于"崩溃"边缘，城市基础设施面临巨大压力。当地每年用于城市维护的费用超过 4 000 万欧元，维护成本极高；部分游客的许多不文明行为——如乱扔垃圾、跳入运河洗澡、在岸边聚餐等，导致城市环境恶化，影响当地人生活；更为重要的是，旅游业过度开发导致城市房价与租金攀升，当地物价水平持续上升；一些主要面向居民而非游客的业态在该城没有立足之地，如五金店、理发店等，令当地居民的生活颇为不便……

　　另外，全球变暖导致海平面上升，四面环水的威尼斯非常容易遭受洪水侵袭，但威尼斯当局没有充足、详细的应对方案。

　　2023 年 7 月 31 日，基于游客数量太多、开发过度、气候变化导致海平面上升等原因，联合国教科文组织在一份报告中建议将意大利水城威尼斯列入《濒危世界遗产名录》。

思　考： 旅游业对威尼斯产生了哪些方面的影响？

单元一　旅游业对经济的影响

一、旅游业对经济的积极影响

　　旅游业作为一个新兴的产业，是国民经济的重要组成部分。旅游业是具有很强生命力的产业，许多研究工作者和旅游业界人士都将旅游业称为朝阳产业。现代旅游业从第二次世界大战后兴起，但它一直保持着较快的发展速度，其产业规模不断扩大，对世界经济发展所起的作用日益增加。根据世界旅游业理事会（WTTC）数据显示，2015 年国际旅游业收入增长 4%，旅游消费额超过 1.4 万亿美元，连续第四年实现增长。2015 年，旅游业向全球生产总值贡献了 7.2 万亿美元，占全球生产总值的 9.8%，贡献额增长 3.1%，连续五年超过全球整体生产总值增速。旅游业已经超过汽车产业和房地产业，成为世界第一大产业。

　　旅游业对经济的积极影响正是从它在国民经济中的作用中体现出来的，它在国民经济中的作用主要表现在以下几个方面。

1. 增加外汇收入，平衡国际收支

　　外汇是用于国与国间经济结算的以外国货币表示的一种支付手段。一个国家外汇储备的多少体现了其经济实力的大小和国际支付能力的强弱。对旅游目的地区和国家而言，发展入境旅游最大的好处是获取旅游外汇收入，对平衡国际收支也具有重要的作用。一般来说，旅游者到另一个国家后，就必须将本国的货币兑换成目的地国家的货币，才能流通。例如，湖南的一名游客，离开中国去英国旅游，在抵达英国后，就需要将所持的人民币兑换成英镑，然后用英镑支付在旅游活动中的所有费用。这样，就形成了不同国家外汇的流出和流入。

一个国家的外汇收入通常由贸易收入、非贸易收入和资本往来收入三部分组成。贸易收入即通过出口商品带来的外汇收入；非贸易收入是指有关国际保险、运输、旅游、利息、居民汇款、外交人员费用等方面的外汇收入；资本往来收入是指对外投资和贷款折收带来的外汇收入。旅游外汇收入是非贸易收入的重要组成部分，较之出口商品的贸易换汇，有较大的优势：

（1）"就地出口"。国际旅游赚取的外汇是由旅游者旅游活动中各种支出构成的，通过入境旅游者消费旅游产品必须到旅游产品的生产地进行消费，所以这种出口节省了一般商品出口过程中的运输费用、仓储费用、保险费用、有关税金等开支，以及外贸进出口有关的各种手续。

（2）"即时结算"。一般外贸商品出口从发货到结算支付往往要等候很长一段时间，而在旅游出口中，按照国际惯例，买方即旅游者往往要采用预付或先付的方式结算，因此，卖方即目的地国能立即获得外汇收入。

（3）"免收关税"。在对外贸易中商品输入或对进口商品要征收一定的关税，甚至对商品的种类和数量进行控制，而旅游出口方面不存在客源国实行类似关税壁垒的问题。

国际收支是指一个国家在一定时期内（通常为一年），同其他国家发生经济往来的全部收入和支出。当一个国家的国际收入大于国际支出时，其国际收支账户便会出现顺差或剩余；反之则会出现逆差或赤字。旅游外汇收入对平衡国际收支的作用可通过弥补外贸收支逆差来体现。例如，随着我国经济的高速发展，我国的国际贸易已出现巨额顺差，成为全球外汇储备最多的国家之一，与此同时，我国出境旅游的爆炸式发展，使我国国际旅游中的出境旅游的外汇支出远远高于入境旅游的外汇收入，已经出现了巨额逆差，这对于平衡我国国际收支发挥了一定的作用。日本也曾通过鼓励本国国民到贸易伙伴国旅游的方式来平衡日本的国际收支顺差问题。

2. 扩大内需，促进货币回笼

一个国家经济的发展，最终取决于有效需求。眼下席卷全球的金融危机正冲击着我国的经济，通过贸易出口已很难缓解我国目前经济的压力，唯一的途径就是通过扩大内需、促进消费，使货币回笼来缓解我国经济发展的压力。任何实行商品经济的国家都需要有计划地投放货币和回笼货币，从而使整个社会经济得以正常运转。

货币的投放值和回笼值大致应有一定的比例，即货币投放于社会之后，必须有一定数量的回笼。由于流通的货币数量必须与流通的商品数量相适应，所以如果在商品投放量不变或增加不大的情况下，社会上流通的货币量过多，则会出现通货膨胀，产生货币贬值的可能，因为随着人们手中货币量的增加，他们的购买需求也会相应提高。这种购买能力的增加将对有限的商品市场构成威胁，鉴于此，国家投放货币后都要设法将其回笼。回笼货币的渠道主要有四条：一是商品回笼，即通过组织生产各种商品投放市场换回货币；二是服务回笼，即通过各种服务行业的收费回笼货币；三是财政回笼，即通过国家征收各种税款来回收货币；四是信用回笼，即通过吸收居民存款、收回农业贷款、发放国库券等手段回笼货币。

旅游业，尤其是国内旅游业，通过向旅游消费者提供各类旅游商品和服务，能有效地刺激人们对物质产品的需求，是扩大内需、回笼货币的一个重要途径。近年来，我国部分省市通过发放旅游消费券这一形式，很好地起到了扩大内需的作用。有关数据显示，海南自2022年10月27日面向全国发放5 300万元旅游消费券活动以来，截至2022年12月31日活动结束，海南旅游消费券核销率达到95.3%，有力地促进了海南旅游产业加速回暖。

3. 带动相关行业和部门的发展

旅游业是综合性产业，它的发展有赖于目的地众多部门和行业的配合及支持，同时，它的关联带动功能很强，不仅能带动物质生产部门的发展，而且能带动第三产业的迅速发展。因为旅游的发展需要为游客提供其消费所要求的设施、设备和物资，从而使旅游业成为相关行业产品和服务的消费市场。旅游业作为国民经济中一个独立综合性的行业，能够直接或间接地带动交通运输、商业服务、建筑业、邮电、金融、房地产、外贸、轻纺工业等相关产业的发展。

具体来说，旅游业的发展，一是推动了建筑业的发展，为了适应客源市场的需求，必须修建旅游饭店，开辟新的旅游景点，建造会展中心、博物馆、展览馆，修筑道路、机场、车站、码头等，以及与之相应的供水、供电、供气、通信等配套市政工程。二是促进了交通客运行业的发展，"行"在旅游活动六大要素中占有重要的地位，没有"行"也就没有旅游活动的产生。俗话说，"要致富先修路"，要想大力发展旅游业，同样也必须事先发展交通客运业，疏通道路、扩建机场等，而旅游业的发展又必然促进交通客运业的迅速发展。三是拉动轻工、商业、工艺美术和农副、水产品的发展，旅游业所具备的高消费的特点，对消费品和消费服务的质量、数量与规格的要求都比较高，必须依托于轻工业、商业、工艺美术、农副业的大力发展。而旅游业的发展也必将为轻功、商业、工艺美术和农副业的发展提供机会。

据测算，在国外，旅游业每增收1美元，可促进国民经济增收2.5美元。在我国，旅游业每增收1美元，可带动国民经济增收3.12美元。

4. 平衡地区经济发展

无论是发展国际入境旅游，还是发展国内旅游，都会给目的地带来经济收入，使财富从客源地向目的地转移。如果国际旅游可将客源国的物质财富转移到目的地国，在某种程度上起着对世界社会财富进行再分配的作用，那么国内旅游则会带来国内财富的移动，收入高的地区的居民把钱流向收入低的地区，起到将国内财富在有关地区之间进行再分配的作用。这样，旅游的发展就有助于平衡国内有关地区经济的发展，缩小地区之间的差距。

我国所推行的"旅游扶贫"政策就是利用了旅游的这一经济影响。近年来，贵州旅游系统将助力脱贫攻坚作为重要任务，实施"旅游扶贫九大工程"，持续推动"九个一批"，全力推动"万企万村"帮扶。数据显示，2019年上半年，贵州省乡村旅游接待游客25 943.33万人次，实现收入1 381.98亿元。

5. 拓宽就业渠道，增加就业机会

就业问题是国民经济中一个至关重要的方面，不仅关系到每个劳动者的生产和发展，而且关系到社会民生的稳定。在当前金融危机的大环境下，就业问题显得尤为重要，它是构建和谐社会的重要内容，也是落实科学发展观的重要体现。而旅游业作为第三产业的重要组成部分，在拓宽就业渠道、增加就业机会方面具有十分重要的意义。原因是：第一，旅游既是一个综合性的行业，涉及食、住、行、游、购、娱等方面，又是一个劳动密集型的行业，为不同层次的人才提供大量就业岗位；第二，旅游业所需的大多数服务都无须高新科技，主要依靠手工操作，培训时间短、费用少，有利于人们较快上岗；第三，旅游业的产业链长，可以带动较多的相关行业发展，从而拓宽了就业渠道，间接地扩大了就业机会。

根据世界旅游及旅行理事会的统计，2016年旅游业创造了2.92亿个就业岗位，占全球总就业岗位的10%，2017年创造了2.98亿个就业岗位，包括酒店、旅行社、航空公司和其他旅客运输服务的就业机会，其中还包括餐饮业和休闲产业等直接由旅游者支持的产业；在职人口中，每10人就有1人从事旅游业，旅游业在职总人数超过2.84亿，为全球GDP做出的贡献超过7.2万亿美元；按照每10年2.1%的增长速度计算，到2026年，全球旅游业将产生1.36亿个就业岗位。

就我国而言，2019 年，我国旅游就业人数近 8 000 万人（其中直接就业人数约 2 825 万人），约占全国就业总人数的 10.31%。特别在解决我国少数民族地区居民、下岗职工、大学生首次就业者等特定人群就业方面，旅游业发挥着重要的作用。

视频：乡村旅游助力乡村振兴

二、旅游业对经济的消极影响

1. 能引起物价上涨

大量的游客涌入有可能引起旅游目的地物价的上涨，从而损害当地居民的经济利益。通常情况下，外来旅游者的收入水平较高，购买力较强，消费水平也较高，另外，旅游者在旅游过程中的消费与日常相比，一般也要高于其平时的日常消费水平。因此，大量游客的到来，有可能引起某些商品供应的不足，如食、宿、行等生活必需品及旅游纪念品等各种物质商品，从而引发该类商品价格上涨，如果持续供应不足，则有可能引起整个地区物价水平的提高。另外，随着旅游业的发展，目的地土地价格也会迅速上升。因为为了更好地发展旅游业，适应更多旅游者的需要，目的地必须修建饭店、餐饮等设施，其结果就会引起土地价格的上涨。许多国家和我国的实践表明，在旅游业发展初期时，土地投资只占全部投资的 1%，但随着旅游的发展，新地皮的投资很快上升到占全部投资的 20%。由此而造成的地价上涨，势必会对当地居民住房价格上涨产生影响。

2. 能导致产业结构失衡

每个国家在不同的时期，其各产业部门的构成及相互之间的联系、比例关系不尽相同。如果产业结构合理会大大促进经济的发展和社会的稳定；反之，产业结构不合理则会制约经济的发展，从而影响社会的稳定。对于我国这样的以农业为主的国家来讲，过多地依靠旅游的发展有可能损害其产业结构。因为，原本大多数居民的收入都来自农业，但随着旅游的发展、游客的增多，从事旅游的人员也相对增多，遵循旅游业投资少、见效快、收益高的特点，从事旅游的人员收入将远远高于农业劳动者的收入。这样，很可能引发大量农业劳动者放弃农业，从事旅游业，造成大量田园荒芜或减产。结果一方面旅游业的发展需要农业提供更多的农副产品；另一方面农业的产率又大幅下降，很可能产生难以协调的结构性矛盾，进而危害其经济的健康发展。

3. 能影响国民经济的稳定

一个国家或地区过重地依赖旅游业的发展有可能影响国家经济的稳定，尤其是像我国这样的大国，更不能将旅游业作为主要产业来发展我国的经济。其原因如下：

（1）旅游具有很强的季节性，尤其是休闲度假的游客，他们旅游活动的季节性较大。虽然可以采取相应措施来减轻和缓解旅游季节性的压力，但毕竟无法完全消除。所以，在淡季时会给旅游目的地带来大量旅游设施的闲置和季节性旅游从业人员的失业问题，从而给旅游目的地国或地区带来严重的经济和社会问题。

（2）旅游需求主要取决于旅游客源国和地区居民的收入水平、闲暇时间和旅游动机，而这些都不是旅游目的地国可以控制和预防的。一旦旅游客源国居民的收入、闲暇时间和旅游动机发生了变化，便会使旅游目的地国家的旅游业呈现萧条或衰退。

（3）旅游需求还受本国的各种政治、经济、社会乃至某些自然因素的影响。一旦这些不可控的因素发生不利变化，也会使旅游业需求大幅度下降，旅游业乃至整个经济都将严重受挫，造成严重的经济和社会问题。例如，四川 2008 年遭遇的"5·12"汶川地震造成全省多处景区受到地震影响，2008 年四川旅游总收入比 2007 年下降了 10%。

单元二　旅游业对社会文化的影响

一、旅游业对社会文化的积极影响

1. 有助于提高国民素质

对于旅游者来说，通过旅游可以放松身心，开阔眼界。现代社会生活节奏快，人们普遍感觉压力较大，容易陷入亚健康状态。暂时抛开工作，开展旅游活动，走近大自然，可以起到放松心情、缓解疲劳、恢复体力的作用，有利于保持良好的身体素质；离开惯常居住地，到一个陌生的地方，与不同的人接触，有利于开阔视野，学习不同的处理事情的方式，突破传统思维束缚，增长见识。

对于目的地居民来说，旅游者的到来是增长见识、了解不同文化的机会。通过与来自不同地区的大量旅游者接触，目的地居民也会学习到很多新知识。为了提高服务能力和服务质量，旅游地会加强对当地居民的教育，促进当地居民语言能力、文化素质的提升。

更为重要的是，与其他求知方式相比，旅游是一种最自觉的学习方式，无须督促，所有参与者都会饶有兴趣地探讨知识的原委以求获得比他人更多的感受。古今中外各个领域的伟人大多有过旅游或旅行的经历。旅游还有助于培养人们以审美、爱美为内容的高雅情操和文化品位，培养人们的爱国热情。旅游时亲眼所见的名胜古迹、历史文化和建设成就，能激发和增强人们的民族自尊心与自豪感，进而加深对祖国的热爱之情。

2. 有助于构建和谐社会

发展旅游业有益于社会公民的身心健康，有利于构建和谐社会。正如《马尼拉世界旅游宣言》所指出的：现代旅游已经成为一个有利于社会稳定、人与人之间和各国人民之间相互了解及自我完善的因素。

旅游业对于构建和谐社会的积极作用主要体现在以下几个方面：

（1）修身养性，陶冶公民情操。旅游活动有利于旅游者的身心健康，是现代社会人们实现自我完善和自身可持续发展的一种很好的方式。

（2）促进人与自然的和谐。通过旅游活动，可以增加人与自然的亲和力。增强人们的环保意识，从而促进人与自然的和谐发展。

（3）提高公民的文化水平和文明意识。

（4）增进旅游者对社会的了解（特别是对不发达地区的了解），增强公民的社会责任感。

（5）增加不发达地区的旅游收入，缩小贫富差距。

（6）扩大就业，促进社会和谐。

3. 有助于保护和发展民族文化

旅游开发有利于民族文化价值的实现，提高民族文化的知名度，增加民族的自信心，振奋民族精神，并可通过旅游积极开展广泛的科技文化交流，促进区域文化的发展。文化是一种资源，是旅游者参观、游览的对象，历史文化旅游已成为当今的旅游热点。有关资料表明，绝大多数外国游客来到中国旅游，主要是想了解中国历史古迹和古代文明。可以说，作为旅游资源的历史文化，已成为激发人们感受异域文化积极性和加强旅游的吸引力的实质所在。通过发展旅游，旅游者和旅游目的地居民都会不同程度地增加对民族文化的理解，从而提高自觉保护历史文化和民族文化遗产的意识。

非物质文化遗产是中华优秀传统文化的重要组成部分，是旅游的重要资源，丰富了旅游的文化内涵。近年来，我国贵州大力推动非物质文化遗产与旅游融合发展，支持非物质文化遗产有机融入景区，开发"非遗＋研学""非遗＋会展""非遗＋博物馆"等"非遗＋"模式，推出的苗疆非遗研学主题体验走廊、天龙屯堡人文游，欢度苗年节庆游等非遗旅游新形态，不仅让非遗项目活了起来，也让景区旺了起来，游客留了下来。

4. 有助于促进世界和平

《马尼拉世界旅游宣言》指出，"旅游不仅是一个促进相互了解和理解的积极的、永久的因素，而且是实现各国人民之间较大程度的尊重和信任的基础。"旅游是民间外交的一种好形式，通过旅游活动可以增进世界各国人民的友谊、相互理解和相互尊重，从而促进世界和平。

"旅游是不同国家、不同文化交流互鉴的重要渠道。""文明交流互鉴，是推动人类文明进步和世界和平发展的重要动力。"习近平总书记高度重视文化和旅游国际交流合作，他曾在主场外交活动中向世界发出邀请："中国拥有悠久历史、灿烂文化、壮美山川、多样风情，我们热情欢迎各国旅游者来华观光度假。"

2022年是中日邦交正常化50周年、中韩建交30周年。这十年，我国文化和旅游部大力推进"东亚文化之都"品牌建设，深化中日韩各城市在公共文化服务体系、非遗传承保护、文化产业等方面的合作，城市间人员交流不断密切，点对点增进了各城市人民友谊。

世界上有无数条路，却没有一条像丝绸之路一样，承载着千年古史，编织着四方文明。习近平总书记2013年提出共建"一带一路"倡议以来，我国文化和旅游部推动成立丝绸之路国际剧院联盟、博物馆联盟、艺术节联盟、图书馆联盟、美术馆联盟，发展国内外成员单位539家，覆盖92个国家和2个国际组织，共建"一带一路"逐渐从愿景蓝图变为美好现实。

知识拓展："一带一路"，中国旅游业发展的新引擎

二、旅游业对社会文化的消极影响

1. 不良的"示范效应"

随着旅游活动的开展，旅游者不可避免地会将自己的生活方式带到旅游目的地。特别是在国际旅游中，由于旅游者来自世界各地，他们具有不同的价值标准、道德观念和生活方式，这些东西无形之中也在传播和渗透，对目的地社会产生"示范效应"。对发展中国家来说，经济实力远不及发达国家，由于来自发达国家的旅游者的消费水平高，生活水准与当地人民有相当大的差距，同时，由于旅游者固有的生活方式，带来不同的价值观、社会观、道德观、宗教观和政治观，通过长年累月潜移默化地影响、无形地传播和渗透，往往同东道国及东道地区人民传统观念发生撞击，西方生活方式的输入对当地人民，特别是年轻人的影响较大。正因如此，有人在研究旅游给第三世界带来的消极影响后，认为"发达世界是在通过旅游将其生活方式输出到第三世界国家"。虽然也有人认为这一结论带有偏激的政治色彩，但是旅游者的生活方式对旅游目的地社会，特别是发展中国家社会的影响毕竟是不容忽视的事实。

2. 传统文化受到冲击

旅游从本质上来说，就是人们对异地文化的体验与追求。少数民族独特的传统文化可以满足游客求新、求异、求奇的心理需求。但是，某些旅游地往往以现代艺术形式对民族传统文化进行不恰当的包装和改造，使之失去了原有内涵；有的地方为了迎合某些旅游者的需要，把一些陈规陋俗、低级趣味的东西搬上舞台；有的地方不懂各民族传统文化的内涵和区别，照搬照抄，形成不伦不类的假民族文化；还有的地方受利益驱使，在寺庙设置功德箱，出售纪念品，以多种方式盈利，改变了宗教的本色。所有这些做法，都导致民族传统、宗教文化的庸俗化。例如，八廓街是拉萨最繁华的街区，出售各种藏族手工艺品，近年来，过度的商业化改变了当地古朴的民风，许多商人唯利是图，出售的民族手工艺品不仅在选材、工艺和风格上与民族传统存在很大差别，有些外来的"伪民族手工艺品"甚至大行其道，致使西藏民俗旅游吸引力大大减弱，侵犯了旅游者的利益，造成西藏民俗被旅游者误解。

3. 干扰目的地居民生活

大量旅游者的到来，不仅可能造成目的地物价的上涨，同时，在旅游目的地接待容量有限的情况下，势必缩小当地居民的生活空间，造成交通堵塞、景观地区拥挤、公共设施紧张，干扰居民的正常生活，引起居民对旅游者的抱怨和不满情绪。另外，某些旅游者的高傲自大，不尊重当地居民的生活习惯、政治观点及种族和民族的信仰等，都会激发当地居民的怨恨和愤怒，进而造成旅游者和当地居民之间关系紧张，甚至发生冲突。

"过度旅游"是一个老生常谈的话题。2017 年，威尼斯的原住民爆发了"反游客"抗议。随后，这一抗议席卷了全球，从巴塞罗那到日本浅草寺的门前；从阿姆斯特丹到加泰罗尼亚的街区，抗议声"一浪高过一浪。"巴塞罗那的居民贴出标语："这不是旅游，这是入侵。"反对游客的浪潮从威尼斯燃起，并非偶然。威尼斯居民只有 5.5 万人，但每年接待的游客量却有 2 000 万人次。换而言之，几乎每天都有等同于原住民数量的游客涌入水城，这对当地居民的生活、环境甚至是物价带来的影响，是难以估计的。很显然，旅游业的不健康发展，成为众矢之的。

单元三　旅游业对环境的影响

旅游目的地的环境包括自然环境和人造环境，他们都是旅游产品中最根本的组成部分。旅游与环境之间存在着密切的关系，一方面，旅游的发展依托于旅游目的地的环境；另一方面，环境的质量也影响着旅游者对于旅游活动质量的评价。所以，在旅游业发展过程中，环境不可避免地要受到影响和改变。客观地认识旅游的环境影响，是制定适当的环境政策的基础。与旅游相关的环境影响可分为积极影响和消极影响。

一、旅游业对环境的积极影响

1. 提高人们的环境保护意识

当前，生态环境不断恶化已成为全球性问题，人们从一系列的全球环境问题所带来的危害中认识到，如果没有良好的生态环境和长期可利用的自然资源，人类将失去赖以生存和发展的基础，经济和社会也将难以持续发展。旅游开发将游客带往拥有优美生态环境和珍稀动植物的地区，这使当地民众逐渐意识到，良好的生态环境和丰富的动植物资源是旅游发展的重要吸引物，是旅游的物质基础，这些在当地看来很普通的东西，能够带来巨大的经济效益，因此，会有意或无意地对其进行保护。如果适当引导，辅以教育和宣传培训手段，保护当地生态环境很容易变成自觉的行动。因此，发展旅游，特别是发展以自然为基础的旅游活动，可以提高人们对生态环境的保护意识，促使人们采取各种方式和手段保护与改善生态环境，维持生态平衡。

2. 保护自然景区和历史古迹

为了更好地适应旅游者的需求并提高他们的满意程度，许多自然景区和历史古迹的环境保护问题都受到高度的关注。旅游业的发展可以为旅游目的地带来可观的经济效益，这些资金可以用于景区和历史古迹的维修与保护。例如，四川省政府 2013 年发布的《四川省人民政府关于进一步做好旅游等开发建设活动中文物保护工作的实施意见》提出，文物旅游景区的经营性收入，今后将按不低于 5% 的比例优先用于文物保护。

3. 美化环境和提高环境质量

为适应旅游发展的需要，旅游目的地的卫生条件和污染的治理会得到加强，从而改善和美化当地的环境，提高环境的质量。目前，保护旅游资源、美化自然环境已成为旅游业发达国家最重视的两项任务，即通过推进地区土地的绿化和环境的净化来实现。旅游目的地可以通过植树造林、开发园林景观，或设计建设生态化环保建筑来扩大绿化面积，还可以通过控制空气污染、水污染、噪声污染、垃圾和其他环境问题，促使环境全面净化。例如，新加坡通过广泛植树种花，加强园林建设，赢得了"花园城市"的美誉，这在很大程度上就是基于旅游业的发展。

4. 改善基础设施和服务设施

旅游目的地要发展旅游业，除景区的规划建设、环境的保护和改善外，还必须要进行基础设施和旅游接待设施的建设，如机场、道路、通信、用水系统和污水处理系统及餐饮、娱乐、住宿、购物等。这样，一方面能满足旅游者在旅游活动中的各种需求；另一方面客观上也改善了旅游目的地的人居环境。

知识链接

海城区：完善基础设施 推动乡村旅游提质升级

近年来，北海市海城区大力发展乡村旅游业，坚持"以旅促农、农旅结合"原则，在村容村貌治理、配套设施建设、提升服务质量等方面下足功夫，不断完善旅游发展短板，为海城乡村旅游提质升级夯实基础。

一是打造宜居环境，奠定乡村旅游之"基"。2019 年以来，海城区重点推进人居环境整治提升工程，发动大规模"三清三拆"行动 25 次，并将村级环卫保洁工作纳入城乡垃圾清运处理体系，利用村规民约将"门前三包"和垃圾分类制度化、常态化。投入 3 500 多万改造提升村庄路水电网等基础设施，区内 10 个行政村均实现硬化道路、安全饮水、5G 网络 100% 全覆盖，村庄绿化率超过 80%。

二是完善配套设施，提高乡村旅游之"质"。近年来，海城区共争取各类财政资金修建文明公厕 5 个、生态停车场 4 个、游客接待中心 2 个，设立完善赤西村、流下村旅游景区导览图、标识标牌。通过编制村庄建设规划和旅游营销策划全面打造赤西田园综合体和流下山海休闲主题艺术村，筹备一批咖啡酒馆、乡村酒吧、主题餐饮、智慧书屋项目，带动海城乡村旅游配套设施提质升级。

三是提升服务质量，带动乡村旅游之"势"。近年来，海城区在流下村招商引资项目 13 个，总投资约为 4 500 万元，打造有自治区"5A 级"农家乐——邻舍设计师酒店等 7 个精品民宿项目投入运营，极大提升酒店服务质量及游客住宿体验。同时培养村民成为"旅游服务人"，支持村民以入股合作或出租方式，将民房交由高端品牌酒店装修和管理，并优先安排村民到酒店就业，鼓励村民兴建餐饮、租车等服务点，增值自有资产的同时，为游客提供旅游服务目的地。

（来源：人民网—广西频道）

二、旅游业对环境的消极影响

1.造成环境污染

旅游业在发展过程中，不当的旅游开发对旅游目的地环境污染是多方面的，主要表现为空气污染、噪声污染和水质污染等。

（1）空气污染。尽管旅游业被称作"无烟工业"，但旅游业的发展仍然会对空气造成相当程度的污染。空气污染主要来自交通工具。大量旅游者的到来，不仅加大了道路的运输量，使交通更加拥堵，而且众多的交通车辆会排放出大量废气，尤其是汽车，汽车速度越慢，排放物越多，因此，在山区或拥挤的地区，汽车造成的污染也就越大。

（2）噪声污染。旅游交通车辆不仅带来了大量的尾气排放，随之还产生了大量的噪声。游乐场、夜总会、迪斯科舞厅等娱乐场所及手提音响、水上摩托、汽艇等旅游设施也会带来令人感到不适的噪声。甚至旅游者的旅游活动也会给脆弱的景区动物造成影响。例如，土耳其地中海沿岸的沙滩，是乌龟的生存地，然而旅游者的到来，干扰了乌龟的生存空间，使乌龟的栖息地被破坏。

（3）水质污染。旅游活动对水质影响是相当广泛而严重的。在旅游地和旅游城市中最普遍的问题是因对流出物处理不当而发生的水质污染。如果为游客提供方便的饭店、餐饮和其他旅游设施没有安装科学的污水处理设备，那么他们产生的"三废"（废气、废水和固体废弃物）一旦处理不当，就很可能污染地下水和附近的湖泊、河流，甚至沿海水域。例如，张家界景区就曾因金鞭溪水体污染而花费近3亿元用于景区内数十家宾馆饭店的搬迁；四川世界级的遗产九寨沟景区为了将污染降到最低，也把景区内的所有宾馆饭店全部撤出。

2.造成景观损害

（1）由于部分旅游者的不文明行为，如随地抛弃废物垃圾、随地吐痰、触摸攀爬，在禁烟区内吸烟、乱涂乱画等，严重影响着旅游资源的景观质量。例如，2022年，在互联网社交平台，四川凉山州雷波县被《中国国家地理》称为"地球的边缘"的大断崖火了。蓝天白云下，越野车驰骋在辽阔的高山草甸，脚下是落差上千米的悬崖，还有翻涌的云海，给人一种野性、霸气又时尚的感觉。然而，随着游客越来越多，车辆对当地植被造成了一定程度的破坏，人们丢弃在高山草甸上的垃圾也日益增多。为了保护生态环境和自然资源，8月27日，雷波县多部门发布通告，对四川麻咪泽省级自然保护区境内的阿合哈洛大草原及龙头山大断崖区域实施长期封山管控。凡违反通告规定或造成环境污染和生态破坏的个人或团体将依照相关法律法规予以处理。高山草甸被汽车碾压，影响到底有多大？三年前，甘孜州格聂神山景区的"格聂之眼"周围1 200平方米植被违规穿越的车队碾压出"黑眼圈"，通过多方修复，恢复原貌花了两年。对此，中科院成都生物研究所研究员潘开文和省内某林草专家表示，在高海拔区域，受积温低影响，植被生长的速度非常缓慢。他以一株50cm的灌木为例，可能需要生长近50年。另外，能适应这个区域环境的植物种类相对较少。因此，一旦这里的植被遭到破坏，恢复起来需要更长的时间。"如果不加以保护，无序开展旅游活动，很有可能造成当地高寒草地的退化，增加水土流失，进而影响栖息在草地生态环境中的动物活动，降低生物多样性，削弱生态系统的稳定性。"潘开文说道。

（2）由于旅游景区建设缺乏整体规划，对景区的过度开发和建设都会造成对旅游资源的损害和破坏。例如，云南昆明长腰山位于滇池南岸，是滇池山水林田湖草生态系统的重要组成部分，是滇池重要的自然景观，曾经是昆明市城市重要生态隔离带，对涵养滇池良好生态具有十分重要的作用。2015 年 1 月以来，昆明诺仕达企业（集团）有限公司在长腰山区域，陆续开工建设滇池国际养生养老度假区项目。据调查，该项目规划占地 228.4 万平方米，约占长腰山总面积的 92%，规划建设别墅 813 栋、多层和中高层楼房 294 栋，建筑面积 225.2 万平方米。其中，面向滇池区域规划建设别墅 390 栋、多层和中高层楼房 25 栋。目前规划项目已全部实施，长腰山生态功能基本丧失，影响了滇池山水生态的原真性和完整性。

单元四　旅游业的可持续发展

一、可持续发展理论

1. 可持续发展理论的产生

工业革命以后，世界各国经济的发展大多走上了一条以牺牲生态环境换取经济增长的道路，造成了全球性的资源恶化和生态破坏，严重危及人类的生存环境。20 世纪 60 年代以来，能源危机的出现、自然危害的加剧，使人们逐渐意识到这种竭泽而渔的发展模式只能给地球和人类社会带来毁灭性的灾害。基于这种危机感，一种保护环境、尊重自然的人类可持续发展思想开始形成。

1962 年美国海洋生物学家雷切尔·卡尔森发表了被称为"改变了世界历史进程"的《寂静的春天》一书，其中包含着可持续发展的思想萌芽。

1970 年 4 月 22 日，美国 2 000 多万人（相当于美国人口的 1/10）举行了大规模的游行，要求政府重视环境保护，根治污染危害。

1972 年罗马俱乐部出版了《增长的极限》一书，该书警示性地罗列了关注发展与环境问题及可持续发展问题。

1972 年 6 月 5—16 日在瑞典首都斯德哥尔摩举行了联合国第一次人类环境会议，发布了《人类环境宣言》，第一次提出了环境与发展这一主题。

1980 年国际自然保护联盟受联合国环境规划署的委托，在世界野生生物基金会的支持和协助下制定了《世界自然保护大纲》，将保护和发展看作相辅相成的不可分割的两个方面，首次提出可持续发展的概念及现实的前景和途径。

1983 年 11 月世界环境与发展委员会（WCED）成立，发表了著名的《共同的危机》《共同的安全》《共同的未来》三个纲领性文件，三个文件都提出了"可持续发展战略"。

1987 年 WCED 发表了由该组织主席布伦特兰夫人提交的《我们共同的未来》，正式提出了一个为世人普遍接受的有关可持续发展的概念，得到学术界广泛的接受和认可，掀起了可持续发展的浪潮。

1992 年，在里约热内卢举行的联合国环境与发展大会上，与会的 182 个国家共同签署了《21 世纪议程》（Agenda 21），即著名的地球宣言，它宣布全世界人民应遵循可持续发展原则，并采取一致行动，使可持续发展上升为国家之间的准则。

2. 可持续发展的概念

世界环境与发展委员会（WCED）出版的《我们共同的未来》一书中对可持续发展的界定是："可持续发展就是满足当代人的需求，又不损害后代人满足其需求能力的发展；既实现经济发展的目的，又要保护人类赖以生存的自然资源和环境，使子孙后代能安居乐业、永续发展。"

我国在 1992 年的联合国环境与发展大会上作出了履行《21 世纪议程》等文件的承诺。1994 年 3 月 25 日，国务院主持召开国务院第十次常务会议，讨论通过了《中国 21 世纪议程》，即《中国 21 世纪人口、环境与发展》白皮书。1996 年 7 月 29 日国务院办公厅以国办发〔1996〕31 号文件转发了国家计委、国家科委关于进一步推动实施中国 21 世纪议程意见的通知，在这个通知中，对可持续发展给出了一个更为明确、完整的定义。可持续发展就是既要考虑当前发展的需要，又要考虑未来发展的需要，不以牺牲后代人的利益为代价来满足当代人利益的发展。可持续发展就是人口、经济、社会、资源和环境的协调发展，既要达到发展经济的目的，又要保护人类赖以生存的自然资源和环境，使子孙后代能够永续发展和安居乐业。

知识拓展："中国在可持续发展领域表现突出"

可持续发展的概念包括以下三个要素：

（1）人类需求。WCED 认为，发展的主要目的是满足人类需求，包括基本需求（指充足的食物、水、住房、衣物等）和高层需求（指提高生活水平、安全感、更多假期等）。

（2）需求限制。需求限制是对未来环境需要的能力构成危害的限制，这种能力一旦被突破，必将危及支持地球生命的自然系统，如大气、水体、土壤和生物。

（3）代际公平。代际公平是指当代人和后代人在利用自然资源、满足自身利益、谋求生存与发展上权利均等。即当代人必须留给后代人生存和发展的必要环境资源和自然资源，是可持续发展战略的重要原则。

3. 可持续发展的基本内容

可持续发展的内容主要包括生态可持续发展、经济可持续发展和社会可持续发展三个方面。

（1）生态可持续发展：以保护自然为基础，与资源和环境的承载能力相适应。在发展的同时，必须保护环境，包括控制环境污染和改善环境质量，保护生物多样性和地球生态的完整性，保证以持续的方式使用可再生资源，使人类的发展保持在地球承载能力之内。

（2）经济可持续发展：鼓励经济增长，以体现国家实力和社会财富。它不仅重视增长数量，更追求改善质量、提高效益、节约能源、减少废物，改变传统的生产和消费模式，实施清洁生产和文明消费。

（3）社会可持续发展：以改善和提高人们生活质量为目的，与社会进步相适应。社会可持续发展的内涵应包括改善人类生活质量、提高人类健康水平，创造一个保障人们享有平等、自由、教育等各项权利的社会环境。

4. 可持续发展的意义

可持续发展是一个人类与自然协调发展的过程，一旦人与自然的和谐关系遭到破坏，社会的发展就会出现资源耗竭、生态破坏、环境污染，甚至灾难性的后果。可持续发展理论的提出是把人们的局部利益和整体利益、眼前利益和长远利益结合起来，认为将人类利益作为发展的最终目标的同时应尊重自然发展和社会发展的客观规律，是实现和谐社会目标的指导性思想。

二、旅游业的可持续发展

（一）旅游业可持续发展的背景

第二次世界大战结束以后，全球经济的复苏和发展使人们的生活方式发生了巨大的变化。顺应这一变化，旅游业在世界各国迅速蓬勃发展起来，1992 年一跃成为全球第一大产业。然而，伴随着旅游业的空前繁荣，各种消极影响开始显示出其潜在的威胁，对旅游资源的掠夺性开发、对旅游区超负荷的开放、旅游设施建设的膨胀、对旅游景区的粗放式管理、对旅游环境的污染、对旅游氛围的破坏现象比比皆是，进而导致旅游的社会经济和文化作用也在减弱，迅速损害旅游业赖以存在的环境质量，威胁旅游业的可持续发展。这些问题在发展中国家的旅游业发展过程中尤为突出。1976 年 12 月世界银行和联合国教科文组织在华盛顿专门召开了以"发展中国家旅游的发展对社会和文化的影响"为主题的研讨会，以寻求解决这些问题的办法。该研讨会的成果由伊曼钮尔·卡特教授整理汇编成《旅游——发展的通行证吗？》一书。该书的问世，激发了各国旅游业和国际旅游组织对此的关注。

1989 年 4 月在荷兰海牙召开的"各国议会旅游大会"上，大会经过讨论，不仅形成了旅游可持续发展的思想，而且作出了有关旅游可持续发展的原则讨论以及建设措施。

1995 年 4 月 24 日至 28 日，联合国教科文组织、联合国环境规划署、世界旅游组织、岛屿发展国际科学理事会和西班牙政府以及加那利群岛大区政府在该群岛中的兰沙里群岛召开了"可持续旅游世界大会"，会议通过了《可持续旅游发展宪章》（以下简称《宪章》）和《可持续旅游发展行动计划》（以下简称《行动计划》）。《宪章》和《行动计划》中明确指出："旅游可持续发展的实质就是要求旅游与自然、文化和人类生存环境成为一个整体。"

1997 年 2 月 16 日至 19 日，世界旅游组织亚太地区旅游与环境部长会议在马尔代夫召开，讨论了亚太地区旅游业发展与环境的关系。

1997 年 5 月 22 日在菲律宾首都马尼拉通过了《关于旅游业社会影响的马尼拉宣言》，发布了十点声明。这份声明注意到了旅游业发展中存在的一些不利影响，决心采取措施来"最大限度地发挥旅游业的积极影响和最大限度地降低旅游业的负面效应"。

1997 年联合国第 19 届特别会议，首次将可持续旅游业列入联合国可持续发展议程。

1998 年 10 月 14 日至 18 日在我国桂林举行了"亚太议员环发会议第 6 届年会"，讨论了亚太地区环境和资源保护与旅游业可持续发展面临的挑战及有关战略行动。会议通过了《桂林宣言》。《桂林宣言》指出，亚太各国在合理开发资源，加强生态和环境保护方面，有着长远的共同目标，也有着广泛的共同利益。

2016 年 5 月 18 日至 21 日，世界旅游组织与我国政府联合主办的首届世界旅游发展大会在北京举办，受到国际社会的广泛关注和国际朋友圈的热情点赞。"世旅大会"是我国举办的一次世界级盛会，也是全球旅游业界的一次盛会。大会深入交流全球旅游产业发展新经验，探讨旅游产业在促进发展与实现联合国千年发展目标中的新任务、新方式，推进国际旅游合作，促进全球旅游业均衡、可持续发展，使更多民众从旅游发展中受惠。

2022 年金砖国家旅游部长会议在 9 月 19 日以视频方式举行。中国、巴西、俄罗斯、印度、南非等各国部长围绕"绿色增长、可持续发展与韧性复苏"的会议主题开展了深入交流研讨。我国文化和旅游部部长胡和平主持会议并作主题发言。胡和平提出五点倡议：一是坚持同舟共济，完善金砖国家旅游合作机制，鼓励金砖国家各级旅游行政部门、行业协会、研究机构和市场主体之间加强横向联系、互动交流；二是坚持务实合作，促进旅游业恢复发展更具韧性，共同为疫情之下的旅游恢复发展探索可行之路；三是坚持绿色理念，合力推动旅游业可持续发展，推动金砖国家绿色旅游联盟工作取得实质性进展；四是坚持创新驱动，以数字技术赋能旅游发展，加快推进以数字化、网络化、智能化为特征的智慧旅游；五是坚持开放包容，持续扩大金砖国家"朋友圈"，与更多新兴市场国家和发展中国家分享"金砖"带来的机遇。与会各国部长对近年来金砖国家旅游合作取得的成绩给予肯定，就旅游业恢复发展的紧迫性和增加游客互访量的重要性达成共识，表示将采取务实措施，打造有韧性、可持续、包容性的旅游业。会议还通过了《2022年金砖国家旅游部长会议公报》。

（二）旅游业可持续发展的含义

旅游业可持续发展是指在维持文化完整、保护生态环境的同时，满足人们对经济、社会和审美的需求，即旅游业可持续发展是在不损害环境持续性的基础上，既满足当代人高质量的旅游需求，又不妨碍满足后代人高质量的旅游需求，既保证旅游经营者的利益，又保证旅游者、目的地居民的利益，实现旅游业长期稳定与和谐、协调发展。

旅游业可持续发展的基本内涵包括以下几项：

（1）满足需求。发展旅游业首先是满足旅游者对更高生活质量的追求，满足其高层次的物质和精神需求。并且在发展旅游业的同时能为旅游经营者、旅游者、旅游目的地居民创造利益，改善旅游目的地经济水平。

（2）需求限制。通过旅游业满足需求是以维持文化完整和保护生态环境为前提。在旅游发展过程中，不得破坏旅游资源和生态环境，因为无论是自然旅游资源还是人文旅游资源都是十分脆弱的，且一旦破坏是不可再生的，生态环境也如此，它的破坏可能会引起生态系统的失衡。

（3）代际公平。一是同代人之间的公平，避免旅游目的地在发展旅游过程中，只使一部分人受益，而另一部分人则无法享受旅游资源或旅游资源带来的收益；二是不同代人之间的公平，既要满足当代人的旅游需要，为当代人获取经济收益，还要满足未来各代人的旅游需求，确保未来各代人还能通过旅游获取收益。

（三）旅游业可持续发展的目标

1990年，在加拿大温哥华召开的全球可持续发展大会旅游组行动策划委员会会议，提出了旅游业可持续发展的目标：

（1）增进人们对旅游所产生的环境效应和经济效应的理解，强化其生态意识。

（2）促进旅游的公平发展。

（3）改善旅游接待地的生活质量。

（4）向旅游者提供高质量的旅游经历。

（5）保护上述目标所依赖的环境质量。

从上述目标来看，旅游业真正的可持续发展，其根本目标就是确保在旅游业发展过程中，全面实现当代人旅游需求的满足，进而促进地方经济、社会文化、生态环境全面发展，当地居民生活水平与生活质量全面提高，同时，不损害后代人为满足其旅游需求而进行旅游开发与活动的可能性。

（四）旅游业可持续发展的模式

生态旅游是一种可持续发展的模式，它以特色的生态环境为主要景观，以可持续发展为理念，在保护生态环境的前提下开展旅游活动。它具有以下几个方面的特征：

（1）自然性。生态旅游的对象是自然景观和生态环境，强调对自然资源的保护和利用。这些自然资源包括自然生态系统中的植物、动物、水资源等，也包括地形地貌、气候等自然因素。生态旅游的自然性使其具有回归自然、感受自然的特征。

（2）可持续性。生态旅游以可持续发展为核心理念，强调在保护生态环境和自然资源的前提下开展旅游活动。这意味着在生态旅游过程中，需要采取一系列措施，如制定环保政策、推广绿色旅游方式等，以减少对环境的负面影响，保证环境和经济的可持续发展。

（3）文化性。生态旅游注重对当地文化和社区的尊重和保护，通过文化交流和旅游活动，使游客能够更好地了解和体验当地的风土人情与文化传统。这包括对当地艺术、历史、习俗等的了解和体验。

（4）环保性。生态旅游强调对生态环境的保护，通过科学合理的规划和管理，避免对生态环境造成破坏。在生态旅游过程中，需要推广环保理念，提高游客的环保意识，促进环保行动的开展。

（5）多样性。生态旅游的形式和内容多样化，包括自然探索、野外探险、文化体验等多种形式，满足不同游客的需求。这种多样性也体现在生态旅游的场所上，包括森林、草原、湖泊、河流等多种生态环境。

（6）责任性。生态旅游强调游客和旅游从业者对环境和社会责任的承担。通过推广环保理念和绿色生活方式，提高游客的环境意识和社会责任感，促进环境保护和社会发展。

知识拓展：农耕文化传承与乡村旅游可持续发展

综上所述，生态旅游的自然性、可持续性、文化性、环保性、多样性和责任性等特点，使其成为一种更加绿色、健康、可持续的旅游形式，有助于推动经济、社会和环境的协调发展。

（五）我国实现旅游业可持续发展的途径

就我国旅游业开发的现状而言，旅游的可持续发展已经成为一项迫切任务。我国旅游业的开发历史较短，目前仍然表现为典型的发展中国家旅游开发模式，即将旅游业的发展简化为数量型增长和外延的扩大再生产，在旅游资源开发中，缺乏必要的保护，从整体上讲尚属于粗放型发展模式。事实表明，这样的发展已经给生态环境和旅游资源带来灾难性的破坏，旅游与环境、生态之间的矛盾越来越尖锐。如果不能从根本上解决好旅游业发展中的环境问题，就会从根本上削弱甚至摧毁我国旅游业持续发展的基础。为此，必须牢记旅游业的发展不是无节制的，应当坚持适度发展和循序发展的观点，走可持续发展的道路。

我国实现旅游业可持续发展必须依靠旅游者、旅游开发商、旅游经营者及旅游目的地政府四方通力合作，共同来维护旅游资源、保护生态环境。

1. 旅游者

旅游者是旅游活动的主体，旅游者的旅游活动行为对旅游业的可持续发展具有非常重要的意义，直接决定着旅游业能否实现可持续发展。美国旅行代理商协会（American Society of Travel Agents，ASTA）对旅游者提出了以下道德标准：

（1）只拍照，只留下脚印。

（2）尊重地理脆弱性。

（3）不打扰动植物及其栖息地，不破坏植物。

（4）只准走指明的路线和途径。

（5）遵守当地园区的规定。

（6）不得购买濒危的植物或动物制作的产品。

（7）支持用来保存和保护当地环境的生态保护计划。

（8）注意交通方式，采用改善能源保护的住宿方式，采取有意识的环境保护措施（如资源再利用、废物处理、噪声弱化、地方社会的参与等）。

（9）尊重当地社会的习俗。

每位旅游者都具有旅游环保意识，社会责任感，积极主动地参与旅游资源和环境的保护，必将对旅游业的可持续发展起到极大的帮助作用。

2. 旅游开发商

旅游资源是旅游业赖以生存的基础，是发展旅游业的基本条件。因此，作为旅游开发商，在开发旅游资源的时候，必须进行科学合理的规划，有计划、有步骤地进行旅游资源的评价和可行性分析，在不破坏旅游资源的基础上进行设计和开发绿色旅游产品，发展生态旅游，这对于实现旅游业的可持续发展具有极其重要的意义，是实现旅游业可持续发展的关键环节。

3. 旅游经营商

旅游经营商在旅游企业经营过程中要尽可能地节约能源，减少对环境的破坏和污染，运用先进的经营管理手段提高效率，并以适当的方式对旅游从业人员开展培训和教育。例如，我国部分旅游饭店已不再向旅游者提供一次性生活用品，倡导旅游者自带，从而减少一次性用品对于资源的耗竭和环境的污染。ASTA 要求旅游从业人员履行下列义务：

（1）尽最大努力保护和提高景区的完整性。

（2）有效利用水、能源等自然资源。

（3）确保污水处理系统对环境和审美的负面影响降到最低限度。

（4）尊重其文化的敏感性。

（5）全力支持其他具有环保意识的旅游工作者。

（6）通过向游客分发保护大纲，提高游客环保意识。

（7）支持对导游和管理人员进行生态旅游方面的教育和培训。

（8）雇请精通并爱护地方文化和环境的人做导游。

（9）根据景区的自然和文化历史及独特价值，给游客相应的口头或书面资料，进行指导和说明。

（10）使用有益当地经济的地方产品，但不购买那些濒临灭绝的动植物制作的商品。

（11）永远不要有意识地干扰或鼓励干扰野生动植物的栖息地。

（12）遵守自然区域的法规。

（13）遵守国家安全标准。

（14）确保广告的真实性。

（15）最大限度地提高游客与当地社区的生活质量。

4. 旅游目的地政府

旅游目的地政府应该发挥主导作用，着眼长远利益，制定切实可行的推进旅游持续、健康发展的有关法律、法规。例如，旅游资源保护、文物保护、生态环境保护及旅游资源开发、旅游区建筑建设等方面的法律、法规。

模块小结

　　本模块介绍了在旅游业发展过程中对经济、社会文化和环境所产生的深刻而广泛的影响。尤其是对于旅游目的地国家或地区来说，这些影响既有积极的一面，也有消极的一面。因此，为了扩大旅游业的积极影响，抑制和减少旅游业的消极影响，世界各地必须在可持续发展理念的指导下通力合作，共同实现旅游业的可持续发展。本模块的知识结构如图7-1所示。

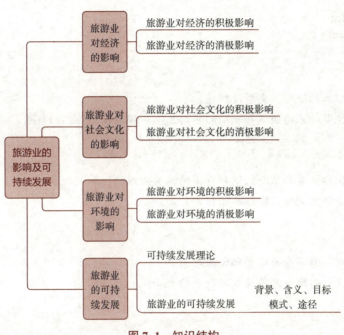

图7-1　知识结构

思考与实践

　　1. 近年来每次政协会议都会讨论我国是否应该取消黄金周制度，认为在黄金周期间能够极大地刺激消费者的旅游需求，提高我国的旅游收入，但仍然存在很多问题。请你从旅游业的积极影响和消极影响两个方面综合分析是否应该取消黄金周。

　　2. 到某旅游景点进行观察，收集资料，说明旅游业对该景点以及景点所在区域带来的影响。

　　3. 走访旅游相关的管理机构，了解他们为实现旅游业的可持续发展所出台的相关措施和法规。

模块八　旅游组织

 学习目标

➤ 知识目标

1. 了解旅游组织的概念、类型及职能。
2. 熟悉国际主要的旅游组织和我国的旅游组织，理解旅游组织的作用。

➤ 能力目标

1. 能够掌握国际主要的旅游组织和我国的旅游组织的区别与联系。
2. 能够通过具体案例分析出旅游组织的作用。

➤ 素养目标

1. 激发学生对旅游事业的热爱和爱国热情。
2. 培养学生良好的职业道德及旅游行业的大局观。

案例导学

中国两乡村获颁联合国世界旅游组织"最佳旅游乡村"称号

联合国世界旅游组织"最佳旅游乡村"颁奖仪式于 2023 年 3 月 12 日在沙特西部城市欧拉举行，来自中国的广西大寨村和重庆荆竹村获颁"最佳旅游乡村"称号。

广西大寨村坐落于全球重要农业文化遗产——龙脊梯田之上，有长达 2 300 多年的梯田耕种历史，形成了独特而富有魅力的地域文化。重庆荆竹村则处于武陵山腹地，优渥的自然环境造就了景观的多样性，汉族、土家族、苗族等民族文化在这里交融共生。

中国文化和旅游部国际交流与合作局公参王彦军说："这次广西大寨村和重庆荆竹村获奖，是深入贯彻习近平生态文明思想、弘扬中华优秀传统文化、推动文化和旅游深度融合、促进共同富裕、实现乡村全面振兴的一次非常优秀的实践。"

联合国世界旅游组织秘书长祖拉布·波洛利卡什维利高度评价中国乡村的发展成就。他说："我知道中国在振兴乡村方面有很大的投入，我也很高兴我们在很多方面意见一致。特别是中国是包括欧洲在内世界最大的旅游市场，未来几个月，相信我们会看到中国旅游业逐步复苏。"

联合国世界旅游组织"最佳旅游乡村"评选始于2021年，旨在通过旅游促进乡村文化遗产保护和可持续发展。加上2021年入选的浙江余村和安徽西递村，中国已有4个乡村入选联合国世界旅游组织"最佳旅游乡村"。

思　考：联合国世界旅游组织对旅游行业发展有哪些推动作用？

单元一　旅游组织概述

一、旅游组织的概念

旅游组织伴随着旅游业的发展壮大而出现，并越来越显现出其不可或缺的巨大作用。它是指为了加强对旅游行业的引导和管理，适应旅游业的健康、稳定、迅速、持续发展而建立起来的具有行政管理职能或协调发展职能的专门机构。

二、旅游组织的类型

1. 按职能范围划分

以旅游组织的职能范围为划分标准，可将旅游组织分为国际性旅游组织、国家级旅游组织和地方性旅游组织。

2. 按职能性质划分

以旅游组织的职能性质为划分标准，可将旅游组织分为旅游行政组织和旅游行业组织。

（1）旅游行政组织是指通过对旅游进行组织、领导、控制、协调和监督等一系列活动，行使旅游管理职能，实现对旅游发展进行宏观管理和调控目的的组织。旅游行政组织是非营利性的组织。我国的旅游行政组织是政府的一个组成部分，按照管理权限可划分为国家文化和旅游部、省（自治区、直辖市）及省以下地方旅游行政组织三种等级。

（2）旅游行业组织是指为加强行业间及旅游行业内部的沟通与协作，实现行业自律，保护消费者权益，同时促进旅游行业及行业内部各单位的发展而形成的各类组织。旅游行业组织通常是一种非官方组织，各成员采取自愿加入的原则，行业组织所制定的规章、制度和章程对于非会员单位不具有约束力。

三、旅游组织的职能

1. 旅游行政组织的职能

旅游行政组织在宏观调控、规范市场、计划与控制、沟通协调等方面发挥着重要的职能。

（1）宏观调控职能。旅游行政组织需要制定和实施旅游政策，通过财政、货币、税收等政策手段，对旅游业进行宏观调控，以促进旅游业的发展和稳定。

（2）规范市场职能。旅游行政组织需要制定旅游市场规则，规范旅游市场行为，维护旅游市场秩序，确保旅游业公平竞争和健康发展。

（3）计划与控制职能。旅游行政组织需要根据国家旅游业发展的总体规划，制订具体的旅游计划，并对旅游计划的执行进行监控和控制，确保计划的顺利实施。

（4）沟通协调职能。旅游行政组织需要与各级政府、旅游企业、旅游消费者等各方面进行沟通和协调，了解旅游业的发展情况，解决旅游业的矛盾和问题，推动旅游业的和谐发展。

通过这些职能的发挥，旅游行政组织能够有效地推动旅游业的发展，确保旅游市场的稳定和有序，促进旅游业的繁荣和发展。

2. 旅游行业组织的职能

总的来说，旅游行业组织具有服务和管理两种职能。但需要指出的是，行业组织的管理职能不同于政府旅游管理机构的职能，它不带有任何行政指令性和法规性，其有效性取决于行业组织本身的权威性和凝聚力。

具体而言，旅游行业组织具有以下基本职能：

（1）作为行业代表，与政府机构或其他行业组织商谈有关事宜。

（2）加强成员间的信息沟通，通过出版刊物等手段，定期发布行业发展的有关统计分析资料。

（3）开展联合推销和市场开拓活动。

（4）组织专业研讨会，为行业成员开展培训班和专业咨询业务。

（5）制定成员共同遵循的经营标准、行规会约，并据此进行仲裁与调解。

（6）对行业的经营管理和发展问题进行调查研究，并采取相应措施加以解决。

（7）阻止行业内部的不合理竞争。

单元二　国际旅游组织

一、国际旅游组织概况

国际旅游组织有狭义和广义之分。狭义的国际旅游组织是指其成员来自多个国家并为多国利益工作和服务的全面性国际旅游组织，如世界旅游组织；广义的国际旅游组织则还包括那些工作内容涉及国际旅游事务的国际组织，以及专门涉及某一旅游行业的国际性旅游同业组织。

对国际旅游组织可使用多种标准进行类型划分，常见的划分标准如下：

（1）按组织的成员划分，其可分为以个人为成员的国际性组织、以公司企业为成员的国际性组织、以机构团体为成员的国际性组织、以国家政府代表为成员的国际性组织等。

（2）按组织的地位划分，其可分为政府间组织和非政府组织。在国际旅游组织中，更多的是非政府组织，由来自不同国家的企业、团体机构或个人，因为有共同的兴趣或利益而成立，但是也并不排斥本国政府部门的加入。非政府组织对世界旅游的发展起着重要的作用。

（3）按组织的范围划分，其可分为全球性组织和地区性组织。

（4）按组织的工作内容划分，其可分为部分涉及旅游事务的一般性国际组织、全面涉及旅游事务的专门性组织，以及专门涉及旅游事务某一方面的专业性组织。

二、主要国际旅游组织

1. 世界旅游组织

世界旅游组织（World Tourism Organization，UNWTO）是联合国下属专门旅游机构，最早由国际官方旅游宣传组织联盟（International Union of Official Tourist Propaganda Organizations，IUOTPO）发展而来。1925年5月4日至9日在荷兰海牙召开了国际官方旅游协会大会。1934年，在荷兰海牙正式成立国际官方旅游宣传组织联盟。第二次世界大战中停止活动。1946 年 10 月 1 日至 4 日在伦敦召开了首届国家旅游组织国际大会，并成立专门委员会研究重建该联盟。1947 年 10 月在巴黎举行的第二届国家旅游组织国际大会上决定正式成立官方旅游组织联盟，即世界旅游组织的前身，总部设在伦敦，1951 年迁至日内瓦。1975 年 5 月该组织改为现名，总部迁至马德里。1976 年成为联合国开发计划署在旅游方面的一个执行机构。2004 年，该组织成为联合国下属专门机构。为了避免混淆，从 2005 年起，世界旅游组织的英文缩写由原来的"WTO"改为"UNWTO"，以示与世界贸易组织（World Trade Organization，WTO）的区别。

世界旅游组织的宗旨是促进和发展旅游事业，使之有利于经济发展，国与国间相互了解，和平与繁荣，以及不分种族、性别、语言或宗教信仰，尊重人权和人的基本自由，并强调在贯彻这一宗旨时，要特别注意发展中国家在旅游事业方面的利益。

世界旅游组织近年来的工作任务主要围绕技术合作、信息、统计、教育培训、简化旅游手续、旅游者安全及旅游设施保护、旅游环境保护等方面进行。该组织负责收集、分析旅游数据，定期向成员国提供统计资料、研究报告，制定国际性旅游公约、宣言、规划、范本，提供技术专家援助，组织研讨会、培训班、召集国际会议。

1971 年，世界旅游组织的前身国际官方旅游组织联盟根据非洲国家官方旅游组织的意见，提出创立世界旅游日的设想。1979 年 9 月 27 日，世界旅游组织第三次代表大会正式决定将每年的这一天（9 月 27 日）确定为世界旅游日，它是旅游工作者和旅游者的节日。创立该节日的目的在于给旅游宣传提供一个机会，引起人们对旅游的重视，促进各国在旅游领域的合作。其由来是因为国际官方旅游组织联盟于 1970 年 9 月 27 日在墨西哥城的特别代表大会上通过了将要成立的世界旅游组织的章程。另外，这一天恰好是北半球的旅游旺季刚过去，而南半球的旅游季节即将到来的时候，正是世界人民旅游度假的好时节。

2007 年 11 月，在 UNWTO 全体大会第 17 届会议上，中方提议将中文列为该组织官方语言，全体大会采纳了中方提议，并通过了对《世界旅游组织章程》第三十八条的修正案，即"本组织的官方语言为阿拉伯文、中文、英文、法文、俄文和西班牙文"。根据 UNWTO 章程规定，该修正案经全体大会通过后，尚须三分之二以上成员国履行批准手续后方可生效。在经过多年努力之后，2021 年 1 月，该修正案批准国达到 106 个，符合法定数量，修正案正式生效。UNWTO 和西班牙政府正式通报，自 2021 年 1 月 25 日起，中文正式成为 UNWTO 官方语言。

世界旅游组织为每年世界旅游日提出了一个宣传口号，以便突出一个旅游宣传的重点。世界各国根据这一口号的精神，开展旅游宣传，从而推动世界旅游业的共同发展。表 8-1 为从 1980 年至 2023 年每年的世界旅游日主题口号。

表 8-1　从 1980 年至 2022 年每年的世界旅游日主题口号

年份	主题口号
1980 年	旅游业的贡献：文化遗产的保护与不同文化之间的相互理解。 （Tourism's contribution to the preservation of cultural heritage and to peace and mutual understanding.）
1981 年	旅游业与生活质量。 （Tourism and the quality of life.）
1982 年	旅游业的骄傲：好的客人与好的主人。 （Pride in travel: good guests and good hosts.）

续表

年份	主题口号
1983 年	旅游和假日对每个人来说既是权利也是责任。 (Travel and holidays are a right but also a responsibility for all.)
1984 年	为了国与国间的理解、和平与合作的旅游。 (Tourism for international understanding, peace and cooperation.)
1985 年	年轻的旅游业：为了和平与友谊的文化和历史遗产。 (Youth tourism: cultural and historical heritage for peace and friendship.)
1986 年	旅游：世界和平的重要力量。 (Tourism: a vital force for world peace.)
1987 年	旅游与发展。 (Tourism for development.)
1988 年	旅游：教育。 (Tourism: education for all.)
1989 年	旅行者的自由活动创造了一个共融的世界。 (The free movement of tourists creates one world.)
1990 年	旅游：一个还未被完全认识的产业，一项有待开发的服务。 (Tourism: an unrecognized industry, a service to be released.)
1991 年	交流、信息和教育：旅游发展的生命线。 (Communication, information and education: power lines of tourism development.)
1992 年	旅游：社会经济的稳定和人民之间交流的重要因素。 (Tourism: a factor of growing social and economic solidarity and of encounter between people.)
1993 年	旅游业发展和环境保护：营造持续的和谐与发展。 (Tourism development and environmental protection: towards a lasting harmony.)
1994 年	高质量的服务、高质量的员工、高质量的旅游。 (Quality service, quality staff, quality tourism.)
1995 年	WTO：为世界旅游业提供 20 年的服务。 (WTO: serving world tourism for twenty years.)
1996 年	旅游业：宽容与和平的因素。 (Tourism: a factor of tolerance and peace.)
1997 年	旅游业：21 世纪提供就业机会和倡导环境保护的先导产业。 (Tourism: a leading activity of the twenty-first century for job creation and environmental protection.)
1998 年	政府与企业的伙伴关系：旅游开发和促销的关键。 (Public-private sector partnership: the key to tourism development and promotion.)
1999 年	旅游业：为新千年保护世界遗产。 (Tourism: preserving world heritage for the new millennium.)
2000 年	技术和自然：21 世纪旅游业的双重挑战。 (Technology and nature: two challenges for tourism at the start of the 21st century.)
2001 年	旅游业：为和平和不同文明之间对话服务的工具。 (Tourism: instrument at the service of peace and dialogue between civilizations.)
2002 年	经济旅游：可持续发展的关键。 (Ecotourism: the key to sustainable development.)

续表

年份	主题口号
2003 年	旅游业：消除贫困、创造就业和社会和谐的推动力。 （Tourism: a driving force for poverty alleviation, job creation and social harmony.）
2004 年	旅游拉动就业。 （Tourism stimulates employment.）
2005 年	旅游与交通——从儒勒·凡尔纳的幻想到 21 世纪的现实。 （Travel and transportation——from Jules Verne's fantasy to the realities of the 21st century.）
2006 年	旅游让世界受益。 （Tourism enriches.）
2007 年	旅游为妇女敞开大门。 （Tourism opens doors for women.）
2008 年	旅游：应对气候变化挑战。 （Tourism to the challenge of climate change.）
2009 年	旅游：庆祝多样性。 （Tourism: celebrating diversity.）
2010 年	旅游与生物多样性。 （Tourism and biological diversity.）
2011 年	旅游：连接不同文化的纽带。 （Tourism: the connection between different cultures.）
2012 年	旅游业与可持续能源：为可持续发展提供动力。 （Tourism and sustainable energy: provide the impetus for sustainable development.）
2013 年	旅游与水：保护我们共同的未来。 （Tourism and water: protecting our common future.）
2014 年	旅游与社区发展。 （Tourism and community development.）
2015 年	十亿名游客，十亿个机会。 （A billion tourists, a billion opportunities.）
2016 年	旅游促进发展，旅游促进扶贫，旅游促进和平。 （Tourism promotes development，poverty alleviation and peace.）
2017 年	可持续旅游业如何促进发展。 （Sustainable tourism to promote the development.）
2018 年	旅游数字化发展。 （Digital development of tourism.）
2019 年	旅游业和工作：人人享有美好未来。 （Tourism and jobs: a better future for all.）
2020 年	旅游与乡村发展。 （Tourism and rural development.）
2021 年	旅游业促进包容性增长。 （Tourism for inclusive growth.）
2022 年	重新思考旅游业。 （Rethinking tourism.）
2023 年	投资人才、投资地球、投资繁荣。 （Investing in people, planet and prosperity.）

2. 世界旅行社协会

世界旅行社协会（World Association of Travel Agencies，WATA）经瑞士法律批准，于 1949 年正式成立，总部设在日内瓦。

世界旅行社协会是一个由私人旅行社组织而成的世界性非营利组织，其宗旨是将各国可靠的旅行社建成一个世界性的协作网络。

协会现有 240 多个会员，来自 100 多个国家和地区的 230 多个城市。凡财政机构健全、遵守本行业规定的旅行社均有资格成为其会员。超过 300 万人口的城市可有 1 个旅行社代表参加该组织，400 万人口以上的城市可增加 1 个旅行社。会员旅行社必须同时经营出境和入境旅游业务，如果同一城市内没有同时经营入境、出境旅游业务的旅行社，协会可以指定一家专营出境旅游业务和另一家专营入境旅游业务的旅行社为其会员。

知识拓展：
2023 年世界旅游
日聚焦"投资"

协会帮助会员享有一定的优惠权。会员可凭预订交换证在世界任何地方为其顾客预订饭店和旅行社的服务项目。

3. 世界旅行社协会联合会

世界旅行社协会联合会（Universal Federation of Travel Agents' Association，UFTAA）于 1966 年 11 月 22 日成立于意大利的罗马。它由 1919 年在巴黎成立的欧洲旅行社组织和 1964 年在纽约成立的美洲旅行社组织合并而成，总部设在比利时的布鲁塞尔。

世界旅行社协会联合会是一个专业性和技术性组织，其会员是世界各国的全国性旅行社协会，每个国家只能有一个全国性的旅行社协会代表该国参加。其宗旨包括以下几个方面：

（1）团结和加强各国全国性的旅行社协会和组织，并协助解决会员之间在专业问题上可能发生的纠纷。

（2）在国际上代表旅行社会员同旅游业有关的各种组织与企业建立联系，进行合作。

（3）确保旅行社业务在经济、法律和社会领域内最大限度地得到协调，赢得信誉，受到保护并得到发展。

（4）向会员提供所有必要的物质上、业务上和技术上的指导与帮助，使其能在世界旅游业中占有适当的地位。

联合会共有近 100 个国家的全国性旅行社协会参加，代表 1 500 多家旅行社和旅游企业。此外，联合会还接纳有营业执照的旅行社为"联系会员"。

联合会的组织机构包括全体大会、理事会、执行委员会和总秘书处，主要活动为每年一次的世界旅行代理商大会，并出版月刊《世界旅行社协会联合会信使报》。

1995 年 8 月，中国旅行社协会正式加入该组织。

4. 国际饭店协会

国际饭店协会（International Hotel Association，IHA）是旅馆和饭店业的国际性组织，于 1947 年在法国巴黎成立，总部设在巴黎。下设 8 个委员会：财务委员会、法律委员会、经济政策研究委员会、出版发行委员会、宣传推销委员会、旅行社业务委员会、旅馆专业培训委员会、会员联系事务委员会。

国际饭店协会的宗旨是联络各国饭店协会，并研究国际旅馆业和国际旅游者交往的有关问题；促进会员之间的交流和技术合作；协调旅馆业和有关行业的关系；维护本行业的利益。

该协会的会员可分为正式会员和联系会员。正式会员是世界各国的全国性的旅馆协会或类似组织；联系会员是各国旅馆业的其他组织、旅馆院校、国际饭店集团、旅馆、饭店和个人。该协会的主要任务是通过与各国政府对话，促进各国政府实行有利于旅馆业发展的政策，并给予旅馆业支持；参与联合国跨国公司委员会有关国际旅馆跨国企业方面的工作；通过制定和不断修改来完善有关经济法律文件；协调旅馆与其他行业的关系；进行调研、汇集和传播市场信息，提供咨询服务；为各会员提供培训旅馆从业人员的条件和机会。

该协会出版发行信息性双月刊《对话》、月刊《国际旅馆和餐馆》和季刊《国际旅馆评论》以及年刊《国际旅馆指南》《旅行杂志》和《旅游机构指南》等。

5. 世界旅游及旅行理事会

世界旅游及旅行理事会（World Travel & Tourism Council，WTTC）成立于 1990 年，总部设在英国伦敦，是当今世界最具权威性的非政府国际组织。该组织以"提升政府、公众认识旅游、旅行对经济和社会影响力"为核心任务，通过与各国政府通力合作，推动旅游资源的开发，拓展国际旅游市场。目前，理事会会员包含世界上 100 个最著名的旅游及旅游相关企业集团的总裁（董事长、首席执行官）。会员企业的业务范围涵盖了旅游业的整个产业链，拥有对旅游业的宏观视野，对世界旅游产业的走势具有一定的影响力，是全球旅游业界的领袖论坛。世界旅游旅行理事会为了保持其组织的高规格和权威性，实行定额邀请加淘汰式会员制。会员企业必须达到全球性的经营范围，或者被认为是行业或地区内的重要参与者，才有资格被邀请加入。首旅集团是目前中国内地唯一的会员单位。

由 WTTC 举办的世界旅游旅行大会自 2000 年起，每年 4 月或 5 月在世界不同城市召开，通过举办峰会、专项会议和社交活动，主要探讨全球旅游界关注的重大问题，旨在实现旅游业内公共及私有部门决策者最具实效的对话。大会的主要参加者包括 WTTC 会员、相关国家政要、各国知名旅游企业领导、旅游学术界知名人士和世界著名媒体，被称为旅游界的奥林匹克。2010 年世界旅游旅行大会全球峰会在我国北京举行。

6. 国际航空运输协会

国际航空运输协会（International Air Transport Association，IATA）是一个由世界各国航空公司所组成的大型国际组织，其前身是 1919 年在海牙成立并在第二次世界大战时解体的国际航空业务协会，总部设在加拿大的蒙特利尔，执行机构设在日内瓦。和监管航空安全和航行规则的国际民航组织相比，它更像是一个由承运人（航空公司）组成的国际协调组织，管理在民航运输中出现的诸如票价、危险品运输等问题，主要作用是通过航空运输企业来协调和沟通政府间的政策，并解决实际运作的问题。

IATA 的宗旨是为了世界人民的利益，促进安全、正常而经济的航空运输，对于直接或间接从事国际航空运输工作的各空运企业提供合作的途径，与国际民航组织及其他国际组织通力合作。

2021 年 10 月，在美国波士顿举办的第 77 届国际航协年度大会上生效了一项重要决议：国际航协自 1945 年创立以来，首次修订了国际航协章程的语言条款，中文也成为国际航协章程语言条款 76 年来唯一增加的语言，原来的语言包括英语、法语、西班牙语和阿拉伯语（阿拉伯语文件的翻译仅限于阿拉伯语会员要求的年会文件）四个创始语言。

2022 年 11 月，国际航空运输协会宣布，国际航协《危险品规则》中文版将于 2023 年 1 月正式发行。

7. 国际民用航空组织

国际民用航空组织（International Civil Aviation Organization，ICAO）简称民航组织，是联合国的一个专门机构。1947 年，为促进全世界民用航空安全、有序地发展而成立。民航组织总部设在加拿大蒙特利尔，制定国际空运标准和条例，是 193 个缔约国（截至 2022 年）在民航领域中开展合作的媒介。

国际民航组织的宗旨和目的是发展国际航行的原则和技术，促进国际航空运输的规划和发展，以便实现下列各项目标：

（1）确保全世界国际民用航空安全和有秩序地发展；

（2）鼓励为和平用途的航空器的设计和操作技术；

（3）鼓励发展国际民用航空应用的航路、机场和航行设施；

（4）满足世界人民对安全、正常、有效和经济的航空运输的需要；

（5）防止因不合理的竞争而造成经济上的浪费；

（6）保证各缔约国的权利充分受到尊重，每一缔约国均有经营国际空运企业的公平的机会；

（7）避免各缔约国之间的差别待遇；

（8）促进国际航行的飞行安全；

（9）普遍促进国际民用航空在各方面的发展。

以上九条共涉及国际航行和国际航空运输两个方面问题。前者为技术问题，主要是安全；后者为经济和法律问题，主要是公平合理，尊重主权。两者的共同目的是保证国际民航安全、正常、有效和有序地发展。

大会是国际民航组织的最高权力机构，由全体成员国组成。大会由理事会召集，一般情况下每三年举行一次，遇有特别情况时或经五分之一以上成员国向秘书长提出要求，可以召开特别会议。理事会是向大会负责的常设机构，由大会选出的 33 个缔约国组成。理事国可分为三类：第一类是在航空运输领域居特别重要地位的成员国；第二类是对提供国际航空运输的发展有突出贡献的成员国；第三类是区域代表成员国。比例分配为 10：11：12。2022 年，在加拿大蒙特利尔举行的国际民航组织第 41 届大会上，中国连任一类理事国。这是自 2004 年以来，中国第七次当选一类理事国。

8. 亚太旅游协会

亚太旅游协会（Pacific Asia Travel Association，PATA），成立于 1951 年。最初用名为太平洋地区旅游协会，1986 年更名为亚太旅游协会。现总部设在泰国曼谷，过去总部设在美国旧金山。设有两个分部：一个在菲律宾马尼拉，分管东亚地区事务；一个在澳大利亚悉尼，分管南太平洋地区事务。该组织的宗旨是发展、促进和便利世界其他地区的游客前来太平洋地区各国旅游以及太平洋地区各国居民在本地区内开展国际旅游。我国于 1993 年加入该协会。

9. 世界旅游联盟

2017 年 9 月 11 日，由中国发起成立的综合性、非政府、非营利国际旅游组织——世界旅游联盟（World Tourism Alliance，WTA）在中国四川省成都市隆重举行成立仪式。2017 年 12 月 17 日，世界旅游联盟在京与浙江省政府签订战略合作文件，世界旅游联盟总部正式落户杭州萧山湘湖。

世界旅游联盟以"旅游让世界和生活更美好"为核心理念，以旅游促进发展、旅游促进减贫、旅游促进和平为目标，加强全球旅游业界的国际交流，增进共识、分享经验、深化合作，推动全球旅游业可持续、包容性发展。

截至 2023 年 6 月，世界旅游联盟共有 227 个会员，来自中国、美国、法国、德国、日本、澳大利亚、马来西亚、巴西等 41 个国家和地区。世界旅游联盟会员类别主要为各国全国性或区域性旅游协会、有影响力的旅游或涉旅企业、旅游城市、社会组织、研究院所、媒体和个人。联盟将自身定位为以会员需求为核心的服务型国际组织，旨在为会员搭建对话交流的合作平台、实用有效的信息平台、资源共享的媒体平台和融合发展的沟通平台。

10. 丝绸之路旅游城市联盟

2023 年 9 月 1 日，丝绸之路旅游城市联盟成立系列活动在江西省景德镇市举办。活动包括丝绸之路旅游城市联盟成立仪式、2023"丝绸之路城市文化和旅游发展国际论坛"及"魅力丝路 连通世界——丝绸之路旅游城市联合推介展"。驻华使节代表、海内外联盟会员城市代表、专家学者、行业协会、文化产业和旅游业代表出席活动。

丝绸之路旅游城市联盟由文化和旅游部中外文化交流中心联合国内外知名旅游城市共同发起，旨在以丝绸之路精神为指引，以共商共建共享为原则，为包括丝绸之路沿线在内的中外城市旅游领域交流合作建设长效机制。联盟将举办国际论坛、联合推介、产业对接等一系列主题活动，助推会员城市旅游业可持续发展。截至目前，已有包括中国在内的 26 个国家 58 个海内外城市作为创始会员加入联盟。

 知识链接

世界旅游联盟成立凸现中国责任担当

由中国旅游协会倡议和发起的世界旅游联盟于 2017 年 9 月 11 日在中国成都宣告成立，这是由中国旅游协会倡议、发起和主导成立的全球性、综合性、非政府、非营利世界旅游组织，其宗旨是在"旅游让世界更美好"的理念指导下，以旅游促进发展、旅游促进减贫、旅游促进和平为目标，搭建全球旅游业界民间交流合作的新平台。联盟初始会员汇聚起全球旅游业界精英，一"出生"就风华正茂。联盟的成立是世界旅游发展史上一件具有里程碑意义的大事，标志着中国在世界旅游领域正在承担着"重要的领导性角色"。

世界旅游联盟在中国的主导下成立，既是世界经济和政治形势多变、旅游业在新形势下谋求新发展的需要，也是中国旅游业崛起、中国国际旅游地位提升的必然。

（1）成立世界旅游联盟是世界旅游业在新的国际形势下谋求新发展的迫切需要。当前，世界经济和政治形势正在发生深刻变化，全球化、多极化成为不可阻挡的历史性趋势，同时，也必然伴随着世界治理结构和治理机制向着多中心型和多模式化的方向转变。就旅游业而言，自进入 21 世纪以来，世界旅游市场和旅游业发展趋势已经发生了巨大变化，欧洲和北美双中心型的旅游发展历史已经被全球性大众旅游的兴起取而代之，而以中国为代表的亚洲市场的崛起更是替代性地形成了新的世界旅游中心，形成了世界旅游业多极化发展、多中心并存、区域不平衡依然存在等更加复杂的旅游发展格局。在世界旅游发展的新形势下，传统的主导力量被弱化，既需要形成新的治理机制和发展平台，也需要树立新的领袖和主导力量。

（2）世界旅游业发展变化的新趋势，需要进一步加强民间层面的国际交流合作，形成与政府组织双轮驱动的国际交流合作模式。目前，全球性、综合性的国际旅游组织，只有联合国世界旅游组织，而世界旅游组织是政府间进行旅游交流合作的国际性组织。世界旅游联盟作为一个以民间机构和企业为主体的全球性、综合性世界旅游组织，将在世界旅游领域搭建起以民间交流合作为主的新平台，本着互相尊重、互利共赢的原则，促进会员间文化交流、业务合作、资源共享及与政府之间的沟通交流。这将是政府组织之外的另一支推动世界旅游发展的主导力量，它将与作为政府间合作交流平台的世界旅游组织一同，双轮驱动、相得益彰，分别在政府和民间两个领域，共同推进世界旅游业的发展。也正因为如此，中国旅游协会关于成立世界旅游联盟的倡议，在很短的时间内就得到了来自美国、法国、德国、日本、澳大利亚、南非、巴西等国家的89个世界顶级旅游集团、智库、行业协会的积极响应，成为创始会员。

（3）由中国倡议和主导成立世界旅游联盟，是中国旅游崛起的必然，也是世界旅游界的期盼。近年来，中国旅游业的发展取得了令世界瞩目的巨大成就。由于国民经济的不断发展和政府的政策推动，中国旅游业得到了持续发展，国内旅游、入境旅游、出境旅游三大市场全面繁荣发展。在国内，旅游业正在成为国民经济的战略性支柱产业和人民群众满意的现代服务业；在国际上，中国已成为世界第一大出境旅游国和第四大国际旅游目的地。而且，中国旅游者的国内和海外消费持续高位增长，被旅游业界公认为是世界旅游的"黄金市场"。正因为如此，"中国旅游"在世界旅游业中的地位，中国旅游主管部门和行业组织在相关的政府组织、民间机构中的作用和话语权等，都发生了巨大变化，地位、影响力都不断提高。2016年北京的首届世界旅游发展大会，就是在中国政府倡议、中国政府发起、中国政府主导下成功召开的，有来自全球107个国家和15个国际组织的代表参会，会上通过了中国政府倡议的推动可持续旅游、促进发展与和平的《北京宣言》，发布了《第七届二十国集团旅游部长会议公报》，彰显了中国政府在世界旅游领域的影响力和号召力。同时，在民间，中国旅游在业界的影响力、号召力也在不断提高，此前由相关专业领域发起的世界旅游城市联合会、国际山地旅游联盟已相继成立，并分别开展了卓有成效的工作。而中国旅游协会作为世界旅游联盟的发起人，是以整个中国旅游产业和三大旅游消费市场的规模、质量与发展速度为后盾的，所以，才能够得到众多世界顶级旅游企业、国际机构的响应。在创始会员中，有60%是来自世界各国的旅游大企业和著名国际旅游机构，可谓一呼百应。正像世界旅游组织秘书长塔勒布·瑞法依所指出的那样，在当前的世界旅游业中，中国承担着"重要的领导性角色"。

世界旅游联盟的成立，是世界旅游发展史上具有里程碑意义的事件，该机构的成立必将以新的机制和新的活力给世界旅游业带来新的发展动力。同时，随着中国旅游业的进一步发展和产业规模的进一步壮大，"中国旅游"的国际影响力也将进一步提高，来自旅游领域的"中国声音"将越来越成为世界旅游领域的主声调，无论是中国旅游的民间声音，还是中国旅游的官方主张，在世界旅游领域都将发挥越来越大的主导作用，中国旅游将继续领跑世界。

（来源：《中国旅游报》）

单元三　我国的旅游组织

一、我国的旅游行政组织

（一）文化和旅游部

为增强和彰显文化自信，统筹文化事业、文化产业发展和旅游资源开发，提高国家文化软实力和中华文化影响力，推动文化事业、文化产业和旅游业融合发展，将文化部、国家旅游局的职责整合，组建文化和旅游部，作为国务院组成部门。不再保留文化部、国家旅游局。十三届全国人大一次会议表决通过了关于国务院机构改革方案的决定，批准设立中华人民共和国文化和旅游部。2018年3月，中华人民共和国文化和旅游部批准设立。

1. 文化和旅游部的主要职责

文化和旅游部是国务院组成部门，为正部级。文化和旅游部的主要职责如下：

（1）贯彻落实党的文化工作方针政策，研究拟订文化和旅游政策措施，起草文化和旅游法律法规草案。

（2）统筹规划文化事业、文化产业和旅游业发展，拟订发展规划并组织实施，推进文化和旅游融合发展，推进文化和旅游体制机制改革。

（3）管理全国性重大文化活动，指导国家重点文化设施建设，组织国家旅游整体形象推广，促进文化产业和旅游产业对外合作与国际市场推广，制定旅游市场开发战略并组织实施，指导、推进全域旅游。

（4）指导、管理文艺事业，指导艺术创作生产，扶持体现社会主义核心价值观、具有导向性代表性示范性的文艺作品，推动各门类艺术、各艺术品种发展。

（5）负责公共文化事业发展，推进国家公共文化服务体系建设和旅游公共服务建设，深入实施文化惠民工程，统筹推进基本公共文化服务标准化、均等化。

（6）指导、推进文化和旅游科技创新发展，推进文化与旅游行业信息化、标准化建设。

（7）负责非物质文化遗产保护，推动非物质文化遗产的保护、传承、普及、弘扬和振兴。

（8）统筹规划文化产业和旅游产业，组织实施文化和旅游资源普查、挖掘、保护与利用工作，促进文化产业和旅游产业发展。

（9）指导文化和旅游市场发展，对文化和旅游市场经营进行行业监管，推进文化和旅游行业信用体系建设，依法规范文化和旅游市场。

（10）指导全国文化市场综合执法，组织查处全国性、跨区域文化、文物、出版、广播电视、电影、旅游等市场的违法行为，督查督办大案、要案，维护市场秩序。

（11）指导、管理文化和旅游对外及对港澳台交流、合作和宣传、推广工作，指导驻外及驻港澳台文化和旅游机构工作，代表国家签订中外文化和旅游合作协定，组织大型文化和旅游对外及对港澳台交流活动，推动中华文化走出去。

（12）管理国家文物局。

（13）完成党中央、国务院交办的其他任务。

2. 文化和旅游部的组织机构设置

（1）办公厅。负责机关日常运转工作。组织协调机关和直属单位业务，督促重大事项的落实。承担新闻宣传、政务公开、机要保密、信访、安全工作。

（2）政策法规司。拟订文化和旅游方针政策，组织起草有关法律法规草案，协调重要政策调研工作。组织拟订文化和旅游发展规划并组织实施。承担文化和旅游领域体制机制改革工作。开展法律法规宣传教育。承担机关行政复议和行政应诉工作。

（3）人事司。拟订人才队伍建设规划并组织实施。负责机关、有关驻外文化和旅游机构、直属单位的人事管理、机构编制及队伍建设等工作。

（4）财务司。负责部门预算和相关财政资金管理工作。负责机关、有关驻外文化和旅游机构财务、资产管理。负责全国文化和旅游统计工作。负责机关和直属单位内部审计、政府采购工作。负责有关驻外文化和旅游机构设施建设工作。指导、监督直属单位财务、资产管理。

指导国家重点及基层文化和旅游设施建设。

（5）艺术司。拟订音乐、舞蹈、戏曲、戏剧、美术等文艺事业发展规划和扶持政策并组织实施。扶持体现社会主义核心价值观，具有导向性、代表性、示范性的文艺作品和代表国家水准及民族特色的文艺院团。推动各门类艺术、各艺术品种发展。指导、协调全国性艺术展演、展览及重大文艺活动。

（6）公共服务司。拟订文化和旅游公共服务政策及公共文化事业发展规划并组织实施。承担全国公共文化服务和旅游公共服务的指导、协调与推动工作。拟订文化和旅游公共服务标准并监督实施。指导群众文化、少数民族文化、未成年人文化和老年文化工作。指导图书馆、文化馆事业和基层综合性文化服务中心建设。指导公共数字文化和古籍保护工作。

（7）科技教育司。拟订文化和旅游科技创新发展规划与艺术科研规划并组织实施。组织开展文化和旅游科研工作及成果推广。组织协调文化和旅游行业信息化、标准化工作。指导文化和旅游装备技术提升。指导文化和旅游高等学校共建行业职业教育工作。

（8）非物质文化遗产司。拟订非物质文化遗产保护政策和规划并组织实施。组织开展非物质文化遗产保护工作。指导非物质文化遗产调查、记录、确认和建立名录。组织非物质文化遗产研究、宣传和传播工作。

（9）产业发展司。拟订文化产业、旅游产业政策和发展规划并组织实施。指导、促进文化产业相关门类和旅游产业及新型业态发展。推动产业投融资体系建设。促进文化、旅游与相关产业融合发展。指导文化产业园区、基地建设。

（10）资源开发司。承担文化和旅游资源普查、规划、开发与保护。指导、推进全域旅游。指导重点旅游区域、目的地、线路的规划和乡村旅游、休闲度假旅游发展。指导文化和旅游产品创新及开发体系建设。指导国家文化公园建设。承担红色旅游相关工作。

（11）市场管理司。拟订文化市场和旅游市场政策与发展规划并组织实施。对文化和旅游市场经营进行行业监管。承担文化和旅游行业信用体系建设工作。组织拟订文化和旅游市场经营场所、设施、服务、产品等标准并监督实施。监管文化和旅游市场服务质量，指导服务质量提升。承担旅游经济运行监测、假日旅游市场、旅游安全综合协调和监督管理。

（12）文化市场综合执法监督局。拟订文化市场综合执法工作标准和规范并监督实施。指导、推动整合组建文化市场综合执法队伍。指导、监督全国文化市场综合执法工作，组织查处和督办全国性、跨区域文化市场重大案件。

（13）国际交流与合作局（港澳台办公室）。拟订文化和旅游对外及对港澳台交流合作政策。指导、管理文化和旅游对外及对港澳台交流、合作及宣传推广工作。指导、管理有关驻外文化和旅游机构，承担外国政府在华、港澳台在内地（大陆）文化和旅游机构的管理工作。承办文化和旅游中外合作协定及其他合作文件的商签工作。承担政府、民间及国际组织在文化和旅游领域交流合作相关事务。组织大型文化和旅游对外及对港澳台交流推广活动。

（14）机关党委。负责机关及国家文物局、在京直属单位的党群工作。

（15）离退休干部局。负责离退休干部工作。

3. 文化和旅游部的主管单位

文化和旅游部的主管单位有直属单位和主管新闻出版单位。

（1）直属单位有文化和旅游部机关服务中心（机关服务局）、文化和旅游部信息中心、中国艺术研究院、国家图书馆、故宫博物院、中国国家博物馆、中央文化和旅游管理干部学院、中国文化传媒集团有限公司、国家京剧院、中国国家话剧院、中国歌剧舞剧院、中国东方演艺集团有限公司、中国交响乐团、中国儿童艺术剧院、中央歌剧院、中央芭蕾舞团、中央民族乐团、中国煤矿文工团、中国美术馆、中国国家画院、中国对外文化集团有限公司、中国数字文化集团有限公司、中国动漫集团有限公司、文化和旅游部恭王府博物馆、文化和旅游部人才中心、文化和旅游部离退休人员服务中心、文化和旅游部艺术发展中心、文化和旅游部清史纂修与研究中心、中外文化交流中心、文化和旅游部民族民间文艺发展中心、中国艺术科技研究所、文化和旅游部全国公共文化发展中心、国家艺术基金管理中心、文化和旅游部海外文化设施建设管理中心、中国旅游报社、中国旅游出版社有限公司、中国旅游研究院（数据中心）、文化和旅游部旅游质量监督管理所、梅兰芳纪念馆。

（2）主管新闻出版单位。报纸：《中国文化报》《中国旅游报》社有限公司、《中国美术报》《音乐生活报》。出版社：中国旅游出版社有限公司、文化艺术出版社、中国数字文化集团有限公司、国家图书馆出版社、故宫出版社。期刊：《中国岩画（中英文）》《紫禁城》《中国音乐学》《中国艺术时空》《中国文化》《中国图书馆学报》《中国摄影家》《中国民族博览》《中国京剧》《中国国家博物馆馆刊》《中国百老汇》《艺术市场》《艺术评论》《艺术教育》《文艺研究》《文艺理论与批评》《文献》《文化月刊》《美术观察》《红楼梦学刊》。

（二）省、自治区和直辖市文化和旅游厅（局）

我国各省、自治区和直辖市设有文化和旅游厅（局），分别主管所在省、自治区和直辖市的旅游行政工作。这些旅游行政机构在组织上属于地方政府部门编制，在业务工作上接受地方政府领导及文化和旅游部指导。

以北京市文化和旅游局为例，其主要职责包括以下几个方面：

（1）贯彻落实国家文化和旅游工作法律法规、规章与政策。研究拟订本市文化和旅游政策措施。起草文化和旅游方面地方性法规草案、政府规章草案，依法监督检查执行情况。

（2）统筹规划本市文化事业、文化产业和旅游业发展，拟订发展规划并组织实施，推进文化和旅游融合发展，推进文化和旅游体制机制改革。

（3）管理本市重大文化活动，指导重点及基层文化设施建设和旅游设施建设，参与国家旅游整体形象的对外宣传和重大推广活动，组织本市旅游对外宣传和推广活动，促进文化产业和旅游业对外合作与市场推广，负责制定本市旅游市场开发战略并组织实施，指导、推进全域旅游。

（4）指导、管理本市文艺事业，指导艺术创作与生产，扶持体现社会主义核心价值观、具有导向性代表性示范性的文艺作品，推动各门类艺术、各艺术品种发展。

（5）负责本市公共文化事业发展，推进公共文化服务体系建设和旅游公共服务体系建设，深入实施文化和旅游惠民工程，统筹推进基本公共文化和旅游服务标准化、均等化。

（6）指导、推进本市文化和旅游科技创新发展，推进文化和旅游业信息化、标准化建设。

（7）负责本市非物质文化遗产保护、保存，推动非物质文化遗产的保护、传承、传播和发展。

（8）统筹规划本市文化产业和旅游业，组织实施文化和旅游资源普查、挖掘、保护与利用工作，促进文化产业和旅游业发展。

（9）指导本市文化和旅游市场发展，负责对文化和旅游市场经营进行行业监管，推进文化和旅游业信用体系建设，依法规范文化和旅游市场。

（10）协助市委宣传部门指导本市文化市场综合执法，组织查处全市性、跨区域文化、文物、出版、广播电视、电影、旅游等市场的违法行为，维护市场秩序。

（11）指导、管理本市文化和旅游对外及对港澳台交流、合作和宣传、推广工作，负责组织大型文化和旅游对外及对港澳台交流活动。

（12）完成市委、市政府交办的其他任务。

（三）省级以下的地方旅游行政机构

在省级以下的地方，很多地、市、县也设立旅游行政管理机构，负责其行政区范围内的旅游业管理工作。在未设立专职旅游行政机构的县、市，有关旅游业开发与管理方面的事务则在其上级政府旅游行政管理部门的指导下，由当地政府配合承担。

 知识链接

5·19中国旅游日，这一天，你了解吗？

2023年5月19日，是第13个"中国旅游日"，文化和旅游部、云南省人民政府于2023年5月19日在云南省保山市腾冲市联合主办2023年"5·19中国旅游日"主会场活动。活动以"美好中国，幸福旅程"为主题，以"深入推动大众旅游、探索发展绿色旅游、加快培育智慧旅游、积极倡导文明旅游、推进文旅深度融合"为核心目标，在整个5月采用线下线上相结合的方式，以"主题月、主题周、主题日"的形式开展一系列宣传推广活动，以进一步提振旅游从业者信心，激发旅游市场消费潜力，促进文化和旅游市场快速恢复和发展，实现全民共享"5·19中国旅游日"的大好局面。

"中国旅游日"之所以是5月19日，源自《徐霞客游记》首篇开篇之日。2009年12月1日，国务院印发《关于加快发展旅游业的意见》，提出"设立'中国旅游日'"的要求。2009年12月4日，原国家旅游局正式启动设立"中国旅游日"相关工作。2011年3月30日，国务院常务会议通过决议，将《徐霞客游记》首篇《游天台山日记》开篇之日——5月19日定为"中国旅游日"。自2011年起，原国家旅游局每年在全国范围内组织"5·19中国旅游日"主题活动，积极宣传我国旅游业的产业地位、发展成果和突出贡献，进一步凝聚旅游发展共识，优化旅游发展环境，在全社会营造关注旅游、参与旅游、支持旅游、推动旅游的良好氛围。

2018年文化和旅游部组建后，"5·19中国旅游日"进入了历史发展新阶段，取得了更加瞩目的成绩。2019—2022年，文化和旅游部先后在安徽黄山、湖北武汉、山西晋中等地区组织了"5·19中国旅游日"主会场活动，特别是2020年以后，文化和旅游部坚持开展"5·19中国旅游日"宣传活动，对于提振旅游市场信心、引导旅游市场主体积极创新、稳定旅游经济基本面等发挥了积极的作用。

5月19日，因为"中国旅游日"的设立而拥有了特殊的意义。伟大的旅行家、地理学家和文学家徐霞客，三十余载风霜雨雪，六十万字笔耕不辍，完成了一部"明末社会的百科全书"——《徐霞客游记》，在游历考察的三十多年间，足迹遍及相当于现在的21个省、市、自治区，覆盖了大半个中国，在历史人文、名胜古迹、生态物产、自然地貌等方面的调查和研究都取得了卓越的成就。时至今日，让我们传承和发扬徐霞客对祖国大好河山的热爱以及不畏艰险、锲而不舍的探索精神，一起畅游美好中国，享受幸福旅程。

2011—2023年中国旅游日历年活动主题见表8-2。

表 8-2　2011—2023 年中国旅游日历年活动主题

年份	活动主题
2011 年	读万卷书 行万里路
2012 年	健康生活 欢乐旅游
2013 年	休闲惠民 美丽中国
2014 年	文明旅游 智慧旅游
2015 年	文明旅游 健康生活
2016 年	旅游促进发展 旅游促进扶贫 旅游促进和平
2017 年	旅游让生活更幸福
2018 年	全域旅游 美好生活
2019 年	文旅融合 美好生活
2020 年	风景上云端 体验更丰富
2021 年	绿色发展 美好生活
2022 年	感悟中华文化 享受美好旅程
2023 年	美好中国 幸福旅程

二、我国的旅游行业组织

1. 中国旅游协会

中国旅游协会（China Tourism Association，CTA）是由中国旅游行业相关的企事业单位、社会团体自愿结成的全国性、行业性社会团体，非营利性社会组织，具有独立的社团法人资格。1986 年 1 月 30 日经国务院批准正式成立，是第一个旅游全行业组织。

协会以"依法设立、自主办会、服务为本、治理规范、行为自律"为宗旨，遵守国家的宪法、法律、法规和有关政策，遵守社会道德风尚，代表和维护全行业的共同利益与会员的合法权益。致力于为会员服务、为行业服务、为政府服务、充分发挥桥梁纽带作用。与政府相关部门、其他社会团体及会员单位协作，为促进我国旅游市场的繁荣、稳定，旅游业高质量发展作出积极贡献。

本协会的主要业务范围如下：

（1）经政府有关部门批准，参与制定相关立法、政府规划、公共政策、行业标准和行业数据统计等事务；参与制订、修订行业标准和行业指南，承担行业资质认证、行业人才培养、共性技术平台建设、第三方咨询评估等工作；

（2）向会员宣传、介绍政府的有关法律法规政策，向有关政府部门反映会员的诉求，发挥对会员的行为引导、规则约束和权益维护作用；

（3）收集国内外与本行业有关的基础资料，开展行业规划、投资开发、市场动态等方面的调研，为政府决策和旅游行业的发展提供建议或咨询；

（4）利用互联网等现代科技手段，建立旅游经济信息技术平台，进行有关国内外的市场信息、先进管理方式、应用技术及统计数据的采集、分析和交流工作；

（5）接受政府部门转移的相关职能和委托的购买服务；参与有利于行业发展的公共服务；

（6）参与行业信用建设，建立健全会员企业信用档案，开展会员企业信用评价，加强会员企业信用信息共享和应用；建立健全行业自律机制，健全行业自律规约，制定行业职业道德准则，规范行业发展秩序；维护旅游行业公平竞争的市场环境；

（7）开展有关旅游产品和服务质量的咨询服务，组织有关业务技能培训和人才培养；受政府有关部门委托或根据市场和行业的需要，举办展览会、交易会，组织经验交流，推广新经验、新标准和科研成果的应用；

（8）加强与行业内外的有关组织、社团的联系、合作与沟通，促进互利互惠的利益平衡；

（9）以中国旅游业的民间代表身份开展对外和对港澳台的交流与合作，搭建促进旅游业对外贸易和投资服务平台，帮助旅游企业开拓国际市场；在对外经济交流，旅游企业"走出去"过程中，发挥协调、指导、咨询、服务作用；

（10）依照有关规定编辑有关行业情况介绍的信息资料、出版发行相关刊物，设立下属机构或专门机构；

（11）依法从事促进行业发展或有利于广大会员利益的其他工作。

2. 中国旅行社协会

中国旅行社协会（China Association of Travel Services，CATS）成立于 1997 年 10 月，是由中国境内的旅行社、为旅行社提供服务的企事业单位及与旅行社相关的社会团体等单位，按照平等自愿的原则结成的全国旅行社行业的专业性协会，经国家民政部门登记注册的全国性社团组织，具有独立的社团法人资格。代表和维护旅行社行业的共同利益与会员的合法权益，努力为会员服务，为行业服务，在政府和会员之间发挥桥梁与纽带作用，为我国旅行社行业的健康发展作出积极贡献。协会接受中央和国家机关工委、文化和旅游部，以及民政部的监督指导。协会会址设在我国首都——北京。

本协会的业务范围如下：

（1）经政府有关部门授权，参与制定相关立法、条例、政府规划、公共政策、行业标准和行业数据统计等事务；经政府有关部门批准，参与制定、修订国家标准和行业指南，开展制定、组织实施和对实施进行监督等团体标准化工作；承担人才培训、公共技术平台建设、第三方咨询评估等工作；

（2）向会员宣传贯彻政府的法律法规政策，向行业管理部门及政府有关部门反映会员的愿望和要求，为会员提供法律咨询服务，保护会员的共同利益，维护会员的合法权益；

（3）发挥对会员的行为引导、规则约束作用，制订行规行约，建立健全行业自律机制，建立行业自律公约，制定行业职业道德准则，规范行业发展秩序，督促会员单位提高经营管理水平和服务质量，维护旅行社行业公平竞争的市场环境；

（4）收集整理国内外与本行业相关的基础性资料，开展行业规划、投资开发、市场动态等方面的调研，为政府和旅行社行业发展提供建议与咨询；

（5）按照国家相关规定，利用互联网等现代科技手段，建立旅行社信息平台，对国内外市场信息、先进的管理经验、新技术应用及旅行社、导游和游客信用评价等进行数据采集、统计和分析；依照有关规定，编印会刊和信息资料，为会员提供信息服务；

（6）承接行业管理部门转移的相关职能和委托的购买服务等工作，参与有利于行业发展的公共服务工作，承办行业管理部门委托的其他工作；

（7）根据国家相关规定，参与行业信用建设，建立健全会员企业信用档案，依照有关规定，开展会员企业信用等级评价，加强会员企业和游客信用信息共享与应用。

（8）开展有关旅游产品和服务质量的咨询服务，组织行业相关的专项培训和人才培养；受政府委托承办或根据市场和行业发展需要，举办展览会、交易会、研讨会、推介会、旅游资源考察等交流活动；

（9）加强与行业内外的有关组织、社团的联系、协调与合作，促进互利互惠的协同发展；

（10）按照相关规定，开展与海外旅行社协会及相关行业组织之间的交流与合作；以旅游业的民间代表身份开展对外和对港澳台的交流与合作，帮助企业开拓海外市场；在对外经济业务交流，组织旅行社企业"走出去"的过程中，发挥组织、协调、指导、服务作用。

《旅行社之友》为该协会会刊，每月一期，免费为会员单位送阅。

3. 中国旅游饭店业协会

中国旅游饭店业协会（China Tourist Hotel Association，CTHA）成立于 1986 年 2 月，是由中国境内的旅游饭店、饭店管理公司（集团）、饭店业主公司、为饭店提供服务或与饭店主营业务紧密相关的企事业单位及各级相关社会团体自愿结成的全国性、行业性社会团体，是非营利性社会组织。本会会员分布和活动地域为全国。

中国旅游饭店业协会的宗旨是代表和维护中国旅游饭店行业的共同利益，维护会员的合法权益，为会员服务，为行业服务，在政府与会员之间发挥桥梁和纽带作用，为促进我国旅游饭店业的健康发展做出积极贡献。

协会会员聚集了全国饭店业中知名度高、影响力大、服务规范、信誉良好的星级饭店、主题精品饭店、民宿、国际饭店管理公司等各类住宿业态。

本协会的业务范围如下：

（1）宣传、贯彻国家有关旅游业的发展方针和旅游饭店行业的政策、法规；向业务主管单位反映会员的愿望和要求；

（2）组织会员订立行规行约并监督遵守，维护旅游行业的市场秩序；

（3）进行饭店业的调查研究，向政府有关部门提供会员单位经营管理的成功经验，协助饭店业务主管单位搞好行业管理；

（4）总结、交流旅游饭店的工作经验，收集国内外饭店业的信息；

（5）接受政府有关部门委托或根据市场和行业发展需要，组织开展饭店的培训、研讨、考察及有关产品展览等工作；

（6）对相关标准参与实施，开展认证等工作；

（7）领导下设的专业委员会开展业务活动；

（8）开展与海外饭店餐馆协会等相关行业组织之间的交流与合作；

（9）依照有关规定，编辑会刊和信息资料，建立网站，为会员单位提供信息服务；

（10）承办业务主管单位委托的其他工作。

4. 中国旅游车船协会

中国旅游车船协会（China Tourism Automobile and Cruise Association，CTACA），成立于 1988 年 1 月，是由中国境内的旅游汽车、游船企业和旅游客车及配件生产企业、汽车租赁、汽车救援等单位，在平等自愿基础上组成的全国性的行业专业协会，是非营利性的社会组织，具有独立的社团法人资格。

中国旅游车船协会的宗旨是遵守国家的宪法、法律、法规和有关政策，遵守社会道德风尚，广泛团结联系旅游车船业界人士，代表并维护会员的共同利益和合法权益，努力为会员、为政府、为行业服务，在政府和会员之间发挥桥梁与纽带作用，为将我国建设成为世界旅游强国，促进国民经济和社会发展做出积极贡献。

本协会的业务范围如下：

（1）宣传贯彻国家有关旅游业发展的方针政策，向主管单位反映会员的愿望和要求；

（2）总结交流旅游车船企业的工作经验，收集国内外本行业信息，深入进行调查研究，向主管单位提供决策依据和积极建议；

（3）组织会员订立行规行约并监督遵守，维护旅游市场秩序，协助主管单位加强对旅游市场的监督管理；

（4）为会员提供咨询服务，加强会员之间的交流与合作，组织开展培训、研讨、考察和新经验、新技术及科研成果的推广等活动，沟通会员之间的横向联合，促进行业之间的业务联网；

（5）指导下设的专业委员会开展业务活动；

（6）加强与行业内外的相关组织、社团的联系与合作；

（7）开展与国际旅游联盟（AIT）组织等海外相关行业组织之间的交流与合作；

（8）编印会刊和信息资料，为会员提供信息服务；

（9）承办业务主管单位委托的其他工作。

协会的会刊是《中国旅游车船》（双月刊），免费为会员送阅。

5. 中国旅游景区协会

中国旅游景区协会（China Tourist Attractions Association，CTAA），是由各类旅游景区及其相关企事业、社会团体在平等自愿基础上组成的全国旅游景区行业协会。该协会是具有独立的社团法人资格的非营利性社会团体法人组织。协会凝聚了行业中知名度高、影响力大的 4A 和 5A 级旅游景区和在业内具有影响力服务于旅游景区的上下游知名企业。协会接受文化和旅游部的领导、民政部的业务指导与监督管理。

中国旅游景区协会的宗旨是代表和维护全行业的共同利益和会员的合法权益，研究和探索各类旅游景区发展中的有关问题，提高旅游景区的管理和服务水平，努力为会员服务、为行业服务、为政府服务，在政府、会员和市场之间发挥纽带与桥梁作用，为构建社会主义和谐社会，促进我国旅游业的持续、健康发展作出贡献。本协会遵守宪法、法律、法规和国家政策，践行社会主义核心价值观，弘扬爱国主义精神，遵守社会道德风尚，自觉加强诚信自律建设。

本协会的业务范围如下：

（1）参与相关立法、政府规划、公共政策、国家标准和行业数据统计等事务；参与或制订、修订行业标准、规范、指南。

（2）提供信息服务和咨询服务，向会员宣传和介绍政府的有关法律法规与政策；承担行业公共服务大数据平台建设，推动景区提高管理水平和服务质量。

（3）建立和完善行业自律机制，发挥行业引领作用；倡导诚信经营理念，营造公平有序的市场竞争环境；加强景区品牌建设，树立良好的行业形象。

（4）开展调查研究，收集行业发展信息，向有关政府部门反映行业发展情况和会员的愿望与诉求，并争取政策支持，保护会员的共同利益，维护会员的合法权益。

（5）做好景区人才队伍建设。推进景区专业学历教育；设立景区培训教育基地，开展景区职业技能培训；实行景区人才岗位交流互换；组织开展景区人才评价工作。

（6）举办论坛、展会、现场交流会等活动，为景区输送新理念、新标准、新经验、新产品，促进景区高质量发展。

（7）组织景区"走出去"。积极开展对外经济、技术、服务贸易交流与合作，实现景区运营管理模式的国际化。

（8）做好景区宣传推广工作。办好协会官方网站和微信、抖音等新媒体信息平台；依照相关规定，出版协会刊物和业务书籍。

（9）承接政府相关部门转移的相关职能；承接政府相关部门的委托购买服务。

6. 中国游艺机游乐园协会

中国游艺机游乐园协会（China Association of Amusement Parks and Attractions，CAAPA）是国家一级协会，是由中国文旅行业投资、科研、设计、制造、教育及游乐园（场）经营等企业、事业单位按照自愿原则组成的跨部门、跨行业、跨地区、跨所有制的全国性行业组织。1987年经国家民政部批准成立，主管部门是国务院国有资产监督管理委员会。

中国游艺机游乐园协会的宗旨是遵守宪法、法律、法规和国家政策，遵守社会道德风尚。为会员服务，为企业服务，同时为政府和社会服务，以促进行业和企业的发展。接受政府部门的指导，承担政府部门交办的任务，在政府和会员之间发挥桥梁纽带作用。维护会员合法权益，维护公平竞争，团结广大会员，确保游客人身安全，为繁荣和发展我国游乐事业而努力奋斗。

本协会文化：团结协作，开拓创新。

本协会业务范围如下：

（1）对行业改革和发展的情况进行调查研究，为政府有关部门制订行业改革方案、发展规划、产业政策、技术政策提供建议。

（2）对与行业发展有关技术、经济政策和法规、规章的运行进行跟踪研究，及时向政府有关部门反映行业意见，提出需要完善的建议。

（3）经政府主管部门同意和授权进行行业统计，收集、分析、发布行业信息。

（4）总结交流安全管理、经营管理、产品开发、质量管理工作经验，不断提高企业竞争能力。

（5）协助政府有关部门组织、修订行业技术、经济、管理等各类标准，并推动贯彻实施。

（6）根据行业特点，制定本行业的行规行约，建立行业自律性机制、规范行业自我管理行为，促进企业公平竞争。

（7）接受委托对行业内重大投资、改造、开发项目的先进性、经济性、可行性等进行前期调研、论证工作，并提出建议。

（8）收集和反馈行业产品的质量信息，为企业改进产品提供咨询服务，协助政府有关部门搞好本行业的质量管理工作。

（9）协助政府部门对游艺机生产许可证的发放工作。跟踪了解发证企业的生产条件、质量控制状况，对存在问题的企业提出整改建议，为政府部门复查、换证提供依据。协助政府部门做好游艺机使用的安全监察工作。

（10）组织企业开展各种形式的国际技术经济交流活动，受政府部门委托承办或根据行业发展需要举办国内及国际展览，为会员开拓国内外市场创造条件。

（11）组织企业开展技术交流，推广新技术、新工艺、新材料。

（12）根据需要组织专项培训。

（13）指导游艺机游乐园企业加强精神文明建设，推动企业培育企业精神和企业文化。

（14）依照有关规定编辑出版游乐行业出版物。

（15）承办政府交办的其他工作。

模块小结

　　以旅游组织的职能性质为划分标准，可将旅游组织分为旅游行政组织和旅游行业组织，它们都有各自的职能。世界旅游组织、世界旅行社协会、国际饭店协会、国际航空运输协会等属于国际旅游组织的代表。我国的旅游行政组织包括文化和旅游部，省、自治区和直辖市文化与旅游厅（局），省级以下的地方旅游行政机构。我国的旅游行业组织包括中国旅游协会、中国旅行社协会、中国旅游饭店业协会、中国旅游车船协会、中国旅游景区协会等。本模块的知识结构如图8-1所示。

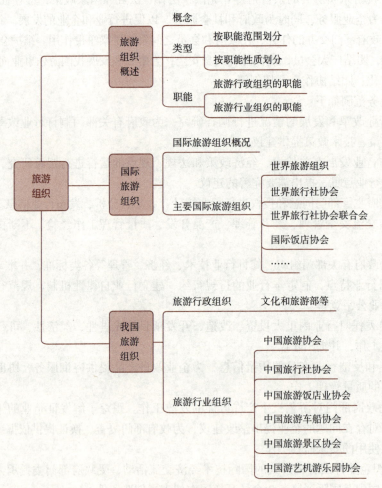

图 8-1　知识结构

思考与实践

　　1. 世界旅游日是由哪个组织确定的？在哪一天？为什么要确定在这一天？

　　2. 针对当地的旅游活动，调查该旅游活动是由哪个组织组织的，分析其在旅游活动中的作用，撰写调查报告。

模块九　旅游行业的管理

学习目标

➤ 知识目标

1. 了解旅游政策的制定目的、特点，熟悉我国的基本旅游政策。
2. 熟悉国际旅游法规，掌握我国旅游的法律法规。
3. 了解旅游标准化管理的意义，掌握我国旅游标准化管理规定。
4. 了解旅游统计管理的内涵，熟悉我国的旅游统计管理办法。

➤ 能力目标

1. 能够运用旅游政策与法规知识对旅游案例进行分析和处理。
2. 能够运用旅游标准化管理的知识对旅游案例进行分析和处理。
3. 能够运用旅游统计管理的相关知识对旅游案例进行分析和处理。

➤ 素养目标

1. 培养学生的政策法律意识，自觉维护国家利益和民族尊严。
2. 培养学生的实践能力和创新精神。

案例导学

韩国计划 2023 年"抢" 200 万中国游客

2023 年 9 月 4 日，韩国文化体育观光部宣布了一系列吸引中国游客的方案，计划在 2023 年年底前免除中国游客的电子签证手续费，增加航班数量，争取吸引 200 万中国游客赴韩旅游。

韩联社报道称，尽管 2023 年 1 月至 6 月，赴韩的中国游客仅为 54 万人次，但预计，随着国际旅行的正常化，游客数量将在秋季开始全面复苏。若 200 万人次的目标达成，韩国国内生产总值（GDP）将增长 0.16%。数据显示，2017 至 2019 年，赴韩中国游客年均达 499 万人次。

目前，韩国跟团游客签证手续费为 1.8 万韩元（约合 99 元人民币）。韩联社称，韩国还计划在中国增加 2 个签证中心，并将"积极"批准增设两国之间往来的航班。8 月，中韩往返航班数量每周达 697 架次，约为 2019 年公布数量的 63.4%。

韩国《朝鲜日报》报道称，在中国团队游客大批到访之前，7 月有约 22 万中国游客访韩，位列各国游客首位，8 月继续呈增长趋势。2019 年，有 602 万中国游客到访韩国，在韩消费总额比外国游客平均高出 38%。

韩国文化体育观光部第二次官（副部长）张美兰在紧急经济长官会议暨出口投资对策会议上表示，中国游客的消费活动可以为韩国释放经济活力。中国游客更倾向于个人旅行，即便是跟团旅游，规模也更小更加细分。因此，韩国政府将以中国游客需求较高的韩国文化、食物、美妆为中心，启动"中国游客访韩旅游升级"战略。

俄罗斯卫星网报道称，为吸引中国游客在国庆节假期期间访韩，韩国政府将在北京和上海举行"K-旅游路演"营销活动。在上海"K-旅游路演"活动上，韩国政府将与携程一起直播售卖酒店住宿券和机票，并从 9 月 15 日起进行名为"韩国游之月"的韩国游营销活动。

韩国还将在 200 个韩妆和药店等主要景点提供现场退税服务，并将支持微信支付和支付宝支付的门店增至 25 万家。韩国政府将重点发展会展产业、赌场、韩国文化、医疗旅游等"高端旅游产品"。

思　考：结合韩国的上述旅游政策，说明国家制定旅游政策的目的和意义。

单元一　旅游政策与法律法规管理

一、旅游政策管理

旅游政策是国家和最高旅游行政管理部门为实现一定时期内的旅游发展目标，根据旅游发展的现状水平和社会经济条件而制定的行动准则。它指导并服务于旅游业发展的全过程，同时，也是衡量旅游事业取得成效的尺度。旅游政策包括宏观旅游政策和微观旅游政策。宏观旅游政策即发展方针，确立旅游产业发展目标及其在国民经济中的地位，对全局起指引方向和总揽大局的作用；微观旅游政策是针对具体的旅游事项和为旅游基本运作单位而制定的，起具体的指导作用。

（一）制定旅游政策的目的

1. 促进旅游业的发展

制定旅游政策可以通过支持旅游业发展的政策措施和市场营销策略，如提供税收优惠、旅游基础设施建设等政策支持，以及推广旅游目的地、提供旅游信息等市场推广策略，来促进旅游业的发展。这些政策措施可以吸引更多的游客，增加旅游收入，推动旅游业的可持续发展。

微课：制定旅游政策与法律法规的必要性

2. 促进地区经济的发展

制定旅游政策可以加强对当地旅游资源的开发利用，如建设旅游景点、发展旅游产业等，这可以带动相关产业的发展，如交通运输、餐饮、住宿、购物等。这有助于促进地区经济的平衡发展，缩小地区之间的经济差距。同时，通过吸引外来投资，与相关国际组织合作等方式，可以进一步推动地区经济的发展。

3. 保护和传承民族文化

制定旅游政策可以制定民族文化保护政策，如加强文物保护、传承民俗文化等，这有助于保护和传承民族文化。同时，通过提高教育水平，培养本土文化人才，可以进一步增强民族文化的传承和发扬。这不仅可以满足游客对文化体验的需求，也可以为当地社区带来经济收益。

4. 提升国家形象

制定旅游政策可以通过旅游业促进国际交流与合作，如加强与邻国的旅游合作、签署旅游协议等，这有助于提升国家形象。通过参加重要旅游会议、签订旅游合作协议等方式，可以进一步扩大国家的国际影响力。

5. 平衡国际收支

制定旅游政策可以掌握好国际游客数量和旅游收入这两个指标，进一步开拓国际市场，增加旅游收入，从而平衡国际收支，缓解国家财政压力。同时，通过汇率调整等方式，可以保证国际收支平衡，避免出现国际收支逆差，影响国家经济稳定。

（二）旅游政策的特点

1. 指导性和强制性

指导性是指旅游政策对旅游业的发展起到指导和引领的作用。旅游政策通常会设定旅游业发展的目标、方向和策略，为旅游业提供宏观指导。例如，《文化和旅游规划管理办法》规定，地方文化和旅游行政部门依据相关法律法规的规定或本地人民政府赋予的职责和要求，开展规划编制和实施工作。文化和旅游部应加强对地方文化与旅游行政部门规划工作的指导。这为各地旅游业的发展提供了指导和依据。

强制性是指旅游政策对旅游业相关方的行为具有约束力。旅游政策通常会制定一些规定和标准，要求旅游业相关方必须遵守。例如，《旅游景区质量等级评定管理办法》规定，旅游景区必须达到一定的质量标准才能评定等级，这对于旅游景区的建设和运营具有强制性的约束力。

总的来说，旅游政策的指导性和强制性是相辅相成的。指导性是旅游政策的基本属性，它为旅游业的发展提供了指导和支持。强制性则是旅游政策的保障，它确保了旅游政策的实施效果和对旅游业相关方的约束力。

2. 协调性和系统性

旅游政策的协调性和系统性对于旅游业的健康发展非常重要。

旅游政策的协调性指的是政策在处理旅游业相关问题时，能够协调好各种利益关系，包括政府、企业、消费者等。在现代社会中，经济结构呈现出多元化的特点，旅游政策需要在多元化的经济结构中找到一个平衡点，使旅游业能够与其他行业协调发展，共同促进国民经济的健康发展。例如，旅游政策可以通过合理确立旅游业在国民经济中的地位，协调好旅游业与各行业的健康协调发展，进而促进国民经济的协调发展。

旅游政策的系统性是指旅游政策是一个完整的、相互关联的政策体系，各项政策之间存在有机的联系，而不是孤立的。旅游政策的系统性表现在旅游发展政策、旅游管理政策和旅游产业政策等方面。这些政策在制定和实施过程中，都需要相互配合、相互支持，形成一个有机的整体。例如，旅游发展政策需要与旅游管理政策相互配合，保证旅游业的健康发展；旅游产业政策需要与相关产业政策相互配合，促进旅游业的多元化发展。

3. 稳定性和灵活性

旅游政策的稳定性和灵活性是旅游政策制定和实施过程中必须考虑的因素。

旅游政策的稳定性是指政策在一定时期内的稳定性，即政策在一段时间内不会随意变动。旅游政策的稳定性可以为旅游业提供稳定的政策环境，有利于旅游业的长远发展。例如，旅游政策的税收优惠政策、旅游投资政策等，都需要保持一定的稳定性，不能随意变动。

然而，旅游政策也需要具备一定的灵活性。由于旅游业是一个不断变化的行业，市场需求、旅游资源等都会不断变化，因此旅游政策也需要根据实际情况进行适时调整和优化。旅游政策的灵活性表现在政策对市场变化的反应速度和适应能力，以及政策对未来发展趋势的预测和应对能力。例如，针对突发事件，旅游政策需要及时出台相关应对措施，以保障旅游业的稳定发展。

（三）我国的基本旅游政策

我国政府对旅游业的基本政策是大力支持，将旅游业培育成让人民群众满意的战略性支柱产业，并依靠旅游业拉动内需，依靠旅游实施扶贫战略，依靠旅游提高公民的幸福指数。我国的旅游政策是多方面的，以下以一些规划及政策文件进行说明。

1. 国家性相关政策文件

（1）《"十四五"旅游业发展规划》。2021 年 12 月 22 日国务院印发了《"十四五"旅游业发展规划》（以下简称《规划》）。《规划》明确到 2025 年，旅游业发展水平不断提升，现代旅游业体系更加健全，旅游有效供给、优质供给、弹性供给更为丰富，大众旅游消费需求得到更好满足。国内旅游蓬勃发展，出入境旅游有序推进，旅游业国际影响力、竞争力明显增强，旅游强国建设取得重大进展。文化和旅游深度融合，建设一批富有文化底蕴的世界级旅游景区和度假区，打造一批文化特色鲜明的国家级旅游休闲城市和街区，红色旅游、乡村旅游等加快发展。

《规划》提出七项重点任务：一是坚持创新驱动发展，深化"互联网＋旅游"，推进智慧旅游发展；二是优化旅游空间布局，促进城乡、区域协调发展，建设一批旅游城市和特色旅游目的地；三是构建科学保护利用体系，保护传承好人文资源，保护利用好自然资源；四是完善旅游产品供给体系，激发旅游市场主体活力，推动"旅游＋"和"＋旅游"，形成多产业融合发展新局面；五是拓展大众旅游消费体系，提升旅游消费服务，更好满足人民群众多层次、多样化需求；六是建立现代旅游治理体系，加强旅游信用体系建设，推进文明旅游；七是完善旅游开放合作体系，加强政策储备，持续推进旅游交流合作。

在推进智慧旅游发展方面，《规划》提出，打造一批智慧旅游城市、旅游景区、度假区、旅游街区，培育一批智慧旅游创新企业和重点项目，开发数字化体验产品，发展沉浸式互动体验、虚拟展示、智慧导览等新型旅游服务，推进以"互联网＋"为代表的旅游场景化建设。提升旅游景区、度假区等各类旅游重点区域 5G 网络覆盖水平。

在丰富优质产品供给方面，《规划》提出，大力推进冰雪旅游发展，完善冰雪旅游服务设施体系，加快冰雪旅游与冰雪运动、冰雪文化、冰雪装备制造等融合发展，打造一批国家级滑雪旅游度假地和冰雪旅游基地。完善邮轮游艇旅游、低空旅游等发展政策，推进海洋旅游、山地旅游、温泉旅游、避暑旅游、内河游轮旅游等业态产品发展。有序推进邮轮旅游基础设施建设，推进上海、天津、深圳、青岛、大连、厦门、福州等地区邮轮旅游发展，推动三亚建设国际邮轮母港。推动游艇消费大众化发展，支持大连、青岛、威海、珠海、厦门、三亚等滨海城市创新游艇业发展，建设一批适合大众消费的游艇示范项目。

（2）《国家文物局 文化和旅游部 国家发展改革委关于开展中国文物主题游径建设工作的通知》。该通知指出，文物主题游径的资源对象以不可移动文物为主体，涵盖古文化遗址、古墓葬、古建筑、石窟寺及石刻、近现代重要史迹及代表性建筑等文物类型。围绕文物游径主题，可串联历史文化名城名镇名村、历史文化街区、历史建筑、传统村落，可包括农业遗产、工业遗产、老字号、水利遗产、风景名胜区、自然景观，可纳入博物馆、纪念馆、图书馆、美术馆、剧场、文化馆、非遗馆等文化场馆。文物主题游径可分为中国文物主题游径、区域性文物主题游径和县域文物主题游径。中国文物主题游径与国家文化公园建设、国家重大战略相衔接，主题具有国家意义、民族代表性，重在增强中华文化民族向心力、扩大中华文化国际影响力。区域性文物主题游径以区域重要战略、重大工程或跨省域重要山川、道路为依托，重在彰显区域历史文化特征，凝练区域文化遗产旅游标识品牌。县域文物主题游径以县域为基本单元，重在关联各级各类文物和文化遗产资源，激活低级别不可移动文物，更好满足人民精神文化与旅游需求。鼓励省域、市域、县域间加强合作联动、携手探索创新。

该通知确定的工作安排如下：

1）中国文物主题游径。国家文物局商文化和旅游部、国家发展改革委研究确立中国文物主题游径主题，与长城、大运河、长征、黄河、长江等国家文化公园建设做好衔接，明确牵头省份，指导开展试点建设工作。相关省级文物部门建立协商机制，加强资源联动，确立游径路线，共同推进游径建设。对于涉及自然保护地的主题游径，应符合自然保护地的相关规定要求。游径建成后，向社会发布中国文物游径名录、编绘中国文物游径地图。"十四五"时期试点建设3~5条中国文物主题游径。

2）区域性文物主题游径。京津冀、长三角、粤港澳大湾区、成渝等区域，鼓励相关区域省级文物部门主动谋划游径主题，制订建设方案，建立合作机制，合力推进工作。鼓励文物资源丰富的省份建设省域文物主题游径。

3）县域文物主题游径。各地县级文物等部门根据本通知要求组织开展县域文物主题游径建设工作。

（3）《文化和旅游部办公厅关于组织开展第一批中国特品级旅游资源名录建设工作的通知》。该通知指出，中国特品级旅游资源是指在空间上相对独立、富有文化底蕴、具有较强旅游吸引力和较高旅游价值、在全国范围内具有代表性或独特性的优质旅游资源。中国特品级旅游资源名录建设以各省（区、市）（含新疆生产建设兵团）旅游资源普查成果为基础，通过梳理筛选代表中国形象、体现地方特色的旅游资源，系统呈现中国文化之美、自然之美。文化和旅游部将组织专家对各省（区、市）推荐名单进行评审，突出全国统筹、横向比较，择优确定第一批中国特品级旅游资源名录，经公示无异议后予以发布。通过多种方式对纳入名录的中国特品级旅游资源广泛进行推介，扩大影响力和知名度；同时，在高等级旅游景区、度假区等旅游产品建设中作为重要依据，促进中国特品级旅游资源向高等级旅游产品转化。对出现重大安全事故、资源环境恶化、开发利用违规、资源自然消失等现象的，及时调整中国特品级旅游资源名录。

（4）《文化和旅游部 公安部 自然资源部 生态环境部 国家卫生健康委 应急管理部 市场监管总局 银保监会 国家文物局 国家乡村振兴局关于促进乡村民宿高质量发展的指导意见》（以下简称《指导意见》）。《指导意见》明确了坚持生态优先、坚持文化为根、坚持以人为本、坚持融合发展、坚持规范有序的原则，部署了5项重点任务。

1）在完善规划布局、优化资源开发任务中，《指导意见》提出，将乡村民宿发展纳入各地旅游发展规划，与国民经济和社会发展规划、国土空间规划等相衔接，严守耕地和永久基本农田、生态保护红线，确保乡村民宿发展的协调性与可持续性。引导村民和乡村民宿经营主体共同参与农村人居环境建设和管护，倡导低碳环保经营理念。

2）在丰富文化内涵、加强产品建设任务中，《指导意见》提出，尊重历史文化风貌，合理利用自然环境、人文景观、历史文化、文物建筑等资源突出乡村民宿特色，将农耕文化、传统工艺、民俗礼仪、风土人情等融入乡村民宿产品建设，注重与周边社区的文化互动，鼓励乡村民宿参与公共文化服务。以乡村民宿开发为纽带，开展多元业态经营，拓展共享农业、手工制造、特色文化体验、农副产品加工、电商物流等综合业态，打造乡村旅游综合体，有效发挥带动效应。

3）在引导规范发展、加强品牌引领任务中，《指导意见》提出，推进实施旅游民宿国家、行业相关标准，培育一批乡村等级旅游民宿。将乡村民宿纳入各级文化和旅游品牌建设工作。培育具有区域特征和地方特色的乡村民宿品牌，鼓励优质乡村民宿品牌输出民宿设计、运营管理、市场开拓等成熟经验。

4）在创新经营模式、带动增收致富任务中，《指导意见》提出，积极吸引农户、村集体经济组织、合作社、企业、能人创客等多元投资经营主体参与乡村民宿建设。在尊重农民意愿并符合规划的前提下，鼓励农村集体经济组织通过注册公司、组建合作社、村民入股等方式整村连片发展乡村民宿。

5）在加强宣传推广、引导合理消费任务中，《指导意见》提出，充分运用信息化手段，加强对乡村民宿产品的精准宣传和互动反馈，推出一批有故事、有体验、有品位、有乡愁的乡村民宿。将乡村民宿纳入文化和旅游消费惠民、会展节庆活动内容范围，鼓励各地将有条件的乡村民宿纳入政府机关和企事业单位会议培训、职工疗休养选择范围。

《指导意见》还从加强统筹协调、优化证照办理、保障用地用房、完善支持政策、加强人才培养5方面明确保障措施。在优化证照办理方面，《指导意见》提出，坚持规范管理与促进发展相结合，鼓励县级以上地方政府先行先试、创新突破，结合本地实际出台乡村民宿管理办法，协调市场监管、公安、卫生健康、消防等相关职能部门明确证照办理条件和流程。鼓励除直接涉及公共安全和人民生命健康的领域的产品许可事项外的，通过联合审核、一站式办理、多证合一、以备案替代发证、告知承诺制、信息共享等方式，优化证照办理流程，为乡村民宿经营者提供便捷、规范的证照办理服务。落实好《农家乐（民宿）建筑防火导则（试行）》（建村〔2017〕50号）的相关要求。在符合国土空间规划前提下，鼓励复合利用依法登记的宅基地发展乡村民宿。符合地方人民政府关于市场主体住所（经营场所）条件规定的，办理营业执照。

2. 地方性相关政策文件

（1）《北京市"十四五"时期文化和旅游发展规划》。该规划明确全面推进繁荣首都文艺舞台、建设现代公共文化服务体系、打造文化遗产保护传承利用典范之城、优化高品质旅游供给结构、提升旅游产业现代化水平、构建文化和旅游现代化治理体系、推动文化和旅游区域合作、开创文化和旅游对外合作新格局八项重点任务。

（2）《福建省"十四五"文化和旅游改革发展专项规划》。该规划突出文旅工作新任务。坚持以人民为中心的创作导向，完善文艺精品创作生产机制，实施文艺作品质量提升工程，推动福建文艺创作从"高原"迈向"高峰"。

在优化文化和旅游公共服务供给方面，健全城乡一体文化和旅游公共服务网络，大力推动乡村文化振兴，加快推进公共文化数字化和智慧旅游建设，全面提升文化和旅游公共服务效能；加强文化遗产保护传承利用。扩大第44届世界遗产大会效应，加强文物保护利用和文化遗产保护传承，推动创造性转化、创新性发展，建设多元文化遗产保护先行省份；做优做强文化优势产业。大力实施文化产业高质量发展超越行动，加强文化科技创新，推进文化产业数字化战略，努力建设全国文化产业内容生产先行区、文化产业融合发展示范区。

在发展壮大旅游主导产业方面，推进旅游为民、实施旅游带动，推进文旅融合、实施创新发展，加快建设世界知名旅游目的地，加快培育旅游新兴业态和跨界领军企业，打造"万亿级"旅游产业集群。

在探索闽台文化和旅游融合发展新路径方面，充分发挥福建对台优势，以两岸同胞福祉为依归，以文化和旅游交流为纽带，突出以通促融、以惠促融、以情促融，加快两岸文化和旅游融合发展示范区建设。

在谱写福建文化和旅游对外交流合作新篇章方面，加强国际传播能力建设，深入实施"人文海丝"计划，深化拓展文化和旅游对外交流合作，持续打响"清新福建""全福游、有全福"等金字招牌，讲好中国故事之福建篇章。

二、旅游法律法规管理

旅游法律法规是指由国家制定或认可，体现发展旅游业的意志，以国家强制力保证实施的涉及旅游活动的行为准则。旅游法规不是一个单一的法律文件，而是一系列的法律规范，它既包括国内规范，也包括国际规范，这一规范体系以旅游为主线统一起来。

（一）国际旅游法规

1.《旅游权利法案和旅游者守则》

《旅游权利法案和旅游者守则》是1985年9月17——26日在保加利亚索非亚召开的世界旅游组织第6次全体大会通过的世界旅游组织的法规性文件。旅游权利法案共9条，旅游者守则共5条，两者合计14条。第1条强调每个人休息和娱乐的权利、合理限定工时的权利及在法律范围内不加限制的自由往来的权利，已在全世界得到承认。第2条指出各国应当制定和实施旨在促进国内与国际旅游和谐发展并促进能为参加旅游的所有人带来益处的娱乐的政策。第3条规定了各国应当鼓励国内和国际旅游业有条不紊的和谐发展；将旅游政策纳入各级政府全盘发展政策；根据主次轻重制订旅游规划、计划和原则；保护旅游环境和全人类的遗产。第4条规定了实施世界旅游组织文件和条款，鼓励国内和国际旅游，促进旅行自由化；增加旅游意识，促进旅游者与东道主之间的交往和了解；采取预防和保护措施，确保旅游者人身和财产安全；提供最佳的卫生条件和健康服务条件，以及预防传染病和事故的条件；防止利用旅游从事娼妓活动而剥削他人的可能性；加强防止非法使用毒品的措施，保护旅游者和东道主。第5条规定了各国发展旅游应当注意的事项，主要是应当允许国内和国际旅游者在本国自由往来；对旅游者不允许采取任何歧视性措施；允许旅游者及时与领事代表联系；提供信息让旅游者进一步了解东道国民间习俗。第6条规定了东道国人民有权尊重自己的自然与文化环境，自由享受自己的旅游资源；有权要求旅游者理解和尊重自己的习俗、宗教和文化传统。第7条规定了东道国人民要以最大的热情、礼貌和敬重接待旅游者，发展和谐的人际和社会关系。第8条规定了旅游从业人员、旅游供应商和旅游服务机构应遵守本权利法案的原则，履行应尽义务，提供优质产品，不得利用旅游对他人进行任何形式的剥削。第 9 条规定了各旅游国家和国际立法应向旅游专业人员、旅游供应商与旅游服务机构提供方便，使旅游活动不受阻碍和歧视；应当进行技术性培训，促进旅游合作协调进行和改进服务质量。第 10 条规定了旅游者的行为应当促进各国人民的理解和友好关系，为世界持久和平作出贡献。第 11 条规定了旅游者必须尊重过境地和逗留地的政治、社会、道德、宗教方面的秩序，理解和尊重东道国的习俗、信仰和自然及文化遗产，不过分强调与当地人的经济、社会和文化差异，不从事娼妓活动，不买卖、携带和使用麻醉品及其他违禁毒品。第 12 条规定了旅游者在放宽行政和金融控制及在交通逗留方面，应得到政府提供的方便条件和益处。第 13 条规定了旅游者应当能够自由地进入旅游景点，应得到人身和财产的保护、令人满意的公共卫生设施、有效的公共通信设施，以及保护旅游者的法律程序与保证旅游者有权进行宗教活动等。第 14 条规定了每个人都有权让立法代表和当局了解休息与娱乐需要的权利。

2.《华沙公约》

《华沙公约》（Warsaw Convention）全称《关于统一国际航空运输某些规则的公约》。1929 年 10 月 12 日在波兰华沙制定，1933 年 2 月 13 日生效，是国际空运的一项基本的公约。规定了以航空运输承运人为一方和以旅客和货物托运人与收货人为另一方的法律义务和相互关系，共分为 5 章共 41 条。对空中承运人应负的责任确立了三个原则：负过失责任；限定赔偿责任的最高限额；加重空中承运人的责任，禁止滥用免责条款。我国于 1958 年正式加入。

3.《国际饭店章程》

1921 年，国际饭店协会首次颁布了第一部饭店章程，以后该章程进行过几次修改。1981 年 11 月 2 日，《国际饭店章程》在尼泊尔首都加德满都被国际饭店协会正式通过，作为国际饭店业的行业法规。《国际饭店章程》是在国际上得到一致承认的、普遍接受的有饭店住宿合同的国际贸易管理章程。该章程向顾客和饭店业主通告各自的权利与义务，主要作为国家法律规定的合同条款的一项补充，只用于当某一国家法律内容不包括有关饭店住宿业合同的具体条款时，适用该章程的规定。

4.《雅典公约》

《雅典公约》（Athen Convention），全称是《1974 年海上旅客及其行李运输雅典公约》，是政府间海事协商组织在一些海上旅客运输公约或公约草案的基础上于 1974 年 12 月 2——13 日在雅典制定的。中国也于 1994 年加入该公约。

《雅典公约》共有 27 条，其主要内容如下：

（1）承运人的运输责任和责任限制。承运人对旅客的人身伤亡和行李的损失，实行比较严格的推定过失责任制。

（2）关于实际承运人的规定。实际承运人应该对其所进行的运输负责，而承运人仍应对其签订的客运合同承担全部责任。

（3）关于贵重物品的规定。除非特别约定，承运人对金、银、珠宝、货币、艺术品等贵重物品的灭失或损坏不负责任。

（4）公约的适用范围是缔约国的船舶或者运输合同与缔约国有关，例如，在缔约国订立或者起运地或目的地位于缔约国境内。

（5）规定了关于海上旅客运输合同纠纷的管辖权问题。

（6）合同条款无效的规定。任何合同条款目的在于解除承运人对旅客承担的责任，或规定低于公约规定的责任限制，以及推卸承运人的举证责任或限制管辖权的选择，均属无效。

（7）诉讼时效为 2 年。

《雅典公约》的制定对于规范国际海上旅客运输具有很重要的作用，但是它规定的对旅客人身伤亡的赔偿过低，引起了一些发达国家的不满，于是国际海事组织于 1990 年 3 月 29 日在伦敦召开的会议上通过了《修正 1974 年海上旅客及其行李运输雅典公约的 1990 年议定书》，大幅度地提高了旅客人身伤亡赔偿限额。

（二）我国旅游法规

1. 基本权威法律

《旅游法》于 2013 年 4 月 25 日第十二届全国人民代表大会常务委员会第二次会议通过，2013 年 10 月 1 日起施行，并历经 2016 年、2018 年两次修正。它是我国旅游业发展的里程碑。内容包括总则、旅游者、旅游规划和促进、旅游经营、旅游服务合同、旅游安全、旅游监督管理、旅游纠纷处理、法律责任和附则。《旅游法》具有以下特点：

知识拓展：
我国首部《旅游法》十年回看

（1）《旅游法》是一部综合性法律。《旅游法》兼顾了旅游产业各要素和旅游经营全链条，综合了经济、行政和民事法律规范，明确了政府统筹、部门负责、综合协调的旅游发展和管理机制，符合旅游产业的综合性特征和发展需要。

（2）《旅游法》强调了对旅游者的保护。《旅游法》在平衡旅游经营者和旅游者权益基础上，突出以人为本，将旅游者权益保障作为主线贯穿始终，对人民群众普遍关心的旅游公共服务提供、旅游市场秩序规范、旅游安全保障、旅游纠纷解决等问题作出了详细规定。

（3）《旅游法》注重建立健全旅游市场规则。《旅游法》按照市场经济和法治政府的要求，对政府公共服务和监管、行业组织自律、企业依法自主经营及旅游者守法都做出了较为明确的规定；强调了民事规范在维护市场秩序和保障各方权益方面的主体性作用；坚持诚信经营、公平竞争原则，建立健全经营主体间的一系列规则；坚持统一市场原则，强调解决旅游发展中的部门、行业和地区分割问题。

（4）《旅游法》是旅游发展经验和市场规律的总结。《旅游法》按照充分发挥市场配置资源基础性作用的要求，体现了市场主导和加强政府公共服务的结合；体现了旅游业多年来发展经验，确立了旅游业发展和管理的综合协调模式；以市场需求为导向，进行了一系列体制制度创新。

（5）《旅游法》借鉴吸收了国际旅游立法经验。《旅游法》对国际旅游组织、其他国家（地区）的关于旅游者权利保护、旅游服务合同、资源旅游利用、综合协调机制、市场监管和行业自律等内容，进行了广泛的借鉴吸收，体现了国际旅游规则与中国特色社会主义市场经济的结合。

总而言之，《旅游法》的颁布对于规范旅游市场秩序、保护旅游者和市场经营者权益，促进旅游及相关行业的发展具有十分重要的意义。

2. 旅行社相关法规

（1）《旅行社条例》。《旅行社条例》是为了加强对旅行社的管理，保障旅游者和旅行社的合法权益，维护旅游市场秩序，促进旅游业的健康发展而制定的法规。2009 年 1 月 21 日，《旅行社条例》由国务院第 47 次常务会议通过，自 2009 年 5 月 1 日起施行。根据 2016 年 2 月 6 日《国务院关于修改部分行政法规的决定》第一次修订，根据 2017 年 3 月 1 日《国务院关于修改和废止部分行政法规的决定》第二次修订，根据 2020 年 11 月 29 日《国务院关于修改和废止部分行政法规的决定》第三次修订。

（2）《旅行社条例实施细则》。《旅行社条例实施细则》根据《旅行社条例》制定。2009年4月2日由原国家旅游局第4次局长办公会议审议通过，自2009年5月3日起施行。根据2016年12月6日原国家旅游局第17次局长办公会议审议通过，2016年12月12日原国家旅游局令第42号公布施行的《国家旅游局关于修改〈旅行社条例实施细则〉和废止〈出境旅游领队人员管理办法〉的决定》修改。

（3）《中国公民出国旅游管理办法》。为了规范旅行社组织中国公民出国旅游活动，保障出国旅游者和出国旅游经营者的合法权益，制定了本办法。本办法规定，出国旅游的目的地国家，由国务院旅游行政部门会同国务院有关部门提出，报国务院批准后，由国务院旅游行政部门公布。任何单位和个人不得组织中国公民到国务院旅游行政部门公布的出国旅游的目的地国家以外的国家旅游；组织中国公民到国务院旅游行政部门公布的出国旅游的目的地国家以外的国家进行涉及体育活动、文化活动等临时性专项旅游的，须经国务院旅游行政部门批准。

3. 导游人员相关法规

（1）《导游人员管理条例》。《导游人员管理条例》是旅游业的重要行政法规。1999年5月14日由国务院总理以国务院令的形式发布，同年10月1日起施行。作为直接针对导游人员管理的法规，明确规定了导游人员的资格考试制度和等级考核制度，将导游考试作为导游人员管理的一项基本制度确定下来，为导游人员资格、等级考试提供了法律上的依据。

知识拓展：
《导游管理办法》
全文

（2）《导游管理办法》。2017年10月16日由原国家旅游局第17次局长办公会议审议通过，自2018年1月1日起施行。为规范导游执业行为，提升导游服务质量，保障导游合法权益，促进导游行业健康发展，依据《旅游法》《导游人员管理条例》和《旅行社条例》等法律法规，制定本办法。

4. 旅游资源相关法规

（1）《风景名胜区条例》。为了加强对风景名胜区的管理，有效保护和合理利用风景名胜资源，制定了本条例。2006年9月19日，国务院令第474号公布了本条例，并根据2016年2月6日《国务院关于修改部分行政法规的决定》修订。

风景名胜区的设立、规划、保护、利用和管理，适用本条例。本条例所称风景名胜区，是指具有观赏、文化或者科学价值，自然景观、人文景观比较集中，环境优美，可供人们游览或者进行科学、文化活动的区域。

本条例的相关规定：风景名胜区划分为国家级风景名胜区和省级风景名胜区。风景名胜区总体规划的编制，应当体现人与自然和谐相处、区域协调发展和经济社会全面进步的要求，坚持保护优先、开发服从保护的原则，突出风景名胜资源的自然特性、文化内涵和地方特色。风景名胜区内的景观和自然环境，应当根据可持续发展的原则，严格保护，不得破坏或者随意改变。风景名胜区管理机构不得从事以营利为目的的经营活动，不得将规划、管理和监督等行政管理职能委托给企业或个人行使。风景名胜区管理机构的工作人员，不得在风景名胜区内的企业兼职。

（2）《中华人民共和国文物保护法》及实施条例。《中华人民共和国文物保护法》是为了加强对文物的保护，继承中华民族优秀的历史文化遗产，促进科学研究工作，进行爱国主义和革命传统教育，建设社会主义精神文明和物质文明而制定的法律。在中华人民共和国境内，下列文物受国家保护：

1）具有历史、艺术、科学价值的古文化遗址、古墓葬、古建筑、石窟寺和石刻、壁画。

2）与重大历史事件、革命运动或者著名人物有关的以及具有重要纪念意义、教育意义或者史料价值的近代现代重要史迹、实物、代表性建筑。

3）历史上各时代珍贵的艺术品、工艺美术品。

4）历史上各时代重要的文献资料及具有历史、艺术、科学价值的手稿和图书资料等。

5）反映历史上各时代、各民族社会制度、社会生产、社会生活的代表性实物。

同时，根据《中华人民共和国文物保护法》，制定了《中华人民共和国文物保护法实施条例》。本条例规定，国家重点文物保护专项补助经费和地方文物保护专项经费，由县级以上人民政府文物行政主管部门、投资主管部门、财政部门按照国家有关规定共同实施管理。任何单位或个人不得侵占、挪用。国有的博物馆、纪念馆、文物保护单位等的事业性收入，应当用于下列用途：

1）文物的保管、陈列、修复、征集。

2）国有的博物馆、纪念馆、文物保护单位的修缮和建设。

3）文物的安全防范。

4）考古调查、勘探、发掘。

5）文物保护的科学研究、宣传教育。

5.其他相关法规

（1）《中华人民共和国民法典》（以下简称《民法典》）。2020 年 5 月 28 日，十三届全国人大三次会议表决通过了《民法典》，自 2021 年 1 月 1 日起施行。新中国历史上第一部以法典命名的法律，也是真正属于中国人民自己的民法典诞生了，经过 60 余年民事立法探索，我国的民法制度将迎来"民法典时代"。

《民法典》被称为"社会生活的百科全书""市场经济的基本法"。《民法典》共 7 编、1 260 条，各编依次为总则、物权、合同、人格权、婚姻家庭、继承、侵权责任，以及附则，总计十万余字。"民法是包括旅游在内的民事领域的基础性、综合性法律。《民法典》生效后，我国现行的《民法总则》《物权法》《婚姻法》《合同法》《侵权责任法》等相关法律都将被替代，意味着法律人现有的知识体系将发生重大变化。"《旅游法》起草人之一、北京第二外国语学院文化旅游政策法规中心副主任王天星认为，"除其中的婚姻家庭、继承编外，《民法典》的其他部分与每个旅游者、旅游经营者的权益息息相关。"

与此同时，《民法典》也是作为行使公权力主体的各级政府及文化和旅游主管部门行使旅游市场监管职权的法律依据。政府及文化和旅游主管部门在日常旅游市场监管工作中，应该在哪些方面、哪些环节、哪些工作中依据《民法典》作出监管决策、履行监管职能呢？从内容和意义上考量，《民法典》作为依法监管的法律依据，其对旅游市场监管工作的影响主要体现在以下几个方面。

各级政府机关及文化和旅游主管部门在制定有关旅游监管方面的立法、规范性文件时应遵循《民法典》。《民法典》第二百七十九条规定："业主不得违反法律、法规以及管理规约，将住宅改变为经营性用房。业主将住宅改变为经营性用房的，除遵守法律、法规以及管理规约外，应当经有利害关系的业主一致同意。"行政机关在制定民宿管理规章、规范性文件时，必须遵循法律优位原则，必须遵循《民法典》关于住宅改变为经营性用房的规则，应当与《民法典》保持一致，不得违法调整《民法典》有关住宅用途调整的规则、条件。

《民法典》第三条明确规定："民事主体的人身权利、财产权利及其他合法权益受法律保护，任何组织或者个人不得侵犯。"据此，旅游经营者的人身权利、财产权利及其他合法权益受法律保护，包括政府及其部门在内的任何组织或者个人不得侵犯。基于依法行政要求，政府机关的行政行为必须遵循《民法典》的规定，不仅不得侵害旅游经营者在行政法上的权利（如旅行社在接受行政处罚中的陈述权、申辩权、提出行政复议权、提出行政诉讼权等），同样也不得侵害作为民事主体的旅游经营者在民法上的权利（如财产权、名誉权等）。如果行政机关的行政行为侵害了民事主体的民事权利，如违法关停旅游景区、违法要求旅游经营者对不可抗力引发的旅游纠纷承担法律责任等，旅游经营者可以行政相对人的身份申请行政复议或提起行政诉讼，因行政机关的违法行为遭受财产损失的，还有权申请国家赔偿。《中华人民共和国行政复议法》和《中华人民共和行政诉讼法》确立保护的"人身权、财产权等合法权益"，既包括旅游经营者在行政法上的权益，也包括当事人的民事权益。这就是说，行政机关的行政行为如果侵害了旅游经营者的民事权益，旅游经营者的合法权益同样受到《中华人民共和行政复议法》《中华人民共和行政诉讼法》《中华人民共和国国家赔偿法》的保护。

守法经营是《民法典》对旅游经营者明确设定的法律义务。如《民法典》第八十六条规定："营利法人从事经营活动，应当遵守商业道德，维护交易安全，接受政府和社会的监督，承担社会责任。"无论是旅行社，还是旅游景区、旅游饭店及其他旅游经营者，作为营利法人从事旅游经营活动，必须接受包括文化和旅游主管部门在内的相关政府部门的监督，这就表明《民法典》为旅游经营主体从事某项旅游经营活动设定了行政法上的义务。它表明，旅游经营主体从事旅游市场经营活动，必须依法接受文化和旅游主管部门的行政监管，参与旅游行政监管法律关系。

政府对旅游投资项目的监管应贯彻《民法典》确立的诚信原则。诚信原则是《民法典》总则部分确立的原则，也是市场经济正常运行的基本保障。目前，诚信原则已经引入政府管理、行政监管之中。《优化营商环境条例》明确提出，要大力推进政务诚信，建设诚信政府。明确要求地方各级政府及其有关部门应当履行向包括旅游经营者等市场主体依法作出的政策承诺及依法订立的各类合同，不得以行政区划调整、政府换届、机构或者职能调整及相关责任人更替等为由违约毁约。因国家利益、社会公共利益需要改变政策承诺、合同约定的，应当依照法定权限和程序进行，并依法对包括旅游经营者在内的市场主体因此受到的损失予以补偿。

从最高人民法院裁判文书网公布的案例来看，一些地方政府以生态保护、环境治理等为名，随意撕毁、变更旅游投资协议，给旅游投资者造成了巨额的非经营性损失，严重侵害旅游投资者的合法权益，影响当地政府的公信力。由此看来，《民法典》确立的诚信原则，应当成为政府对旅游投资市场监管遵循的原则。

（2）《中华人民共和国消费者权益保护法》。为保护消费者的合法权益，维护社会经济秩序，促进社会主义市场经济健康发展，1993年10月31日，全国人民代表大会常务委员会第四次会议通过了《中华人民共和国消费者权益保护法》，并于1994年1月1日起开始施行。该法律对消费者的权利、经营者的义务、国家对消费者合法权益的保护、争议的解决、经营者的法律责任等都做出了明确规定。

单元二　旅游标准化管理

一、旅游标准化管理的意义

旅游业标准化管理的意义在于确保旅游行业的规范化和专业化，提高旅游业的管理水平和服务质量。标准化作为一项技术性基础工作，渗透于旅游行业宏观管理、服务质量、基础设施设备要求，以及旅游创新等诸多方面。这些标准为保持行业增长、规范市场、提高管理水平、服务各类型游客提供了科学技术依据。另外，标准化还能帮助旅游业树立行业管理的权威，并拓展行业管理的范围。

具体来说，标准化管理在以下几个方面具有重要意义：

（1）提高旅游业的服务质量。标准化管理要求旅游企业提供标准化的服务，包括住宿、餐饮、交通、景点游览等多个方面。这可以确保游客在旅行的过程中享受到相同水平的服务，提高游客的满意度和忠诚度。

（2）促进行业的规范化发展。标准化管理为旅游业设定了统一的标准和规范，使各个旅游企业能够按照相同的规则进行经营和管理。这有助于避免行业内的乱象和不规范行为，推动旅游业健康有序发展。

（3）提升行业整体形象。通过标准化管理，旅游行业的整体形象得以提升。这不仅有助于提高国内旅游业的声誉，还能增强国际竞争力，吸引更多的国内外游客前来旅游。

（4）推动旅游创新。标准化管理鼓励旅游企业在提供服务的过程中寻求创新，以符合标准化的要求。这有助于推动旅游业的创新发展，不断推出新的旅游产品和服务，满足游客的多样化需求。

二、我国旅游标准化管理规定

为贯彻党的二十大精神，落实《国家标准化发展纲要》要求，进一步规范文化和旅游标准化工作，充分发挥标准化对行业高质量发展的引领和支撑作用，文化和旅游部制定了《文化和旅游标准化工作管理办法》。本办法所称标准是指文化和旅游领域需要统一的技术要求，包括国家标准、行业标准、地方标准、团体标准和企业标准。国家标准可分为强制性标准、推荐性标准。

文化和旅游国家标准的管理按照《国家标准管理办法》《强制性国家标准管理办法》执行。对文化和旅游行业范围内保障人身健康与生命财产安全、国家安全、生态环境安全及满足经济社会管理基本需要的技术要求，应当制定强制性国家标准，按照程序报国务院批准发布或授权批准发布。对满足基础通用、与强制性国家标准配套、对文化和旅游行业起引领作用等需要的技术要求，可以按照程序报国务院标准化行政主管部门制定推荐性国家标准。

文化和旅游行业标准的管理按照《行业标准管理办法》和本办法执行。对没有推荐性国家标准、需要在文化和旅游行业范围内统一的技术要求，可以制定文化和旅游行业标准。文化和旅游行业标准是文化和旅游部依据行政管理职责，围绕重要产品、工程技术、服务和行业管理需求组织制定的公益类标准。

文化和旅游行业标准的技术要求不得低于强制性国家标准的相关技术要求，应当与现行相关国家标准和行业标准相协调。跨部门、跨行业的技术要求不应当制定文化和旅游行业标准。禁止利用行业标准实施妨碍商品、服务自由流通等排除、限制市场竞争的行为。文化和旅游行业标准原则上应当有明确的组织实施的责任主体。

（1）科技教育司每年公开征集文化和旅游行业标准计划项目建议，经立项评审、征求相关单位意见后，下达行业标准计划。计划下达后应当按照确定的项目名称、期限等执行，原则上不做调整；确须调整的，按规定程序审批或备案后执行。

（2）文化和旅游行业标准起草单位应当按照规范的格式、体例和相关要求起草标准文本，起草单位和技术委员会应当广泛征求意见。

（3）文化和旅游行业标准征求意见完成后，经技术委员会审查形成报批材料。未通过审查的项目，起草单位应当在规定期限内修改完善并再次提交审查；或者根据审查结论，通过技术委员会提出调整或终止项目计划的建议，报科技教育司审核。

（4）文化和旅游行业标准报批材料经审核后，由科技教育司征求相关单位意见，报文化和旅游部批准发布，按程序编号、出版。行业标准的编号由行业标准代号、标准发布的顺序号及年份号组成。文化行业标准代号为WH，旅游行业标准代号为LB。

（5）文化和旅游行业标准发布后按照要求报送国务院标准化行政主管部门备案。

文化和旅游地方标准的管理按照《地方标准管理办法》等相关规定执行。为满足地方自然条件、风俗习惯等涉及文化和旅游行业的特殊技术要求，地方文化和旅游行政部门可以提出或参与制定文化和旅游地方标准。

文化和旅游团体标准的管理按照《团体标准管理规定》执行。学会、协会、商会、联合会、产业技术联盟等依法成立的社会团体，可以协调相关市场主体共同制定满足市场和创新需要、符合国家有关产业政策、高于推荐性标准技术要求的文化和旅游团体标准。各级文化和旅游行政部门会同有关部门对团体标准进行规范和引导，促进团体标准优质发展。

文化和旅游企业标准的管理按照《企业标准化管理办法》执行。文化和旅游相关企业可以制定高于推荐性标准技术要求的文化和旅游企业标准。

文化和旅游国家标准、行业标准、地方标准发布后，各级文化和旅游行政部门、相关技术委员会应当开展标准宣传，做好标准解读。鼓励企事业单位和相关社会组织开展文化与旅游标准的宣传及业务交流。企事业单位和相关社会组织是标准实施的主体，应当严格执行强制性标准，积极采用推荐性标准。各级文化和旅游行政部门依据职责组织标准实施，符合条件的可以通过开展评定、评价等方式推动标准应用。

三、我国旅游行业相关标准文件

我国现行旅游行业相关标准文件见表9-1。

表 9-1　我国旅游行业相关标准文件

标准类型	具体文件名称	备注
国家标准	《旅游资源分类、调查与评价》（GB/T 18972—2017）	
	《导游服务规范》（GB/T 15971—2023）	
	《导游等级划分与评定》（GB/T 34313—2017）	
	《旅游饭店星级的划分与评定》（GB/T 14308—2023）	
	《旅游区（点）质量等级的划分与评定》（GB/T 17775—2003）	
	《旅游度假区等级划分》（GB/T 26358—2022）	
	《旅游民宿基本要求与等级划分》（GB/T 41648—2022）	
	《旅游业基础术语》（GB/T 16766—2017）	
	《旅游客车设施与服务规范》（GB/T 26359—2010）	
	《旅游景区可持续发展指南》（GB/T 41011—2021）	

续表

标准类型	具体文件名称	备注
行业标准	《绿色旅游饭店》（LB/T 007—2015）	
	《旅行社安全规范》（LB/T 028—2013）	
	《导游领队引导文明旅游规范》（LB/T 039—2015）	
	《旅游休闲示范城市》（LB/T 047—2015）	
	《旅游特色街区服务质量要求》（LB/T 024—2013）	
	《滑雪旅游度假地等级划分》（LB/T 083—2021）	
地方标准	《乡村旅游服务基本规范》（DB23/T 3377—2022）	黑龙江省
	《全域旅游示范区导览体系建设规范》（DB32/T 4265—2022）	江苏省
	《研学旅游示范基地建设规范》（DB32/T 4362—2022）	江苏省
	《温泉旅游服务质量规范 温泉标识使用》（DB61/T 1616—2022）	陕西省
	《文化旅游体验基地评定规范》（DB11/T 2119—2023）	北京市
团体标准	《红色旅游导游服务规范》（T/GTGA 0001—2022）	广州市 导游协会
	《研学旅行基地（营地）设施与服务规范》（T/CATS 002—2019）	中国旅行社协会

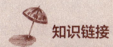 **知识链接**

《滑雪旅游度假地等级划分》标准颁布

为贯彻落实习近平总书记关于"冰天雪地也是金山银山"重要指示精神，落实《冰雪旅游发展行动计划（2021—2023年）》有关工作任务，助力北京冬奥会举办，加大冰雪旅游产品供给，推动冰雪旅游高质量发展，更好满足人民群众冰雪旅游消费需求，推动实现"带动三亿人参与冰雪运动"目标，文化和旅游部会同国家体育总局编制的《滑雪旅游度假地等级划分》（LB/T 083—2021）行业标准（以下简称《标准》）颁布实施。

知识拓展：
《滑雪旅游度假地
等级划分》全文

《标准》明确，滑雪旅游度假地为具有良好的滑雪场地资源，满足滑雪场所开发条件，能够满足游客以滑雪运动为主，兼具山地运动、户外运动、康养度假、休闲娱乐等旅游需求的度假设施和服务功能集聚区。《标准》将滑雪旅游度假地划分为国家级滑雪旅游度假地和省级滑雪旅游度假地，对滑雪旅游度假地的空间组成、滑雪旅游资源、规划建设、滑雪旅游设施及配套系统、旅游综合服务、区位交通、其他旅游配套基础设施、管理与安全保障等作出规范。提出应具有地形、生态、气候、区位交通、发展潜力等综合条件优良的滑雪旅游场地资源，且无多发性不可规避的自然灾害风险；具有空间集聚的滑雪场地设施、户外休闲活动设施；以滑雪旅游度假为主，宜开展四季旅游；有一定数量的旅游饭店、特色民宿等住宿接待设施等。

《标准》还对国家级和省级滑雪旅游度假地的认定条件作出具体规定，包括滑雪旅游度假地核心区面积、核心区滑雪旅游场地条件、核心区旅游市场规模与结构、核心区滑雪旅游设备、滑雪旅游综合服务、户外和室内休闲活动及设施、基础设施、核心区智慧旅游系统、旅游综合服务等方面。下一步，文化和旅游部将推动《标准》实施，会同有关部门开展滑雪旅游度假地认定工作。

单元三　旅游统计管理

一、旅游统计工作的内涵

旅游统计工作是实施旅游领域宏观调控和行业管理的重要基础性工作，对于引导各级旅游行政部门进行科学决策，实现有效管理，促进文化和旅游高质量发展有着重要的意义。

我国的旅游研究基本上还处于初期阶段，旅游统计制度的构建、旅游统计研究的深化以及旅游统计教育的实施，也都处于不断完善和发展的过程中。但从我国的旅游发展实践来看，统计学在旅游管理领域中的作用是举足轻重的。

（1）旅游统计是国家对旅游行业研究、管理、监督、引导和控制的信息基础。全国性的旅游统计网络及制度化和非制度化的旅游统计活动，构成了国家旅游信息的基础。借助这些信息，国家可以科学地制定行业发展政策，引导行业发展方向，研究行业运行机制，把握行业发展脉搏。文化和旅游部、国家统计局每年以统计年鉴、调查报告的形式发表的大量统计资料，也是业内外人士了解旅游发展环境的窗口，其宏观意义是不言自明的。

（2）旅游统计是各种旅游企业、事业单位和机构从事业务管理和决策的信息依据。在当今的旅游业发展环境中，激烈的竞争使信息成为企业求生存、求发展的一种宝贵资源。无论是涉外饭店还是普通的旅馆，无论是风景区还是旅行社，无论是外资企业还是国有企业，都面临着如何认识环境和如何应对环境的问题。在这当中，统计学的技术和方法大有用武之地。

（3）旅游统计作为一种个人技能，是旅游从业人员处理各种经营与管理问题的科学手段，标志着一个管理人员所应具备的基本管理素质和能力。现代的很多管理手段和工具，表面看来是独立存在的，但实质上有很多都依赖于我们所具备的统计学功底。计算机软硬件技术的发展，为我们研究经济问题、管理问题和经营问题提供了高效而准确的实现平台。但是，很快我们会发现，对旅游从业人员来说，真正的挑战不只是计算机软硬件的操作，而更多的是对统计学知识的掌握及运用。从这一点看，掌握一定的旅游统计学知识和计算机统计技能对于现代旅游管理人员是非常重要的。

（4）旅游统计学作为统计学的一个应用学科，也是丰富旅游研究方法论、推动旅游学科建设的一个重要学科，旅游统计学对于旅游研究的贡献将是十分明显的。实际上，旅游学研究的各个领域都离不开统计方法的介入。譬如，对旅游经济效应、社会文化效应与环境效应的评估，国内外学者所运用的主要还是统计学方法。因此，旅游管理等专业的统计学教学应该得到充分的认识和重视。

二、我国旅游统计管理办法

为规范文化和旅游统计工作，提高文化和旅游统计数据质量，发挥统计在文化和旅游管理中的重要基础性作用，文化和旅游部制定了《文化和旅游统计管理办法》（以下简称《办法》）。《办法》是对文化和旅游统计工作的总体要求，共分为六章共43条，特别针对当前文化和旅游统计工作中存在的主要问题，重点对统计项目的制定和审批、统计资料的管理和公布、统计人员的设置与培训等一系列内容进行了详细规定。

（1）关于统计数据质量问题。数据质量是统计工作的生命线，是整个统计工作的基础，也是制定《办法》的重要着力点。《办法》从不同角度对统计数据质量提出了要求，也提出了保证统计数据质量的具体措施。

针对统计数据质量不高的问题，《办法》对统计调查对象、统计机构和统计人员的职责分别提出了明确的要求。"各类文化和旅游统计调查对象应当依照统计法律法规和本办法的规定，真实、准确、完整、及时地提供文化和旅游统计调查所需的资料，不得提供不真实或者不完整的统计资料，不得迟报、拒报统计资料"（第二十五条）。

"各级文化和旅游行政部门、从事文化和旅游活动的单位的负责人不得自行修改统计机构和统计人员依法搜集、整理的统计资料，不得以任何方式要求统计人员及其他机构、人员伪造、篡改统计资料，不得对依法履行职责或者拒绝、抵制统计违法行为的统计人员打击报复"（第十八条）。

"各级文化和旅游行政部门统计人员应当具备与其从事文化和旅游统计工作相适应的专业知识和业务能力。坚持实事求是，恪守职业道德，对其负责搜集、审核、录入的统计资料与统计调查对象报送的统计资料的一致性负责"（第十七条）。

对于如何保证统计数据质量，《办法》规定："各级文化和旅游行政部门应当建立健全文化和旅游统计调查数据质量控制体系，加大对源头数据的审核和评估力度，保证数出有源、数出有据"（第二十七条）。

"各级文化和旅游行政部门应当积极沟通同级人民政府统计机构和有关行业部门，探索建立重要核心数据会商评估机制，加强与其他相关领域数据的比对和印证"（第二十八条）。

（2）关于统计机构和人员问题。统计机构健全，统计人员完整是开展统计工作的基本要求。针对当前统计力量薄弱的问题，《办法》从多个角度做了规定。主要条款有：

在"总则"中对统计机构和人员提出整体要求，明确指出："各级文化和旅游行政部门应当加强对文化和旅游统计工作的领导，健全统计机构，充实统计人员，加强统计人员的专业培训和职业道德教育"（第五条）。

从文化和旅游部财务司、文化和旅游部承担统计工作的有关业务机构与地方文化及旅游行政部门三个维度，对统计机构和统计人员的设置做了较为详细的规定。

"文化和旅游部财务司作为文化和旅游部设立的综合统计机构，承担文化和旅游综合统计职能，归口管理全国文化和旅游统计工作。"

"文化和旅游部承担统计工作的有关业务机构，设置统计岗位，配备统计人员，负责业务领域范围内的统计工作。"

"各级文化和旅游行政部门负责管理和组织协调本行政区域内的文化和旅游统计工作，设置统计机构，配备统计人员（其中省级应当配备专职统计人员），在业务上受上级文化和旅游行政部门和同级人民政府统计机构指导"（第九条）。

针对统计人员素质不高、变动频繁，影响数据质量的问题，《办法》也做了相应的规定，要求"地方各级文化和旅游行政部门应当明确主管统计工作的职能部门，选配具有统计专业知识的人员从事文化和旅游统计工作"（第十三条）。

"从事文化和旅游活动的企事业单位和其他组织应当根据统计任务需要设置统计工作岗位，配备专兼职统计人员，依法开展统计工作"（第十四条）。

"各级文化和旅游行政部门统计人员应保持相对稳定，统计人员因工作需要调离统计岗位时，应选派有能力承担统计工作的人员接替，办清交接手续，并及时告知上级文化和旅游行政部门"（第十九条）。

（3）关于统计工作规范问题。统计工作是一项规范性很强的工作。没有规范的统计工作，就没有准确的统计数据。《办法》本身就是对统计工作规范化的要求。其中第二章"统计机构和统计人员"规范了文化和旅游统计机构的设置和职能、统计人员的配备和职责、综合统计机构和业务统计机构的职责分工等。第三章"统计调查管理"规范了调查方案设计、调查工作开展等文化和旅游统计调查工作流程。第四章"统计资料管理和公布"，重点规范了统计资料（数据和信息）的审定、发布、使用、归档等。

（4）关于统计工作监督检查问题。后期督察是保证统计工作和统计数据质量的重要手段。《办法》规定："各级文化和旅游行政部门依法对下级文化和旅游行政部门、文化和旅游统计调查对象的统计工作进行监督检查。统计检查的内容包括：统计法律法规和规章制度的执行情况，统计机构和统计人员的配置情况，统计经费和统计工作设备配置保障情况，统计数据报送质量情况，统计资料的管理和公布情况，以及其他与统计工作有关的情况"（第三十七条）。

三、我国旅游统计调查制度

1.《全国假日旅游统计调查制度》

本制度中统计报表的测算内容，主要包括国内游客出游总人次、旅游总收入，人均每次花费等内容。本制度中短信调查的内容，主要包括国内游客出行目的和旅游花费等内容。本制度基于位置数据测算和精准短信推送调查相结合的方式，按随机方法抽选样本。

2.《全国文化文物和旅游统计调查制度》

文化和旅游部制定的《全国文化文物和旅游统计调查制度》，是根据《中华人民共和国统计法》及其实施条例，对全国文化和旅游部门主办或实行行业管理的各类文化和旅游企事业单位定期进行全面报表调查，并对国内和港澳台游客、入境游客开展抽样调查的统计调查制度。本制度中统计报表采用全面调查的方式，对国内和港澳台游客及入境游客采取问卷抽样调查方式。

3.《国有林场、林草种苗及森林公园森林旅游统计调查制度》

为落实中共中央、国务院关于发展好国有林场、林草种苗及森林公园、森林旅游的通知要求，有效推动国有林场、林草种苗和森林公园、森林旅游事业的持续、健康发展，保障对国有林场、林草种苗和森林公园、森林旅游行业管理和业务指导有可靠、科学的依据，切实履行林业和草原主管部门的职责，建立有序的工作制度，特制定本调查制度。森林公园调查内容为各级森林公园年度建设经营的主要指标，包括森林公园收入情况、投资情况、环境建设情况、从业人员现状、基础设施现状。森林旅游调查内容为各类自然保护地以及其他森林旅游地年度主要指标，包括游客量、直接旅游收入、从业人员数量、接待能力等。

📊 模块小结

旅游政策是国家和最高旅游行政管理部门为实现一定时期内的旅游发展目标，根据旅游发展的现状水平和社会经济条件而制定的行动准则。旅游法律法规是指由国家制定或认可，体现发展旅游业的意志，以国家强制力保证实施的涉及旅游活动的行为准则。旅游业标准化管理的意义在于确保旅游行业的规范化和专业化，提高旅游业的管理水平和服务质量。旅游统计工作是实施旅游领域宏观调控和行业管理的重要基础性工作，对于引导各级旅游行政部门进行科学决策，实现有效管理，促进文化和旅游高质量发展有着重要意义。本模块的知识结构如图 9-1 所示。

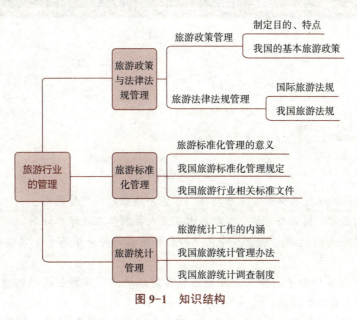

图 9-1　知识结构

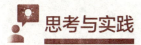 思考与实践

1. 旅游政策与旅游法律法规有哪些区别与联系？

2. 以小组为单位，调查当地的旅游政策，相关法规、标准，以及有关行业的实施情况，进行分析，并形成调查报告。

模块十　旅游行业的前沿

🎯 学习目标

➤ 知识目标

1. 了解全域旅游的发展背景、本质特征，掌握全域旅游的发展模式。
2. 熟悉定制旅游的内涵与发展、定制旅游从业人员的标准及培养计划。
3. 了解智慧旅游的起源、概念、特点，熟悉智慧旅游的应用场景，掌握我国智慧旅游的发展目标。
4. 了解红色旅游的概念、意义，熟悉红色旅游的特点，掌握红色旅游资源的基本类型，以及我国红色旅游的发展状况。
5. 理解"旅游+"与"+旅游"的内涵，掌握我国"旅游+"与"+旅游"的模式。

➤ 能力目标

1. 能够结合具体案例，分析全域旅游的发展模式。
2. 能够结合具体案例，分析定制旅游的特点及对从业人员的要求。
3. 能够结合具体案例，分析智慧旅游的应用方式。
4. 能够结合具体案例，分析红色旅游的特点及类型。
5. 能够通过调查，掌握我国"旅游+"与"+旅游"模式的具体应用。

➤ 素养目标

1. 培养学生理论联系实际的逻辑思维能力。
2. 培养学生对旅游行业的自信心，以及对我国旅游行业现状的自豪感。
3. 培养学生的创新意识和创新精神。

案例导学

"旅游+扶贫"成海南扶贫亮点

　　一直以滨海旅游引领中国度假风尚的海南旅游，"通过发展乡村旅游，能够让旅游发展惠及更多海南乡亲。而海南'旅游+扶贫'也成为海南扶贫亮点，越来越多的海南乡亲通过旅游脱贫致富。"作为主办方，海南省旅游和文化广电体育厅相关负责人表示，在全域旅游建设大背景下，未来将进一步加强乡村旅游发展。

据了解，2018年以来，海南以实施乡村旅游扶贫和开展精准帮扶为主要路径，深入挖掘贫困地区乡村旅游发展潜力，因地制宜发展乡村旅游，旅游扶贫开发工作成效凸显。"旅游＋扶贫"模式也成为海南扶贫众多队伍的中坚力量，围绕可持续脱贫发力，通过景区带村、民宿兴村、能人带户等模式，采取旅游产业招商、旅游定向就业、设置旅游扶贫销售点、打造旅游扶贫商品、开展旅游消费扶贫、举办乡村旅游培训、旅游扶贫线路宣传推广等多种方式，带动贫困群众不仅在家门口实现再就业，还能在家门口发展土特产与手工制品销售、乡村民宿、农家乐等旅游产业。

思　考：什么是全域旅游？现在旅游行业有哪些新类型？

单元一　全域旅游

全域旅游是指将一定区域作为完整旅游目的地，以旅游业为优势产业，进行统一规划布局、公共服务优化、综合统筹管理、整体营销推广，促进旅游业从单一景点景区建设管理向综合目的地服务转变，从门票经济向产业经济转变，从粗放低效方式向精细高效方式转变，从封闭的旅游自循环向开放的"旅游＋"转变，从企业单打独享向社会共建共享转变，从围墙内"民团式"治安管理向全面依法治理转变，从部门行为向党政统筹推进转变，努力实现旅游业现代化、集约化、品质化、国际化，最大限度地满足大众旅游时代人民群众消费需求的发展新模式。

一、全域旅游的发展背景

1. 全域旅游是我国经济社会发展到一定阶段的必然产物

改革开放至今，我国经济社会发展已由"短缺型"社会进入到"富足型"社会阶段，由"生产型"经济过渡到"消费型"经济阶段，由"定居"为主的生活形态演化到"定居""移居"并行的生活形态阶段，这些变化势必催生全新的消费形态。旅游消费成为消费型经济、富足型社会、移居生活形态的重要表征。随着人们可自由支配时间和可自由支配收入的增加、移动性的增强及信息技术的发达，旅游已毫无争议地成为一种常态化的生活方式，由社会生活的非必需品变成必需品。传统的旅游发展只是社会部分群体的贵族消费，如今旅游已经发展为社会几乎所有群体的大众消费。在我国经济社会快速深入发展的背景下，无论是旅游消费的规模，还是旅游消费的质量；无论是旅游消费的理念，还是旅游消费的形式；无论是旅游消费的广度，还是旅游消费的深度都发生了迅速而巨大的变化。为了满足这种消费需求变化，适应这种经济社会发展趋势，全域旅游应时而生，以一种内涵更深、质量更高、目标更远的模式来统领未来旅游业的发展。

2. 全域旅游是我国旅游需求发展到一定阶段的必然产物

传统的观光旅游阶段，"吃、住、游"一直是我国旅游发展的主导元素。在旅行社团队组织下，"游"无疑取代了整个旅游活动，其他的要素作为补充往往不太被重视，或者所占比例相当有限，导致我国旅游发展一直是以景区景点建设为核心的现状，吃、住、行、购、娱等要素作为配套内容建设不足。我国已经进入大众旅游时代，自助旅游、自驾旅游逐渐取代团队旅游成为主要的旅游组织形式，这是需求力量进一步释放的表现。随着经济富裕、闲暇宽松、技术发达、市场完善、主体觉醒，我国旅游需求力量更强大、形态更分散、类型更多样、质量更高端、变化更迅速，这就需要有新的旅游发展理念和模式来满足。全域旅游是对旅游本质内涵的自然回归，是对旅游要素的完整呈现，是对旅游产业链条的贯通整合，是对旅游需求的有效满足。

3. 全域旅游是我国旅游发展改革创新、转型提质的必然要求

我国旅游发展经历了 30 多年历程，旅游活动已经由"观光旅游为主"阶段进入到"观光旅游、休闲度假旅游并重"阶段，旅游产业、旅游市场、旅游产品、旅游管理、旅游政策系统建设已经基本成型。然而，我国旅游发展几十年来积累的顽疾也越发严重。旅游经济发展还处于粗放低效阶段，旅游产业结构有待优化、旅游市场水平有待提高、旅游资源有待活化、旅游业态有待创新、旅游管理有待细化、旅游政策制度有待完善；旅游社会发展处于普遍素质偏低的阶段，旅游者的文明素质还有待提升、旅游社区居民包容心理还有待增强、旅游专业审美教育还有待推进；旅游政治发展处于整体地位不高的阶段，管理的体制机制束缚亟待解决。全域旅游提出：要发挥产业优势，通过对旅游资源、相关产业、生态环境、公共服务、体制机制、政策法规、文明素质等进行全方位、系统化的优化提升，实现区域资源有机整合、产业融合发展、社会共建共享，这些是对我国旅游经济、社会、政治发展现有不足的全面反思和系统总结，是我国旅游改革创新、转型提质发展的必然要求。

二、全域旅游的本质特征

1. 全域旅游的全局性

全域旅游具有全局性的特征，"全"即"全局性"。首先，全局性体现在旅游发展视角的全局性。在新的历史时期，旅游业不再只是简单意义上的单个产业的发展，因其具有的关联性大、综合性强的天然特性，旅游业已经事关区域经济社会的整体发展，已经成为"调结构、惠民生、稳增长"的优势产业。因此，全域旅游发展是站在区域经济社会发展全局的高度，通过发挥产业优势，对区域内经济社会资源尤其是旅游资源、相关产业、生态环境、公共服务、体制机制、政策法规、文明素质等进行全方位、系统化的优化提升。其次，全局性也体现在旅游发展要素视角的全局性，落实到旅游经济社会发展层面，全域旅游提出，要打破以单一景区景点建设为核心，以观光旅游要素为主的景点旅游发展传统封闭观念，向"吃、住、行、游、购、娱"传统六要素和"商、养、学、闲、情、奇"新六要素并行发展的综合目的地统筹发展的全局性观念转变；由"旅游业一个部门单打独斗式的散兵发展"向"全社会多个部门有机合作式的全局发展"转变。最后，全局性还体现在旅游发展管理视角的全局性，全域旅游是对旅游发展的资源配置、产业发展、市场结构、组织运作、制度安排、体制机制、基础设施、公共服务、保障措施等多个方面的全盘统筹考虑，是建立适合旅游业发展特点的复杂管理系统，以满足旅游业发展的复杂性特征。

2. 全域旅游的空间性

全域旅游具有空间性特征。"域"即空间性，是指在一定区域范围内系统发展旅游业，这与旅游活动的异地性和移动性本质特征紧密关联。一方面，我们应该深刻地认识到传统的"点式"旅游发展空间模式使得旅游活动在空间上呈现出"飞地"困境，导致旅游的空间流畅性和贯穿性受阻，狭窄的"点式"空间范围束缚了旅游活动、旅游产业、旅游管理的发展，亟须在区域范围将旅游做"面式"扩展，使旅游要素建设渗透到区域的全部空间范围，使旅游产业扩展到区域的全部空间范围，使旅游基础设施辐射区域的全部空间范围，使旅游管理覆盖区域的全部空间范围，保障旅游空间移动性；另一方面，我们应该明白全域旅游并非在我国全部地理

空间范围内发展旅游，不是旅游发展的空间大跃进，不是旅游发展的空间全覆盖。缪达尔"地理二元经济结构"理论告诉我们，空间均衡发展不符合区域经济发展的实际情况、均衡和非均衡是区域经济发展的内在动力。全域旅游的空间性界定了发展的区域空间边界，这就保证了旅游业发展不会突破区域经济发展的地理范围，避免了盲目追求空间绝对均衡化而导致区域经济增长无效的后果。

3. 全域旅游的带动性

全域旅游具有带动性特征。"带动性"，即旅游产业对经济社会协调发展的促进作用。这是旅游产业发展到我国经济新常态阶段的产物，也是旅游业的产业优势和综合实力的集中体现。旅游业是最具创造活力的产业形态，是最容易实施创新发展理念的产业领域，是贯彻落实我国社会经济"创新、协调、绿色、开发、共享"新发展理念的重要体现。以旅游业作为区域发展的优势产业和核心动力，并引领和带动整个区域经济社会的改革创新、转型升级发展，促进区域经济社会的协调发展，这种带动性不仅体现在产业经济的带动性，还体现在社会文化的带动性；不仅体现在单个产业发展的带动性，还体现在多个产业融合发展、多个事业多元发展的带动性；不仅体现在绿色增长方式的带动性，还体现在社会治理方式的带动性；不仅体现在优化调整的带动性，还体现在改革创新的带动性。

4. 全域旅游的整合性

全域旅游具有整合性特征。"整合性"，即旅游发展对社会经济各类资源的整合运用。全域旅游发展，一是需要整合区域的生产要素资源，发挥市场在资源配置中的决定性作用，整合资本、劳力、土地、技术、信息等现代生产要素资源，提高生产效率；二是需要整合区域的产业资源，发挥产业自身在发展过程中的融合性作用，整合旅游业与第一、二、三产业的资源，促进产业融合发展；三是需要整合区域的社会管理要素资源，发挥政府在社会管理中的引导作用，整合部门职能、体制机制、政策法规、公共服务、社会参与等社会管理要素资源，提高公共管理效率。

5. 全域旅游的共享性

全域旅游具有共享性特征。"共享性"，即旅游发展成果要惠及广大人民群众，这是全域旅游发展的重要特征。旅游发展起源于人的旅游需求，最终要回归以人为本的价值原点。经过 30 多年的发展，我国旅游经济总量得到了巨大增长，2015 年旅游经济总量突破 4 万亿元，接待游客超 41 亿人次。近年来，我国在世界上的旅游地位得到了实质性的提升和巩固。然而，我国旅游业发展还处在以资本投资回报为主，企业利润最大化的阶段，旅游发展的红利只被涉旅企业及部分群体享用，尚未惠及更多社会主体，这是旅游发展共享性不够的重要反映。全域旅游发展就是要致力于实现全社会共建共

知识拓展：
全域旅游"好看"
更让游客"看好"

享，通过全域旅游推动和助力我国扶贫战略目标，使广大群众在旅游发展中真正受益，这是对我国旅游业现阶段发展不足的深刻反思，是实现旅游发展社会效益最大化的必然要求，也是共享性的深刻体现。

三、全域旅游的发展模式

全域旅游的发展模式是指在一定区域内，以旅游业为优势产业，通过对旅游资源、旅游产业、旅游功能和旅游空间进行全面优化与提升，实现区域内的旅游产业升级和经济社会发展的模式。以下是几种常见的全域旅游发展模式。

1. 龙头景区带动型

龙头景区带动型依托龙头景区作为吸引核和动力源，按照全域旅游的要求，围绕龙头景区部署基础设施和公共服务设施，围绕龙头景区配置旅游产品和景区，调整各部门服务旅游、优化环境的职责，形成"综合产业综合抓"的工作机制，推进"景城一体化发展"。例如，湖南张家界，以张家界国家森林公园、天门山等龙头景区为核心，推进"景城一体化发展"，打造全域旅游品牌。

2. 城市全域辐射型

城市全域辐射型以城市旅游目的地建设为重点，全面加快旅游公共服务设施建设，提升旅游服务水平。以城市文化、特色和建设风貌等为依托，开发多样化的城市旅游产品，打造城市旅游品牌，形成"城市就是景区、景区就是城市"的新格局。例如，辽宁大连，以大连市为旅游目的地，以城市旅游为主体，以海洋旅游为特色，打造了包括海岛旅游、温泉旅游、乡村旅游等多种旅游产品，形成了全域旅游发展的新格局。

3. 全域景区发展型

区域景区发展型是将区域整体打造成一个景区，以景区的标准统领区域内旅游开发建设，围绕景区的发展思路和要求对区域内的各类旅游资源进行整合优化和开发，实现全域内景区间的有效连接和互动，形成全域景区的发展格局。例如，浙江桐庐是一个全域景区的发展典范，整个县域就是一个大景区，全县 20 余个景区景点镶嵌其中，形成了"处处是景、时时见景"的全域旅游格局。

4. 特色资源驱动型

特色资源驱动型依托区域内独特的自然、人文、历史等资源，深入挖掘开发特色旅游资源，推动旅游与相关产业深度融合，形成以特色资源为依托的旅游产业链，促进全域旅游发展。例如，甘肃敦煌以莫高窟为代表的世界文化遗产是敦煌特色资源的核心，同时，还有鸣沙山、月牙泉等自然景观及民俗文化等，形成了特色资源驱动型的旅游发展模式。

5. 产业深度融合型

产业深度融合型以旅游业为龙头产业，推动旅游业与农业、工业、文化、体育等相关产业深度融合，形成多种产业融合发展的新业态，丰富旅游产品和服务供给，提升全域旅游的发展水平和综合效益。例如，贵州省依托旅游与扶贫的深度融合，通过建设美丽乡村＋整村脱贫、互联网＋旅游扶贫、民族文化＋旅游扶贫等模式，实现了全域旅游的产业深度融合发展，推动了脱贫攻坚和乡村振兴。

知识链接

国务院办公厅印发《关于促进全域旅游发展的指导意见》

国务院办公厅 2018 年 3 月印发的《关于促进全域旅游发展的指导意见》要求，发展全域旅游要落实好八个方面重点任务。一是推进融合发展，创新产品供给。做好"旅游＋"，推动旅游与城镇化、工业化以及商贸业、农业、林业、水利等融合发展。二是加强旅游服务，提升满意指数。以标准化提升服务品质，以品牌化提升满意度，推进服务智能化。三是加强基础配套，提升公共服务。扎实推进"厕所革命"，构建畅达便捷交通网络。四是加强环境保护，推进共建共享。推进全域环境整治，大力推进旅游扶贫和旅游富民。

五是实施系统营销，塑造品牌形象。把营销工作纳入全域旅游发展大局，坚持以需求为导向，实施品牌战略。六是加强规划工作，实施科学发展。将旅游发展作为重要内容纳入经济社会发展规划和城乡建设等相关规划中，完善旅游规划体系。七是创新体制机制，完善治理体系。推进旅游管理体制改革，加强旅游综合执法，创新旅游协调参与机制。八是强化政策支持，认真组织实施。进一步加强财政金融、用海用地、人才保障和专业支持，优化全域旅游发展政策环境。

单元二　定制旅游

一、定制旅游的内涵与发展

定制旅游是一种根据旅游者的需求和喜好，以旅游者为主导进行旅游行动流程的设计，完全为旅游者量身定制的旅行方式。这种旅行方式的特点在于，旅游者可以自己任意安排出行时间，选择自己喜欢的酒店，乘坐自己喜欢的车辆，去自己想去的地方，吃自己喜欢的东西，玩自己感兴趣的项目，只要旅游者有想法，定制游都将竭尽全力满足其要求，真正做到随心所欲。

相比传统旅游模式，定制旅游更加个性化和自由化，旅游者可以按照自己的意愿和需求去旅行，不再受到固定行程和安排的限制。这种旅行方式也更加注重旅游者的体验和感受，能够使旅游者更加深入地了解当地的文化、风俗和人文环境，同时，也能够享受到更加贴心和个性化的服务。

近年来，定制旅游逐渐走入大众视野，成为日益受到游客青睐的旅游方式。定制旅游不能与高端旅游画等号，旅游定制师需要根据游客的预算，为其"量身定制"，匹配相应的旅游资源。行业报告显示，定制旅游的用户不只是局限于大城市，价格门槛也在降低。定制旅游走向大众，得益于众多市场主体的进入，未来也需要建立更多的行业标准和权威的第三方评价机制。

知识拓展：
定制旅游是如何走向大众的？

二、定制旅游从业人员

定制旅游离不开专业定制师、旅行顾问等专业人才。这种被称作"旅游定制师"的新兴职业正在成为旅游市场的香饽饽。

旅游定制师与导游有什么区别？通俗来讲，导游是带游客到处玩的，旅游定制师是给游客的旅程做规划的。旅游定制师最重要的工作是按照客人的需求合理规划行程。让客人满意的定制服务，从事无巨细的沟通开始。"客人想去哪个目的地？大概什么时候出发？带老人或孩子吗？有没有特殊需求？必须去哪个景点？"即使都是带孩子，带3岁孩子的家庭和带10岁孩子的家庭，出游需求也各有侧重。掌握的信息越丰富，越能够抓住客人的关键诉求，为他们设计出最对路的产品。

1. 旅游定制师相关标准

为了规范旅游定制师职业，提高定制旅游的服务质量，2020年9月，中国旅行社协会标准管理委员会批准发布了《旅游定制师等级划分与评定》团队标准。该标准对"旅游定制师""定制旅游产品"等相关术语进行了明确定义。对"旅游定制师"进行了等级划分，对初级、中级、高级三级"旅游定制师"的任职资格、知识要求和技能水平提出了相应的要求。同时，建立"旅游定制师"退出机制，不同等级旅游定制师评定结果的有效期为 2 年，并依据职业发展情况和相应的知识技能更新，进行重新评定和复核。

2. 旅游定制师企业培养计划

2018 年，作为目前国内最大的定制游平台，携程定制旅行还颁出了国内首张定制师上岗证，同时获取发布了"携程定制师认证体系"和"社会化定制师培养计划"，并推出携程定制学院。

携程定制平台颁发的定制师上岗证需要经过严格考试，并且不是永久有效的。获取上岗证一共需要通过 5 门考试，每门 60 分合格。通过后也不是高枕无忧，在定制师服务期间有近 70 个监控点来追踪及时性、态度技巧、方案报价、资源预订、行中服务等环节，对违规的定制师实施积分扣分制度，分数扣完，定制师上岗证就会被吊销，需要重新培训考试才能再次获取，二次吊销者将进入平台"黑名单"，无法上岗。特别是对服务客户态度差造成重大投诉、服务失信等行为，考核采取"零容忍"的态度。除了持证上岗，定制师们还可以逐级提升自己的业务能力。携程定制师岗位有分级认证体系，初、中、高三个级别对应不同的职业要求，越是高级别的定制师，在平台上也能获得更好的展示和推荐机会。

知识拓展：城市漫游，"远方"就在眼前

携程定制旅行还推出社会化定制师培养计划。无论是热爱旅行的背包客、熟知某地的当地达人、旅游从业者还是只拥有旅行梦想的人，都有机会考取定制师上岗证，成为一名专业的旅游定制师。

单元三　智慧旅游

一、智慧旅游的起源及概念

"智慧旅游"的概念起源于 2008 年美国 IBM 公司首次提出的"智慧地球"（Smart Planet）的战略构想。该战略构想以一种更智慧的方法，通过利用新一代信息技术改变政府、公司和人们交互的方式，以便提高交互的明确性、效率、灵活性和响应速度。随着地球体系智能化的不断发展，智慧的电力、智慧的交通、智慧的医疗、智慧的食品、智慧的银行、智慧的石油等相继成为各行业发展的目标，智慧化成为人类社会继工业化、电气化、信息化之后的又一次深刻变革。在这种背景下，智慧旅游也相应而生。

在我国，智慧旅游的概念最早由江苏省镇江市在 2010 年提出，当时镇江市结合物联网、云计算等新一代信息技术，着手打造"智慧旅游"品牌。这一品牌的建设包括智慧旅游政务、智慧旅游公共服务和智慧旅游产业三个部分，涉及旅游者、旅游企业和政府管理部门三个方面的内容。2014 年 8 月，国务院颁布《国务院关于促进旅游业改革发展的若干意见》，明确提出加快旅游基础设施建设，包括加快智慧景区、智慧旅游企业建设，以及完善旅游服务体系，制定旅游信息标准化等内容，并提出了明确的时间进度。此后，智慧旅游逐渐成为我国旅游业发展的新趋势。

所谓智慧旅游，是指一种以物联网、云计算、大数据、空间地理信息集成等技术为基础，对旅游资源、旅游经济、旅游活动、旅游者等方面进行智能感知、分析和处理的旅游形态。它以游客为中心，以信息技术为手段，以旅游信息的获取、处理和发布为主要内容，为游客提供更加智能、便捷、个性化的旅游服务。

二、智慧旅游的特点

智慧旅游具有以下几个特点。

1. 智能化

智慧旅游以互联网、云计算、物联网、大数据等新技术为支撑，实现了旅游信息的智能感知、分析和处理，为游客提供更加智能化、个性化的旅游服务。

2. 人性化

智慧旅游以游客为中心，以满足游客的个性化需求为出发点，提供了更加人性化、便捷的旅游服务，提高了游客的旅游体验和满意度。

3. 高效化

智慧旅游利用先进的技术手段，提高了旅游行业的管理效率和运营效率，减少了人力成本和管理成本，为旅游企业带来了更大的商业价值。

4. 环保化

智慧旅游在旅游景区的智能化改造和升级过程中，注重环保和可持续发展，促进了旅游与自然的和谐共生。

5. 全球化

智慧旅游以互联网和全球化的发展为背景，实现了全球旅游资源的共享和交流，为旅游产业的发展提供了更广阔的空间和机会。

这些特点使智慧旅游在提高旅游服务水平、推动旅游产业发展方面发挥了重要的作用。同时，智慧旅游的建设也需要各方合作，包括政府、旅游企业、技术提供商、游客等，共同推动智慧旅游的发展和应用。

三、智慧旅游的应用场景

1. 智慧旅游营销

运用大数据、人工智能、云计算等技术，收集游客的分类、规模、结构、特征、兴趣爱好、消费习惯等信息，通过游客画像分析，确定市场开发方向和锁定消费客群。同时，采用线上线下相结合的营销方式，向目标市场和目标客群精准推送相关旅游产品信息，提高营销效果。

2. 智慧旅游服务

运用 AR、VR、MR、裸眼 3D、4D/5D、全息投影等技术，结合环绕式音响、多通道同步视频、高清立体显示等设备，创新内容表达形式，打造虚拟场景、多维展陈等新型消费业态，丰富数字旅游产品的优质供给。通过智能感应设备，实现周边旅游厕所的导航功能，并对厕所进行智能管理。

3. 智慧酒店入住

运用 5G、大数据、物联网、传感、生物识别等技术，采用非接触式等快捷自助服务设备，为游客提供身份证扫描、人证对比、核对订单、确认入住、票据打印、自助续住、房卡发放回收、一键退房等服务，实现酒店管理

知识拓展：全国首批"5G+智慧旅游"应用试点项目公示！

系统、公安登记系统、门禁系统、在线预订平台等多个系统的数据协同。该场景可以帮助游客在酒店实现快速入住，提升游客入住体验。

4. 智慧安全监管

运用 5G、大数据、云计算、物联网、人工智能、图像识别、地理信息系统（GIS）、智能视频监控等技术，在出入口、集散地、重要游览点、休憩服务场所、交通枢纽地带、事故易发地、环境保护地等安置视频监控和物联传感设备，实现智慧安全监管。

四、我国智慧旅游的发展目标

2020 年 11 月 30 日，文化和旅游部、国家发展改革委等十部门联合印发了《关于深化"互联网＋旅游"推动旅游业高质量发展的意见》。该意见提出到 2022 年，建成一批智慧旅游景区、度假区、村镇和城市，到 2025 年，国家 4A 级及以上旅游景区、省级及以上旅游度假区基本实现智慧化转型升级，全国旅游接待总人数和旅游消费规模大幅提升，对境外游客的吸引力和影响力明显增强。结合新时期"互联网＋旅游"发展面临的新形势、新机遇和新挑战，提出加快建设智慧旅游景区、完善旅游信息基础设施、创新旅游公共服务模式、加大线上旅游营销力度、加强旅游监管服务、提升旅游治理能力、扶持旅游创新创业、保障旅游数据安全八项重点任务。

为深入贯彻落实《中华人民共和国国民经济和社会发展第十四个五年规划和 2035 年远景目标纲要》《"十四五"信息通信行业发展规划》《"十四五"旅游业发展规划》《5G 应用"扬帆"行动计划（2021—2023 年）》《关于深化"互联网＋旅游"推动旅游业高质量发展的意见》，推动 5G 在旅游业的创新应用，2023 年 4 月 11 日，工业和信息化部、文化和旅游部联合发布了《关于加强 5G+ 智慧旅游协同创新发展的通知》。该通知确定了 5G+ 智慧旅游协同创新发展的总体目标：到 2025 年，我国旅游场所 5G 网络建设基本完善，5G 融合应用发展水平显著提升，产业创新能力不断增强，5G+ 智慧旅游繁荣、规模发展。

——持续加强 5G 网络建设。旅游景区、度假区、休闲街区、夜间消费集聚区等重点旅游场所 5G 网络覆盖水平不断提升，鼓励有需求的重点旅游场所实现 5G 网络高质量覆盖。

——5G+ 智慧旅游应用场景逐步丰富。5G+ 智慧旅游在旅游服务、管理、营销、体验等场景下应用路径不断明晰，建立起 5G+ 智慧旅游典型应用场景体系。打造一批 5G+5A 级智慧旅游标杆景区和 5G+ 智慧旅游样板村镇，培育一批 5G+ 智慧旅游创新企业和创新项目。

——智慧旅游产业生态环境初步形成。建成跨部门、跨行业、跨领域协同联动机制，研制形成 5G+ 智慧旅游相关行业标准，培育一批 5G+ 智慧旅游解决方案供应商，落地 30 个 5G+ 智慧旅游应用解决方案。

 知识链接

智慧旅游令人耳目一新

2023 年 7 月 26 日，文化和旅游部公布了首批全国智慧旅游沉浸式体验新空间培育试点，博物馆、度假区、主题公园等类别的 24 个项目入选，旨在探索具有数字科技显著特征的智慧旅游新产品发展之路。这些"数字＋文旅"的旅游产品有哪些玩法？为文旅产业转型发展提供了怎样的思路？

1.历史文化活起来

红军战士脚下是浮桥，桥下是鲜血染红的湘江水；头顶有飞机，无情的炮弹如雨点般坠落——在中国共产党历史展览馆的"4D+6面"全景影院中，观众通过6面LED巨幕和1面互动平台，能够身临其境地感受长征途中血战湘江的场景。

伴随着红军爬雪山、过草地的过程，馆内的智慧云中控系统触发了风、雪等环境模拟效果，寒冷的体感让观众与红军战士"感同身受"，更加体会到长征的艰苦卓绝、可歌可泣。

而在江苏扬州的中国大运河博物馆，数字技术将文物背后的故事以可视化、可互动的方式呈现，观众能在特定场景中获取新知。在"运河上的舟楫"展厅，各个时期的运河船只模型陈列其中，观众如果对某一艘船感兴趣，只需将一种AI仪器对准船只，就能够看到船的内部结构。站在模拟复原的"沙飞船"甲板上，观众能感受河流涌动，看到古时大运河畔的繁华景象，听见运河岸边的说书声与叫卖声。

另外，依托裸眼3D技术的"5G+VR大运河沉浸式体验"、以"知识展示＋密室逃脱"模式进行角色扮演的"大明都水监之运河迷踪"、包含全景影院设备的城市历史景观再现区域"大运河街肆印象"等数字科技体验项目，让参观博物馆从静态欣赏转变为积极互动、主动求知的"乐学"体验。

2.旅游演艺选择多

在河南郑州，"只有河南·戏剧幻城"从盲盒中创意取材，用夯土城墙合围出方正的空间，并划分出56个完全不同的格子，打造了21个剧场和不同风格的景观院落。游客可以在格子中穿行，分别进入不同时期、不同主题的戏剧空间观演。置身其中，在LED光影技术、"声光电画"一体化数控系统的辅助下，游客可以回到红庙学校，重温童年时的课堂时光；"穿越"到1942年，体验李家村人逃荒的艰辛；来到"天子驾六遗址坑"与想要预见未来的周天子进行"时空对话"……

在湖北武汉，《夜上黄鹤楼》光影演艺项目通过动画、音乐、激光等技术手段，结合真人演出，再现黄鹤仙子、岳飞点兵等黄鹤楼文化故事，为这座千年名楼新添"夜间玩法"；在江苏无锡，拈花湾景区的《拈花一笑》借助动态雕塑、无人机、AR等特效与设备，将表演者、音乐、山水与光影融为一体，展现拈花湾唐风宋韵的江南水乡园林建筑风格。

3.城市空间再探索

在遍布名胜古迹的西安市内，还有一座"平行时空里的长安"。走进长安十二时辰主题街区，游客不仅可以身着唐代服饰穿行在市井街区，与游街花魁来个亲密接触，还能手握"开元通宝"代币，到酒肆里买壶好酒，观看歌舞。

据了解，长安十二时辰专门研发了智能收银系统，打造了一套"开元通宝"交易体系，街区内所有的零售业务都可以通过定制软件实现代币、手机扫码等多种形式的支付，使游客既享有现代生活的便捷，又能获得"梦回长安"的愉悦体验。

（来源：人民网—人民日报海外版）

10

单元四　红色旅游

一、红色旅游的概念

2004 年，中共中央及国务院联合发布的《2004—2010 年全国红色旅游发展规划纲要》明确了红色旅游的定义，即"以中国共产党领导人民在革命战争时期形成的纪念地、标志物为载体，以其所承载的革命历史、事迹和精神为内涵，组织接待旅游者开展缅怀学习、参观游览的主题性旅游活动"。

随后，2011 年出台《2011—2015 年全国红色旅游发展规划纲要》，对红色旅游的概念在时间跨度和精神内涵上有了新的拓展与延伸，中国近现代革命斗争和社会主义建设时期发生的以爱国主义和革命传统精神为主题、有代表性的重大事件和重要人物的历史文化遗存等都纳入了红色旅游的范畴。

二、红色旅游的重要意义

红色旅游具有以下重要意义。

（1）经济意义。红色旅游在某种意义上是一种创新产业，在中国旅游业中占有重要地位。红色旅游不仅促进了当地的经济发展，还增加了当地的就业机会。

（2）文化意义。红色景点是历史赋予我们的重要文化遗产。红色旅游的发展在一定程度上提高了文化遗产保护的重要性和人们的文化遗产保护意识。

（3）教育意义。红色旅游对培养我们的民族责任感有着重要的作用。红色旅游让我们穿越了祖国的大好河山，同时，也让我们参观了革命先辈们英勇战斗、奋力守卫的疆域，聆听了革命先辈们为建设新中国而牺牲的故事。红色旅游让我们更加深刻地了解革命历史，激发我们的民族责任感，从而更加热情地学习革命精神，肩负起振兴中华、建设中国特色社会主义的责任。

（4）传承意义。红色旅游能够让人民群众在了解革命文化中感佩革命精神，树立社会主义核心价值观，更好满足人民日益增长的精神文化需求，巩固全党全国各族人民团结奋斗的共同思想基础，不断提升国家文化软实力和中华文化影响力。

（5）扶贫意义。红色旅游作为打赢脱贫攻坚战和助力乡村振兴的重要生力军，能助力巩固和拓展脱贫攻坚成果、推动乡村全面振兴。许多地区依托当地红色文化资源，培育红色旅游产业，促进红色旅游与乡村旅游、生态旅游等业态融合，进一步夯实了乡村振兴的基础。

综上所述，红色旅游不仅具有促进地方经济发展的经济意义，也具有促进社会主义文化建设、提高人们的思想觉悟、推动乡村振兴等重要功能。同时，红色旅游还为人们提供了一种独特的旅游方式，使人们能够在旅游中了解中国的革命历史和文化，增强民族的自豪感和自信心。

三、红色旅游的特点

红色旅游具有以下特点：

（1）"四性"一体，融合发展，"四性"即学习性、故事性、参与性与展示性。学习性是以学习中国革命史为目的，通过旅游的形式，实现学习与旅游合二为一；故事性是通过了解红色历史中"大人物"与"小人物"的故事，使历史变得鲜活和丰满；参与性即能够使游客深入其中，进行互动式体验；展示性则表示通过展示特定的红色物品与资源，能够使游客全面、充分了解当地红色文化。

（2）资源开发，保护先行，红色旅游资源具有不可替代性和不可再生性，资源的保护是开发的前提和基础。因此，需要对红色旅游的规划开发和资源保护两手抓，提前进行科学的规划，遵循保持历史遗迹真实性与完整性的原则，传承革命传统文化。

（3）"三个为主"，团强散弱，红色旅游主要体现出团队为主、教育为主、国内游客为主三个较明显特征。长期以来，红色旅游目的地主要承担爱国主义教育和革命传统教育基地的功能，也是各项红色活动的首选之地，因此客源主要以团队为主，散客所占比例相对较低，团队中尤以干部、军人和学生居多。另外，由于政治信仰、政治体制的差异，以及海外游客对中国历史缺乏了解，所以红色旅游以国内游客为主。

（4）周期性强，规律明显。红色旅游受市场化因素和政治性因素的影响较为明显，客流通常会根据市场调节和较大纪念活动出现波浪式起伏，时段以 5 年或 10 年为一个周期，百年纪念活动往往达到顶峰。一年中，接待高潮主要集中在较长法定节假日和革命纪念日前后。

（5）传承历史，政府主导。由于红色旅游目的地承载着传承艰苦奋斗教育的使命，往往受到各部委及相关政府的高度重视，并被列入爱国主义教育示范基地或其他思想教育基地。

四、红色旅游资源的基本类型

（1）重大历史事件发生地。中国共产党领导人民群众经历了第二次国内革命、抗日战争、解放战争等重要历史事件，留下了许多活动旧址，迄今为止都成为弘扬革命精神、宣传爱国主义教育、科考修学的重要资源。如湖南浏阳市的秋收起义文家市会师旧址、山西灵丘县平型关战役遗址、江西永新县三湾改编旧址等。

（2）重要会议的会址。新中国成立前期，中国共产党在各地举行了多次重大会议，其中包括对党的纲领、章程、路线、方针、政策进行制定和修改，对党的工作经验教训进行总结等，留下了许多具有纪念意义的会议会址。如上海中共一大会址、贵州遵义会议会址、湖北武汉八七会议旧址等。

（3）重要机构的办公地旧址。在革命斗争中，中国共产党人在革命老区、红色根据地设立多个重要机构，并在较为简陋的办公环境中坚持为中国革命的胜利而工作。如江西赣州瑞金市中华苏维埃临时中央政府旧址、陕西延安中共中央西北局办公地旧址等。

（4）名人故居。名人故居是指革命年代杰出人物曾经生活或工作过的住所。其中包含这些名人曾使用过的物品或留下的书面材料等，如毛泽东故居、周恩来故居、邓小平及刘少奇故居等。

（5）革命烈士陵园。革命烈士陵园是纪念烈士或在历史上有卓越贡献的人物而建造的园林式建筑或纪念地，如雨花台烈士陵园、井冈山革命烈士陵园、百色起义烈士陵园等。

视频：井冈山红色旅游

（6）各类纪念馆等。纪念馆是为了铭记历史与过去，依托历史和事件建造的综合性场所，主要供后人学习与怀念，如南京侵华日军南京大屠杀遇难同胞纪念馆、中国人民抗日战争纪念馆等。

五、我国红色旅游的发展

1. 整体状况

党的十八大以来，习近平总书记高度重视红色资源的保护、管理和运用，反复强调用好红色资源、传承好红色基因，红色旅游在神州大地蓬勃发展。

2022年7月28日，中共中央宣传部举行"中国这十年"系列主题新闻发布会，文化和旅游部有关负责人表示，红色旅游是十年来我国旅游业发展的亮点之一。

截至2022年6月，全国红色旅游经典景区从100家扩充至300家，推出"建党百年红色旅游百条精品线路"、65条全国抗战主题红色旅游精品线路、9条"重走长征路"红色旅游主题活动旅游线路，"红色旅游＋冰雪""红色旅游＋生态"等新业态、新产品层出不穷，红色旅游主题街区、红色文化主题公园等不断涌现。

文化和旅游部鼓励各地大力发展"红色＋绿色""红色＋乡村""红色＋研学""红色＋科技"等旅游新业态，助力推出红色旅游与生态旅游、民俗旅游、研学旅游、乡村旅游等高质量产品和线路。十年来，各地充分发挥红色旅游以史鉴今、资政育人优势，深入挖掘红色文化内涵，创新宣传教育形式，有力推进了爱国主义和革命传统教育大众化、常态化；依托特色资源和特色产业，不断延伸、拓展产业链条，创新共建共享新模式，带动富民增收作用显著；大力推动红色旅游改革创新、融合发展，完善产品和服务供给体系，发展品质大幅提高。

2. 具体表现

我国红色旅游的发展主要表现在以下几个方面：

（1）红色旅游热度持续高涨。从国家统计局的数据可知，从2016年开始红色旅游重点城市接待游客总人数8 000多万，到现在客流量以亿计算，体现了人们对于红色旅游品牌的认可，也表现出人们对红色旅游的需求。

（2）红色旅游发展大格局逐步形成。国内红色旅游的发展轨迹主要由革命纪念地演化为爱国主义教育基地，再演化为红色旅游景区。红色旅游的内容也不断丰富，在革命战争时期，形成了井冈山、长征、延安和西柏坡精神；在社会主义建设创业时期，形成了雷锋精神、铁人精神和焦裕禄精神；在改革开放时期，形成了九八抗洪、抗击非典和抗震救灾精神等。

（3）文化成为红色旅游的核心吸引物。红色文化所蕴含的爱国主义、革命英雄主义、奉献精神等具有历史弥新的时代价值，是凝聚人心、激励向上的澎湃动力。另外，在与红色旅游相关联的词汇中，文化关联性最大，说明红色旅游游客最关注的是与红色旅游相关的文化。

（4）年轻群体占据红色旅游主要力量。年轻化已成为中国红色旅游的鲜明特征。数据显示，2021年，微博话题"建党百年红色旅游百条精品线路"累计阅读量超过1亿次，相关信息触达人群超过3.7亿人次。其中，"00后""90后"人群占比达51%以上，瞻仰革命景点、感受革命文化，正成为年轻人中的新潮流。"五一"国际劳动节假期，浙江省龙泉市住龙镇住溪村红军街上的民宿灯火通明，游客身着红军服，听村民讲红色故事。这个依山傍水的山村里不仅有红军街，也有红色记忆馆、红军广场，红色文化氛围浓厚，龙浦县苏维埃政府旧址、粟裕办公旧址等都位于此。2011年，当地政府对龙浦县苏维埃政府旧址进行修整，打造成为"红色记忆馆"。2020年以来，已有5万多名少年儿童到此开展"小红军游学"活动。近年来，当地通过"红色＋民宿""红色＋赏花""红色＋研学"等方式，不断丰富红色旅游内容，吸引周边地区年轻游客前来。此外，露营经济也越来越火热，当地的旅游从业者及时添置露营装备，满足游客需求。

随着年轻游客的增加，红色旅游目的地的呈现方式也在不断更新。红色展馆由过去的静态展陈转变为动态、沉浸式、体验式展陈，红色故事变得更加生动、鲜活。同时，VR、AR、数字化等技术的应用，既是对红色旅游产品的创新，也为游客带来了全新体验。2021年6月，陕西延安红街正式迎客，大型沉浸式红色情景体验剧《再回延安》，借助科技手段，使游客融入剧情，深度体验红军长征时爬雪山、过草地的艰辛过往，吸引了无数年轻人，场场爆满。

单元五 "旅游 +" 与 "+ 旅游"

一、"旅游 +" 与 "+ 旅游" 的内涵

(一)"旅游 +"

1."旅游 +" 的概念及特征

2015年8月，原国家旅游局在《开明开放开拓 迎接中国"旅游 +"新时代》中明确提出"旅游 +"的发展战略，并阐述了"旅游 +"的概念。"旅游 +"是指充分发挥旅游业的拉动力、融合能力，以及催化、集成作用，为相关产业和领域发展提供旅游平台，插上"旅游"翅膀，形成新业态，提升其发展水平和综合价值。在此过程中，"旅游 +"也有效地拓展旅游自身发展空间，推进旅游转型升级。

"旅游 +"与"互联网 +"一样，具有"搭建平台、促进共享、提升价值"之功能。互联网以其无处不在的技术力量，通过"互联网 +"全面深刻地改变世界；而旅游则以其强劲的市场开拓力量、美好生活追求动力及人文交流优势，通过"旅游 +"给世界带来深刻影响。作为需求旺盛、潜力巨大的产业，"旅游 +"有以下四个鲜明特征：

（1）"旅游 +"是需求拉动、市场推动的"+"。"旅游 +"以巨大的市场力量和市场机制，为所"+"各方搭建巨大的供需对接平台。

（2）"旅游 +"是创造价值、放大价值的"+"。"旅游 +"不是机械的"+"，不是简单的"1+1"，而是有机融合，会发生化学反应，产生"1+1>2"的效果。这种"+"的魅力就在于，能"+"出新的价值、新的惊喜。

（3）"旅游 +"是以人为本、全民参与的"+"。"旅游 +"是一个可以广泛参与、广泛受益、广泛分享的"+"，而且，"+"的过程就是一个人力资本开发、创造力激发的过程。旅游是人本经济，"旅游 +"的核心是人的发展，实质是通过人来实现"+"，用"+"来服务人。

（4）"旅游 +"是可以充分拓展的"+"。旅游业无边界，"旅游 +"具有天然的开放性、动态性，"+"的对象、内容、方式都不断拓展丰富、多种多样，"+"的速度越来越快。经济社会越进步发展，"旅游 +"就越丰富多彩。就此而论，"旅游 +"也是我国改革开放发展的重要成果和标志。

2."旅游 +" 的 "+" 的方式

旅游是一个无边界的产业。"旅游 +"是多方位、多层次的，"+"的方式也多种多样。

（1）战略层面：推进旅游＋国家重大战略。旅游业具有综合功能带动优势，可以有效对接、服务国家重大战略。

旅游＋"五位一体"建设大有作为。在经济建设中，旅游业是战略性支柱产业，是稳增长、调结构、转方式的重要力量；在政治建设中，红色旅游是推进社会主义核心价值观教育的重要载体；在文化建设中，旅游是文化传承保护、文化创意产业发展的市场载体和需求动力；在社会建设中，旅游是促就业、惠民生的重要领域，催生新的社会组织形态和生活方式；在生态文明建设中，旅游是转化生态价值、传播和分享生态文明的美丽产业，是资源节约、环境友好、生态共享的绿色产业。

知识拓展："旅游＋新媒体"如何引发旅游业裂变

旅游＋"五化"发展战略大有作为。旅游＋新型城镇化，有利于发展特色旅游城镇，发挥旅游对新型城镇化的引领作用；旅游＋新型工业化，有利于发展旅游装备制造业、户外用品、特色旅游商品，发展工业旅游，创新企业文化建设和销售方式新形态；旅游＋农业现代化，发展乡村旅游、休闲农业等现代农业新形态；旅游＋信息化，将旅游业培育为信息化最活跃的前沿产业，用信息化武装旅游；推进旅游＋生态化，大力发展生态旅游，推进旅游生态化。

发挥旅游＋的积极作用使旅游业成为全面建成小康社会的重要标志产业、全面深化改革的前沿产业、全面依法治国的窗口产业。推进旅游＋服务"一带一路"、长江经济带、京津冀协同战略，发挥旅游在这些重大区域战略中的先行突破、融合融通功能。

（2）重点行业：推进旅游＋新的生活方式。从人的需求出发，可以施行旅游＋新生活方式。

1）旅游＋研学（教育）。研学旅游或游学在中外都有悠久的历史。我国古代文人墨客给我们留下了灿烂的游学故事和作品，成为中华文化永放光芒的瑰宝。李白、杜甫等文豪的杰作，许多可谓游学之作。经过许多年沉寂之后，游学近年来又悄然兴起。越来越多的学校和家庭认识到"读万卷书、行万里路"对青少年成长发展的重要性。许多学子感受到寓学于游、寓学于乐的甜头，研学旅游在国内蔚然成风，有的还走出国门。研学旅游成为许多青少年假期生活的重要内容。

2）旅游＋交通。全国铁路营业里程从 2012 年的 9.8 万千米增长到 2022 年的 15.5 万千米，其中高铁从 0.9 万千米增长到 4.2 万千米，稳居世界第一。我国游客选择自驾游出行的比例已超过 70%，庞大的自驾游规模和日益兴起的房车旅游对营地建设产生了巨大的市场需求。高铁的开通，汽车保有量的增加、航空条件的改善，极大地便利了游客出行。

3）旅游＋新型养老。老年旅游是新兴旅游市场。随着我国人口老龄化的发展，老年旅游需求大幅上升，旅游消费潜力巨大。

4）旅游＋健康养生。近年来，中医药健康旅游方兴未艾，正在成为旅游消费新热点，特别对境外游客有很强的吸引力。

（3）热点领域：推进旅游＋，实现重点突破。

1）旅游＋美丽乡村建设，开展旅游精准扶贫。我国乡村旅游资源丰富，市场空间广阔。乡村旅游扶贫是农村扶贫开发的重要渠道。

2）旅游＋大众创业、万众创新。习近平总书记多次强调要"开创人人皆可成才，人人尽其才的生动局面"。乡村旅游是大众创业、万众创新的重要领域，特别适合返乡农民工、大学毕业生和专业技术人员自主创业。近年来随着乡村旅游快速发展，大批返乡农民工通过参与乡村旅游经营服务实现了发家致富；越来越多的大学毕业生和文化、艺术、科技等专业技术人员落户乡村，将自身的专业优势与乡村的资源优势、旅游的市场优势结合起来，开展创作创业，在全国形成了一批乡村旅游创客基地。

3）旅游＋外交，形成旅游外交。"国之交在于民相亲，民相亲在于心相通。"旅游作为增进民间交往，促进民众感情交流的重要载体，在国家外交中正在扮演着越来越重要的角色。国内外实践表明，旅游外交具有很强的弹性，灵活多样，植根于民众。在双边关系良好时，旅游交往可以成为发展国家关系的加速器；在双边关系不畅时，旅游交往可以成为改善国家关系的润滑剂；在双边尚无正式外交关系时，可以先行开展旅游交往，使民众交往成为国家关系正常化的导航器。

（二）"＋旅游"

"＋旅游"，是与旅游业发展相关联的各行业、各部门在规划、部署、建造、运营本行业、本部门的事和物时，主动地"＋"进旅游元素或要素，或有意识地接受旅游的辐射，或主动性地放大旅游的助力，或自觉性地对接与旅游的融合，用主观上为自身发展助力旅游、客观上带来旅游发展的成果，反助自身发展。如果"旅游＋"体现的是旅游业寻求与相关产业相融发展的努力，那么"＋旅游"则是其他产业与旅游业的主动融合、合力联动。

"＋旅游"的核心，是要明确产业与旅游的关系，抓住产业的"产"，才能立旅游的"业"，产业是根本，旅游应时而变。"＋旅游"绝不仅是"产业＋旅游"的简单叠加，而是一种产业化程度的提升，是多方面、多范围的产业重塑与再造。

总的来说，虽然"旅游＋"和"＋旅游"的内涵和实践方式不同，但都是为了促进旅游产业的转型升级和全域旅游的发展，推动旅游业与其他产业的深度融合，形成新的生产力和竞争力，促进经济发展和社会进步。

二、我国"旅游＋"与"＋旅游"模式的探索

1. "生态农业＋旅游"

生态农业旅游的起源可以追溯到经济发达的西方资本主义国家。在欧洲，19世纪30年代时期就已经出现了农业旅游，但当时其基本功能还主要集中在农业生产上，并未明显突出旅游的休闲特征。后来，随着社会经济的发展，人们逐渐看到了农业旅游中的显著经济效益，到了20世纪60年代，旅游商家和农场业主开始改变观念，将农业和旅游产业结合起来，构建了融观光、度假、休闲、餐饮、购物等多功能于一体的大型综合性农家旅游乐园。这种新的旅游模式标志着生态农业旅游的兴起。

生态农业旅游的内涵包括三个方面：一是到农村生态环境中进行旅游；二是旅游活动具有参与性，并贯穿了生态意识；三是促进农业、农业旅游、生态环境可持续发展。它以乡村生态环境为背景，以生态农业和乡村文化为资源基础，通过运用生态学、美学、经济学原理和可持续发展理论对农业资源的开发与布局进行规划、设计、施工，将农业开发成为以保护自然为核心，以生态农业生产和生态旅游为主要功能，集生态农业建设、科学管理、旅游商品生产与游人观光生态农业、参与农事劳作、体验农村情趣、获取生态知识和农业知识为一体的一种新型生态旅游活动。

目前，生态农业旅游模式可分为以下三种：

（1）传统农业园区型模式。传统农业园区型模式通常是指按照规模化园区经营的方式，将农业生产示范化，并且在园区内完成农业消费和旅游休闲，因此，农业园区可分为农业观光

区和生活服务区，在农业观光区实现农业产业化生产的示范，而在生活服务区提供包括餐饮和住宿等，通过这种人工营造的园区环境完成生产和旅游的结合。

（2）现代乡村娱乐型模式。现代乡村娱乐型模式通过参与式的乡村生活体验及极具地方特点的娱乐活动，将农村的生活体验以旅游产品的方式进行消费，这种方式对于具有农村生活背景的城市消费而言具有吸引力，通过产业化和个性化的农村体验式消费，展现乡村生活独特的魅力。

（3）农业科技开发型模式。农业科技发型模式在实际应用中包括科普农业示范和科技农业示范两种模式。其中，科普农业示范主要是结合农业生产和科学教育两种思路，通过参观让旅游者能够掌握农业科普知识，提高见识，对于探奇型旅游者吸引较大；而生态农业示范通过农业科技和农业高新技术展示未来农业生产的趋势和方向，同时塑造农业品牌，兼顾农业生产和科技展示。

知识链接

盐城：农业生态旅游热

2022年11月初，江苏省盐城市盐都区现代农业产业示范园草莓大棚内，吸引了一批批市民前来游览采摘，成为当地一个假期热门打卡地。这是盐都区农旅融合、大力发展"生态农业＋乡村旅游"的一个缩影。

近年来，盐都区以创建国家全域旅游示范区为目标，整合农业旅游资源，开发农业生态旅游观光项目，把盐都最美的地方串珠成链，开启了春季踏青赏花、夏季亲水游玩、秋季进园摘果、冬季听曲看戏的全季全时全域旅游新模式，满足了周边城市市民微度假、周边游的需求。

目前，盐都休闲农业与乡村旅游综合发展实力已跻身全国50强，获评"江苏生态休闲度假旅游示范区""最美中国·全域旅游创建典范城市""最美中国·全国旅游创新发展示范地"和"上海旅游资源推广卓越能力奖"。

（来源：人民网—人民日报海外版）

2."非遗＋旅游"

"非遗＋旅游"是一种推进非遗与旅游深度融合发展的策略。通过挖掘不同门类非遗蕴藏的价值与内涵，找准非遗与旅游融合发展的契合处、联结点，建立并向社会公布非遗与旅游融合发展推荐目录，推动非遗进景区、进酒店、进商场，让非遗"活"起来，为旅游注入丰富内涵，为非遗拓展生存空间。

2023年2月，文化和旅游部印发了《关于推动非物质文化遗产与旅游深度融合发展的通知》。该通知强调在有效保护的前提下，推动非物质文化遗产与旅游在更广范围、更深层次、更高水平上融合，让旅游成为弘扬中华优秀传统文化、不断铸牢中华民族共同体意识、促进人的全面发展、服务人民高品质生活的重要载体。从"五一"劳动节小长假到中国旅游日，再到"文化和自然遗产日"系列活动，全国各地妙招频出，开展了非遗与旅游融合发展的生动实践——让非遗在创造性转化、创新性发展的过程中活态传承，让旅游在场景升级、跨界合作的迭代里火出圈层，实现"非遗＋旅游"的有效链接，助推文旅市场全要素蝶变升级。例如，

10

"五一"国际劳动节假期，淄博烧烤凭借"人间烟火气"让年轻人纷纷"种草"，成为新晋顶流。有网友留言"淄博上一次这么热闹还是在齐国"——作为齐文化发源地，沉淀三千年的淄博也趁热打铁，推出多款非遗美食宣传活动：在山东省第六届非物质文化遗产精品展暨"齐好 GOU（购）"淄博非遗市集上，清梅居香酥牛肉干、景德东糕点等各类美食让人大饱口福；在周村烧饼博物馆里，保存下来的石碾、陈列的《烧饼赋》等老物件讲述了薄饼成型的手工技艺。

3. "体育 + 旅游"

2016 年，原国家旅游局、国家体育总局联合发布了《关于大力发展体育旅游的指导意见》。该意见指出，体育旅游是旅游产业和体育产业深度融合的新兴产业形态，是以体育运动为核心，以现场观赛、参与体验及参观游览为主要形式，以满足健康娱乐、旅游休闲为目的，向大众提供相关产品和服务的一系列经济活动，涉及健身休闲、竞赛表演、装备制造、设施建设等业态。

该意见指出体育旅游发展的五个重点任务如下：

（1）引领健身休闲旅游发展。以群众基础、市场发育较好的户外运动旅游为突破口，重点发展冰雪运动旅游、山地户外旅游、水上运动旅游、汽车摩托车旅游、航空运动旅游、健身气功养生旅游等体育旅游新产品、新业态。加强体育旅游与文化、教育、健康、养老、农业、水利、林业、通用航空等产业的融合发展，培育一批复合型、特色化体育旅游产品。完善空间布局，优先推动重点区域体育旅游发展，打造一批具有重要影响力的体育旅游目的地。强化示范引领，从设施建设和服务规范入手，制定体育旅游示范基地标准，规划建设一批"国家级体育旅游示范基地"。培育一批以体育运动为特色的国家级旅游度假区和精品旅游景区。积极推动各类体育场馆设施、运动训练基地提供体育旅游服务。鼓励企业整合资源，突出特色，建设体育主题酒店。

（2）培育赛事活动旅游市场。支持各地举办各级各类体育赛事，丰富赛事活动供给，打造赛事活动品牌，盘活体育场馆设施，提升配套服务水平，重点发展足球、篮球、排球、乒乓球、羽毛球等市场化程度高的职业体育赛事和滑雪、马拉松、自行车、山地户外、武术等市场基础好的群众性体育赛事活动，促进体育赛事与旅游活动紧密结合。引导旅游企业推广体育赛事旅游，鼓励旅行社结合国内体育赛事活动设计开发体育旅游特色产品和精品线路。支持发展具有地方特色、民族风情特色的传统体育活动，推动特色体育活动与区域旅游项目设计开发、体育文化保护传承和民族地区的体育旅游扶贫相结合，打造具有地域和民族特色的体育旅游活动，分期分批推出"全国重点体育旅游节庆名录"。

（3）培育体育旅游市场主体。扶持特色体育旅游企业，鼓励发展专业体育旅游经营机构。推动优势体育旅游企业实施跨地区、跨行业、跨所有制兼并重组，打造跨界融合的产业集团和产业联盟。支持具有自主知识产权、民族品牌的体育旅游企业做大做强。加快"引进来和走出去"的步伐，培育骨干体育旅游企业。鼓励利用场地设施，专业人才组建体育旅游企业，开展体育旅游业务。推进连锁、联合和集团化经营，实现体育旅游企业规模化、集团化、网络化发展。在合法合规的前提下，鼓励成立单项体育旅游组织和团体，引导各类体育俱乐部规范、有序、健康发展，培育一批具有较高知名度和市场竞争力的体育旅游企业与知名品牌。加强体育旅游行业协会建设，搭建政府与企业沟通渠道。

（4）提升体育旅游装备制造水平。鼓励企业加强自主研发设计能力，不断提升建造品质，以满足大众体育旅游消费需求为主导，以冰雪运动、山地户外、水上运动、汽车摩托车运动、航空运动等户外运动为重点，着力开发市场需求大、适应性强的体育旅游、健身休闲器材装备。鼓励发展邮轮、游艇、房车等配套材料、设备及零部件制造，形成较为完善的配套产业体系。深化体育旅游装备相关标准规范研究，进一步健全完善设计建造标准规范体系。优化产业布局，支持国内优势企业开展国内外并购与合资合作，提升产业集中度，鼓励和引导地方发展一批以装备制造为主的国家体育旅游产业集聚区。鼓励器材装备制造企业向服务业延伸发展，培育形成一批体育旅游自主品牌和骨干企业。

（5）加强体育旅游公共服务设施建设。体育产业和旅游产业基础设施建设要向体育旅游倾斜，推动各地加大对体育旅游公共服务设施的投入。鼓励各地将体育旅游与市民休闲结合起来，建设一批休闲绿道、自行车道、登山步道等体育旅游公共设施。鼓励和引导旅游景区、旅游度假区、乡村旅游区等根据自身特点，以冰雪乐园、山地户外营地、自驾车房车营地、运动船艇码头、航空飞行营地为重点，建设特色健身休闲设施。加快体育旅游景区的游客集散中心、公厕、标示标牌、停车场等公共服务设施建设。推进体育旅游公共服务平台建设，充分利用旅游咨询、集散等体系为体育旅游项目提供信息咨询、线路设计、交通集散、赛事订票等服务。积极推动体育旅游保险。

2021年，体育总局办公厅、文化和旅游部办公厅公布了第一批国家体育旅游示范基地名单，正式开始了国家体育旅游示范基地的评定工作。在这个名单中，包括47家单位，涵盖了各种类型的体育旅游项目。2022年，新增14家单位为国家体育旅游示范基地。这些基地将发挥示范作用，促进体育与旅游深度融合发展，丰富旅游体验，传播体育文化，发展体育产业和旅游产业，扩大体育和旅游市场供给，更好满足体育和旅游需求。2021年和2022年国家体育旅游示范基地名单见表10-1、表10-2。

表 10-1　2021 年国家体育旅游示范基地名单

序号	省（区、市）	单位名称
1	北京	朝阳区北京奥林匹克公园（2017）
2		平谷区金海湖景区
3	天津	滨海新区东疆湾沙滩景区
4	河北	张家口市万龙滑雪场（2017）
5		张家口市太舞滑雪小镇
6	山西	晋中市云竹湖景区
7	内蒙古自治区	阿拉善盟越野 e 族阿拉善梦想沙漠汽车航空乐园景区（2017）
8	辽宁	丹东市天桥沟旅游度假区
9	吉林	吉林市北大湖滑雪旅游休闲度假区（2017）
10		吉林市万科松花湖度假区
11	黑龙江	哈尔滨市亚布力滑雪旅游度假区（2017）
12	上海	上海佘山国家旅游度假区
13	江苏	无锡市海澜飞马水城
14		南京市汤山温泉旅游度假区
15	浙江	宁波市东钱湖旅游度假区（2017）
16		湖州市莫干山国际旅游度假区
17	安徽	宣城市徽杭古道景区（2017）
18		滁州市大墅龙山旅游度假区

续表

序号	省（区、市）	单位名称
19	福建	宁德市白水洋体育旅游示范基地（2017）
20		漳州市鹭凯生态庄园
21	江西	新余市仙女湖国际汽车文化产业园
22	山东	青岛奥林匹克帆船中心（2017）
23		临沂市雪山彩虹谷景区
24	河南	新乡市南太行旅游度假区
25	湖北	神农架国际滑雪场
26	湖南	张家界市武陵源核心景区
27	广东	广州市天人山水大地艺术园
28		广州市融创文旅城
29	广西壮族自治区	柳州市百里柳江体育旅游示范基地（2017）
30		桂林市遇龙河休闲体育旅游度假区
31	海南	三亚市蜈支洲岛旅游区（2017）
32		海口市观澜湖旅游度假区
33	重庆	万盛经开区黑山谷旅游度假区
34	四川	成都市西岭雪山景区（2017）
35		阿坝州四姑娘山风景名胜区
36	贵州	黔西南州万峰林生态体育公园景区（2017）
37		黔南州龙里油画大草原景区
38	云南	保山市启迪科学家小镇
39	西藏自治区	林芝市巴松措旅游度假景区
40	陕西	宝鸡市鳌山滑雪度假区
41	甘肃	敦煌市鸣沙山·月牙泉景区
42	青海	海南州龙羊峡旅游景区
43	宁夏回族自治区	中卫市沙坡头国家体育旅游示范基地（2017）
44		中卫市金沙海旅游度假景区
45	新疆维吾尔自治区	乌鲁木齐市丝绸之路国际度假区（2017）
46		阿勒泰地区阿尔泰山可可托海国际滑雪场
47	新疆生产建设兵团	阿拉尔市塔克拉玛干沙漠之门景区

表 10-2 2022 年国家体育旅游示范基地名单

序号	省（区、市）	单位名称
1	北京	延庆北京世园公园
2	河北	张家口富龙四季小镇
3	山西	运城芮城圣天湖景区

续表

序号	省（区、市）	单位名称
4	吉林	白山市长白山鲁能胜地旅游度假区
5	黑龙江	牡丹江镜泊湖风景名胜区
6	江苏	苏州太湖体育运动休闲小镇
7	浙江	杭州千岛湖景区
8	江西	萍乡武功山风景名胜区
9	河南	焦作市陈家沟太极拳文化旅游区
10	海南	万宁市华润石梅湾旅游度假区
11	重庆	丰都南天湖旅游度假区
12	贵州	遵义市十二背后旅游风景区
13	宁夏	石嘴山市沙湖旅游景区
14	新疆	伊犁喀拉峻国际户外公园

4. "电竞 + 旅游"

近年来，随着电子竞技热"出圈"，逐渐衍生出一系列"电竞 +"经济新模式。电竞已经从游戏附属的营销手段，逐步发展成为一项独立的、具有潜力的产业经济；也从传统的"不务正业"摇身变成当今的新兴行业。

电子竞技拥有庞大的粉丝群体，且用户黏性高，竞技体育强烈的张力和冲击感天然吸引着热爱冒险的旅行者，而举办城市美丽的风景，别样的风土人情也是游戏爱好者眼中一道靓丽的风景线。近年来，旅游城市逐渐成为举办电竞赛事的首选之地。粉丝观看比赛之余，到旅游景点闲游信步，赏花聊天，品尝美食已成为不少游戏爱好者电竞旅途的固定项目。

2016 年，文化部发布的《"十三五"时期文化产业发展规划》中指出，要促进结构优化升级推动融合发展，"支持发展体育竞赛表演、电子竞技等新业态，鼓励地方依托当地自然人文资源举办特色体育活动。"2021 年，《"十四五"文化产业发展规划》再次强调要优化产业结构，加深文化产业和旅游产业的融合，"优化重点文化行业供给"专栏中，电子竞技产业再次被单独提及："促进电子竞技与游戏游艺行业融合发展。"

"电竞 + 文旅"作为数字经济催生的新兴产业模式，是未来电竞产业发展的重要方向，也是"十四五"规划下各省市推进文旅消费升级的新思路。

 知识链接

《王者荣耀》携手第 19 届哈尔滨冰雪大世界 这个冬天"我们不一样"

无论生在南北哪一方，人们对洁白纯净的冰雪有许多向往。在洁白无瑕的冰雪世界里打雪仗、堆雪人，是冬日最有仪式感的事情。说到冰雪，自然少不了享有"冰雪之都"美誉的哈尔滨。

哈尔滨延续近 19 年之久的著名冬季文化和旅游项目——哈尔滨冰雪大世界。在 2017 年 12 月 31 日与国民游戏《王者荣耀》两大强势 IP 完美融合，在近 15 000 平方米的区域内展现《王者荣耀》全新版地图场景及英雄形象，自此，这个景区变成了第19届哈尔滨冰雪大世界内最火的景点。

除游戏内的10个英雄外，王者峡谷内还高精度还原红、蓝两个阵营的基地、水晶和防御塔，并雕刻5个长城守卫军形象，修建上路、中路、下路三条路线、主宰、暴君，还原王者大陆，演绎新的传奇，完成全球规模最大的一次冰雪雕艺术与数字文创产品的融合！

5."旅游 + 新业态"

（1）"旅游 + 音乐、节会"激发文旅消费新活力。例如，2023年7月11日，扎尕那首届青稞音乐节在迭部县城举行，2万多名观众和游客涌入这座青藏高原边缘的小县城。从日落黄昏到夜色阑珊，一首首高亢嘹亮的山歌打破宁静、欢快婉转的弹唱抚慰人心、激情四射的Rap说唱"嗨翻"全场，人们在呼喊与喜悦的互动中，深度参与了一场原汁原味的"高原草地音乐节"。持续3天的音乐狂欢让迭部县城旅游市场繁盛一时，酒店、餐饮、农家乐门庭若市。

（2）"旅游 + 演艺"使旺季流量变现为文化消费"留量"。例如，2023年6月，全球首部洞窟式沉浸体验剧《乐动敦煌》在敦煌实现常态化演出。该剧采用移动式剧场，集古乐、舞蹈、诗歌、壁画于一体，再现千年敦煌壁画乐舞盛景。

（3）"旅游 + 高端民宿"释放康养经济新动能。例如，凭借优渥的康养条件，坐落于朱家沟的全国甲级民宿五福临门，广受游客好评，常年宾客盈门。

（4）"旅游 + 研学"蔚然成风。例如，携程发布的《2023年暑期出游市场报告》显示，在携程平台上，甘肃研学产品销量排名靠前。历史人文、科学探索、亲近自然品类订单数较2019年都有大幅度增长，甘肃游学、研学产品报名人次相较2019年增长近4倍。

知识链接

罗甸："四个融合"做好"旅游 +"文章

2023年4月8日，"一路向南 享趣罗甸"2023贵州·罗甸红水河文化旅游季活动在罗甸县政务服务中心广场举行，活动倾力呈现罗甸"阳光（Sunny）、运动（Sport）、甜蜜（Sweet）、慢生活（Slow-life）"4S旅居生活。

近年来，罗甸县依托大水面优势和气候资源优势，以推进"旅游 +"融合发展为方向，进一步做"强"文旅融合、做"热"农旅融合、做"特"体旅融合、做"优"康旅融合，通过"4S"旅居元素抓好"好享趣罗甸"旅游品牌宣传，擦亮"阳光罗甸 康养湖城"城市名片。

拓展阅读

"旅游 +"拉动休闲度假需求

党的二十大报告提出："坚持以文塑旅、以旅彰文，推进文化和旅游深度融合发展。"

"十四五"规划和2035年远景目标纲要提出，建设一批富有文化底蕴的世界级旅游景区和度假区，打造一批文化特色鲜明的国家级旅游休闲城市和街区。

当前，我国旅游消费呈现多样化、个性化的升级趋势。文化和旅游相关部门聚焦消费新需求，推动旅游景区提质增效和转型升级，创新推出旅游度假区、旅游休闲街区等旅游新产品，更好满足人民群众多元化、个性化的休闲度假需求。

1. 融合发展，文化元素提升旅游品质

在氤氲雾气中，一尾小船逶迤而来，琵琶轻拂；静香书屋内，一曲《武家坡》声腔婉转，韵味悠长。近日，江苏扬州瘦西湖首届"梅花艺术节"开启，将花文化与非遗相结合，给游客带来了不同的游玩体验。

文化旅游、康养旅游、体育旅游、滑雪度假……旅游市场中，各种休闲度假旅游产品越来越丰富。文化和旅游部发布的数据显示，"十三五"期间，我国年人均出游超过4次。人民群众通过旅游饱览祖国秀美山河、感受灿烂文化魅力，有力提升了获得感、幸福感、安全感。《"十四五"旅游业发展规划》提出，顺应大众旅游多样化、个性化消费需求，创新旅游消费场景，积极培育旅游消费新模式。

2023年3月，文化和旅游部公布了第二批国家级旅游休闲街区名单。随着旅游市场的发展和旅游消费需求升级，人们出游不再满足于到景区转一圈看看风景，而是有了更多的度假休闲需求。在此背景下，建设好国家级旅游度假区和旅游休闲街区，对于激发度假休闲旅游的更大活力是非常有意义的。

2. 创新发展，智慧旅游增强游客体验感

"十四五"规划和2035年远景目标纲要提出，"深入发展大众旅游、智慧旅游""强化智慧景区建设"。随着互联网、大数据、人工智能等新技术在旅游领域的应用，以数字化、网络化、智能化为特征的智慧旅游成为旅游业高质量发展新动能，也推动形成了更多休闲度假旅游消费新场景。

"智慧旅游在提升游客体验方面的作用比较明显。"中国劳动关系学院文化和旅游政策研究中心副主任翟向坤说。一些景区通过数字化改造，完善分时段预约游览、流量监测监控、智能停车场等服务，让景区参观更有秩序，改善了游览体验；还有一些景区开发数字化体验产品，普及电子地图等智慧化服务，丰富了参观体验。

面对高质量发展需求和人民日益增长的美好生活需要，文旅行业越来越离不开科技、数字化建设赋能。山东各地加快智慧文旅布局，利用5G、虚拟现实等前沿技术，整合"吃住行游购娱"产业要素及公共服务资源，探索打造"一站式"信息服务平台，文旅智慧化之路越走越宽。

为加快推进以数字化、网络化、智能化为特征的智慧旅游发展，文化和旅游部资源开发司组织开展了2021年智慧旅游典型案例征集活动，确定了27个2021年智慧旅游典型案例，"君到苏州"文化旅游总入口平台提升文旅综合服务效能案例名列其中。

苏州智慧旅游项目由智慧营销、智慧管理和智慧服务三部分组成，其中智慧服务和市民、游客最接近。2023年春节期间，来苏游客总量790万人次，其中有125万人次通过智慧旅游系统预约游览免费开放的苏州景区。

如今，苏州智慧景区正在向数字景区转变，景区数字化的呈现可以让游客在线上有身临其境的感觉，提前了解景区风貌，然后到现场对感兴趣的景点进行深度体验。在智慧营销方面，将苏州文旅的各种活动信息、演出剧目、优惠举措等通过平台推送，方便游客及时了解出游信息。

"通过智慧管理，能够直接和景区周边现场的执法人员取得联系，及时帮助游客解决问题。"苏州市文化广电和旅游局科技教育处处长施峰说，未来会整合苏州文化、景区历史、景点特色等内容，让游客得到更好的旅游体验。

3. 联动发展，新兴业态激发产业新活力

"一条青果巷，半部常州史。"青果巷沿古运河呈梳篦状展开，呈现出"深宅大院毗邻、流水人家相映"的空间格局和江南水乡传统民居的风貌特色。巷内以明、清、民国时期的建筑为主，分布有名宅故居、祠庙殿宇、桥坊碑石、林泉轩榭、古井码头、戏楼剧场、学堂校舍，是常州国家历史文化名城的集中展现。

古典风貌与时尚体验怎样有机融合？旅游和产业如何相互促进？青果巷以多元化的文化展示形式为载体，辅以都市时尚休闲业态，还原、丰富、重塑常州文化消费场景，打造老城厢的"风尚雅集"。目前，青果巷里入驻店铺数量近200家，科学规划"印记、艺趣、风尚、雅韵、栖居"五大主题业态。主巷两侧以文化传承为主，打造常州老城厢"雅集慢生活"；二期织补区域以休闲体验为主，融非遗传承、精品书店、匠心文创、文化餐饮、曲艺雅韵、潮流名品、青果客舍等多功能于一体，营造休闲度假旅游新体验。

在完善旅游产品供给体系的过程中，"旅游+"和"+旅游"快速发展，形成多产业融合发展新局面。作为一个富民增收产业，旅游业在各地经济社会发展中发挥着日益重要的作用。同时，旅游业有着很强的融合带动作用，"旅游+赛事""旅游+阅读""旅游+营地""旅游+科技"……不仅创造了旅游市场新的增长点，也催生了旅游消费新场景和新业态。

"旅游+户外"渐成新时尚。2022年，国家体育总局、文化和旅游部等八部门联合印发了《户外运动产业发展规划（2022—2025年）》，提出"推进户外运动与旅游深度融合，以徒步、骑行、汽车自驾、航空运动等项目串联景区景点、度假区"。2023年3月，文化和旅游部、国家体育总局公布河北涞平金山岭滑雪旅游度假地等7地入选第二批国家级滑雪旅游度假地名单。2022—2023年，文化和旅游部会同国家体育总局共同评定和发布了两批共19家国家级滑雪旅游度假地。

露营产业快速发展，成为旅游休闲生活的重要组成部分和旅游休闲经济的新增长点。2022年11月，文化和旅游部等14部门联合印发《关于推动露营旅游休闲健康有序发展的指导意见》，为露营旅游休闲健康有序发展提供有效支撑，有利于"露营+旅游""露营+文化""露营+摄影"等主题的创新业态发展。

专家认为，人民群众旅游消费需求向高品质和多样化转变，由注重观光向兼顾观光与休闲度假转变。要紧跟文旅消费升级新趋势、打造休闲度假旅游新供给、新场景、新模式，推出更多符合游客口味的优质产品和服务，在激发休闲度假旅游发展更大活力的同时，为人民美好生活增添更多精彩。

（来源：人民网—人民日报）

模块小结

全域旅游、定制旅游、智慧旅游、红色旅游等是旅游行业发展的新模式。"旅游+"与"+旅游"是时代的产物，我国在该模式的探索中取得了很大的成绩。本模块的知识结构如图10-1所示。

旅游概论

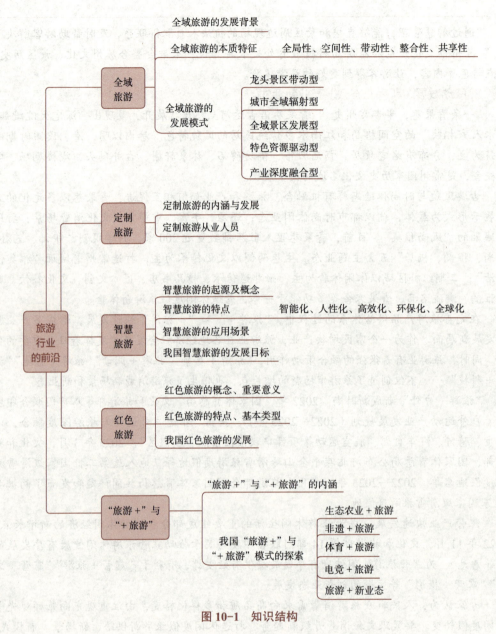

图 10-1　知识结构

思考与实践

1. 你所在的区域是如何开展全域旅游的？发展全域旅游对旅游业可持续发展有什么意义？

2. 以小组为单位，调查所在区域是否开展定制旅游、智慧旅游，或者其他"旅游+""+旅游"的发展模式，并形成调查分析报告。

· 224 ·

参考文献

［1］李天元．旅游学［M］.2版.北京：高等教育出版社，2006.

［2］陶汉军．新编旅游学概论［M］.北京：旅游教育出版社，2001.

［3］谢彦君．基础旅游学［M］.北京：中国旅游出版社，2004.

［4］魏向东．旅游概论［M］.北京：中国林业出版社，2000.

［5］王洪滨．旅游学概论［M］.北京：中国旅游出版社，2004.

［6］董观志．旅游学概论［M］.大连：东北财经大学出版社，2007.

［7］田里，陈永涛．旅游学概论［M］.北京：高等教育出版社，2021.

［8］［美］查尔斯·戈尔德耐．旅游业教程：旅游业原理、方法和实践［M］.大连：大连理工大学出版社，2003.

［9］［英］亚德里恩·布尔．旅游经济学［M］.大连：东北财经大学出版社，2004.

［10］施筠君，李光坚．旅游概论［M］.2版.北京：高等教育出版社，2002.

［11］赵长华．旅游概论［M］.2版.北京：旅游教育出版社，2006.

［12］郭胜．旅游学概论［M］.长沙：高等教育出版社，2006.

［13］徐春晓．旅游学概论［M］.长沙：湖南大学出版社，2006.

［14］胡滨．旅游概论［M］.合肥：安徽教育出版社，2007.

［15］李映辉．旅游概论［M］.长沙：中南大学出版社，2005.

［16］马勇，周霄．旅游学概论［M］.北京：旅游教育出版社，2004.

［17］石长波．旅游学概论［M］.哈尔滨：哈尔滨工业大学出版社，2004.

［18］罗明义．国际旅游发展导论［M］.天津：南开大学出版社，2002.

［19］邓爱民，任斐．旅游学概论［M］.2版.武汉：华中科技大学出版社，2022.

［20］丁勇义，杜娟，李竹君等．旅游学概论［M］.2版.北京：清华大学出版社，2022.

［21］傅广海．旅游学概论［M］.2版.北京：科学出版社，2023.

［22］黄潇婷，吴必虎．旅游学概论［M］.4版.北京：中国人民大学出版社，2023.

［23］刘伟．旅游概论［M］.5版.北京：高等教育出版社，2023.

［24］潘小其，余艳．旅游学概论［M］.3版.北京：科学出版社，2021.